MITTEILUNGEN

der

Geographischen Gesellschaft in Hamburg

Band XXVII

Im Auftrage des Vorstandes herausgegeben

von

Dr. L. Friederichsen

Erstem Sekretär

Mit 13 Textfiguren, sowie 49 Original-Abbildungen
und 5 Karten auf 31 Tafeln.

HAMBURG

L. Friederichsen & Co.

(Inhaber: Dr. L. u. R. Friederichsen)

Land- und Seekartenhandlung

geographischer und nautischer Verlag

1913

Druck von J. J. Augustin in Glückstadt und Hamburg.

Inhalt.

Tafeln

Lebensformen und Lebensweise der Tierwelt im tropischen Afrika

Versuch einer geographischen Betrachtungsweise der Tierwelt auf physiologischer Grundlage

von

Dr. **Leo Waibel**

Mit einer tierökologischen Karte von Deutsch-Ostafrika

Inhalt.

Karte zur Veranschaulichung der Verbreitung und Verteilung der Lebensformen der Tierwelt in Deutsch-Ostafrika (Tafel 1).

Einleitung.

Seit Alexander von Humboldt in seinen „Ideen zu einer Physiognomik der Gewächse“ die Pflanzenwelt in 16 Hauptformen zergliederte, die je nach Ausbildung der Wurzeln, des Stammes, der Blätter das Landschaftsbild verschieden beeinflussen, hat die Pflanzengeographie große Fortschritte in dieser Richtung gemacht. Zunächst hat Grisebach die Zahl der Vegetationsformen beträchtlich vermehrt — auf 54 — und die Lehre von denselben weiter ausgebaut. In dem Begriff der Vegetätionsformation, dem gruppenweisen, bestandbildenden Auftreten der einzelnen Vegetationsformen, hatte er endlich die grundlegende Betrachtung der Pflanzenwelt nach der ökologischen Seite gegeben. Was Humboldt und auch Grisebach rein beschreibend charakterisiert hatten, das wurde dann in neuerer Zeit von Pflanzenphysiologen begründet und erklärt. Endlich hat Schimper[1]) in seinem berühmten Werke eine zusammenfassende Darstellung der physiologischen Pflanzengeographie gegeben.

So ist heute die ökologisch-physiologische Betrachtung der Pflanzenwelt ganz selbstverständlich geworden.

Anders bei der Tierwelt. Eine physiologische Tiergeographie haben wir noch nicht oder doch nur in sehr beschränktem Umfange. Zwar hat Schmarda schon 1853 den ganzen ersten Teil seines Werkes über „Die geographische Verbreitung der Tiere“[2]) den Beziehungen der Tierwelt zur Umgebung gewidmet. Aber da er gemäß der Auffassung seiner Zeit die Verbreitung der Tiere vollständig durch den Einfluß von Klima und Boden erklären zu können glaubte, geriet sein Werk mit dem Aufkommen der Entwicklungslehre sehr bald in Vergessenheit. Leider gingen damit auch die darin enthaltenen brauchbaren Ideen verloren, indem z. B. die Berücksichtigung der biologischen Verhältnisse nicht weiter gepflegt wurde.

---

[1]) Schimper, A. W. Pflanzengeographie auf physiologischer Grundlage. Jena 1898.

[2]) Schmarda, K. L. Die geographische Verbreitung der Tiere. Wien 1853.

Es ist allerdings ein großes Verdienst von Wallace, den Entwicklungsgedanken in die Tiergeographie hineingetragen zu haben. Er zeigte, daß man die Verbreitung der Tiere nicht ausschließlich aus den heutigen Zuständen der Erdoberfläche erklären kann, sondern daß man ebenso, wenn nicht noch mehr, die der Vergangenheit berücksichtigen muß. Aber besonders seine Nachfolger vernachlässigten dabei stark die biologischen Verhältnisse der Gegenwart, und so herrschen seit Wallace ausschließlich faunistische Studien in der Tiergeographie.

Man darf hierbei nicht vergessen, daß die Beziehungen der Tierwelt zur Umgebung überhaupt noch wenig bekannt sind. Einmal sind die Tiere durch die Art ihrer Nahrung und durch ihre Fähigkeit, sich von Ort zu Ort zu bewegen, weniger scharf an bestimmte Lebensbedingungen gebunden als die Pflanzen. Andererseits aber ist die ganze Richtung in der heutigen Zoologie eine rein morphologische, so daß biologische Studien noch viel zu selten gemacht werden. Der Altmeister der Tierbiologie, A. E. Brehm, hat, so sehr geläufig ihm die Anpassungen der Tiere an ihren Wohnort waren, eine spezielle Aufmerksamkeit dem Studium derselben kaum geschenkt. Doch hat er, vor allem in seinen berühmten Vorträgen[1]), gezeigt, wie sehr die Tiere das Gepräge einer Landschaft beeinflussen und umgestalten. In meisterhafter Sprache, in glanzvoller Schilderung führt er uns das Tierleben von Tundra und Wald, von Steppe und Wüste vor Augen. Wenn er dabei auch nicht zur kausalen Auffassung des Tierlebens fortgeschritten ist, so hat er doch die physiognomische Betrachtungsweise zuerst angewandt und durch seine glänzende Darstellung die Allgemeinheit dafür interessiert. Er ist der Humboldt der Tiergeographie! Nach Brehm hat Nehring in seinem Buche „Über Tundren und Steppen"[2]) gezeigt, wie sehr vertraut ihm der Gedanke war, daß die Tiere nach Gestalt und Lebensweise ihrer Umgebung, vor allem der Vegetation, angepaßt sein müssen. Kobelt[3]) endlich hat in seinem Werke über die Verbreitung der Tierwelt in der nördlichen gemäßigten Zone die biologischen Verhältnisse, wenn auch nicht zum Ausgangspunkt seiner Betrachtung gemacht, so doch stark betont und auf die Anpassungen der einzelnen Tierformen hingewiesen. Und heute trifft man unter Laien und in Schulbüchern — ich erinnere an die Werke

---

[1]) Brehm, A. E. Vom Nordpol zum Äquator. Stuttgart 1890.
[2]) Nehring, A. Über Tundren und Steppen. Berlin 1890.
[3]) Kobelt, W. Die Verbreitung der Tierwelt. Leipzig 1902.

von Schmeil[1]) und Schmidt und Landsberg[2]) — den biologischen Gesichtspunkt oft besser vertreten als in wissenschaftlichen Abhandlungen.

Die Geographen haben es ganz vernachlässigt, ihre Forschungsmethoden auf die Tierwelt anzuwenden. In geographischen Werken wird man selten mehr als einer reinen Aufzählung von Tiernamen begegnen, Tiernamen, unter denen sich die wenigsten etwas vorstellen können. Mein verehrter Lehrer, Professor Hettner, hat mehrmals schon[3]) auf die Wichtigkeit ökologischer Studien gerade für die geographische Auffassung der Tierwelt aufmerksam gemacht. Auch hat er seine Schüler in Vorlesungen und Übungen stets auf diesen Mangel in der geographischen Betrachtung für die Tierwelt hingewiesen. So verdankt ihm diese Arbeit ihre Entstehung. Auch den Herren Prof. Kobelt und Prof. Schmeil bin ich für manche Anregung zu Dank verpflichtet.

Das Material zur Arbeit ist hauptsächlich den zahlreich vorhandenen Reisewerken über Afrika entnommen. Unsere deutschen Kolonien Ostafrika und Kamerun vor allem sind in Bezug auf ihre Tierwelt und deren Lebensbedingungen recht gut bekannt. Weniger eingehend konnten die übrigen Teile des tropischen Afrika berücksichtigt werden. Nach Fertigstellung der Arbeit im August 1911 hatte ich dann Gelegenheit auf einer Forschungsreise nach Kamerun[4]) meine Ideen zu kontrollieren und weiterzubilden. Jeder, der hinauszieht, um in der freien Natur die Tierwelt zu studieren, wird enttäuscht sein, falls er nicht seine ganze Zeit und Aufmerksamkeit der Tierbeobachtung widmen kann. Auch in der Wildnis muß man die Tiere suchen, oft stunden- und tagelang. Auf unseren Reisen, die hauptsächlich auf geographische Erforschung gerichtet waren, habe ich immerhin doch so viel von den Tieren, ihrer Lebensweise und ihren Wohnorten zu sehen bekommen, um die Richtigkeit meiner aus der Literatur gewonnenen Auffassung festzustellen und durch eigene Beobachtungen weiterbilden zu können.

---

[1]) Schmeil, O. Lehrbuch der Zoologie unter besonderer Berücksichtigung der biologischen Verhältnisse. 28. Aufl. Leipzig 1910.

[2]) Schmidt und Landsberg. Hilfs- und Übungsbuch für den zoologischen Unterricht. II. Kursus. 1. Hälfte. Leipzig 1901.

[3]) Hettner, A. Grundbegriffe und Grundsätze der physischen Geographie. Geogr. Zeitschrift IX. 1903. S. 40 und 129.

[4]) Ich begleitete Herrn Prof. Thorbecke als Assistent auf einer Forschungsreise der deutschen Kolonialgesellschaft nach Kamerun. Ihm sei auch an dieser Stelle mein herzlichster Dank ausgesprochen.

A. Die Tierwelt des tropischen Regenwaldes.

I. Lebensbedingungen.

Tropischer Regenwald bedeckt die Westküste Afrikas von Sierra Leone bis zur Kongomündung in einem mehr oder weniger breiten Streifen. Mit ihm hängt der große Äquatorialwald, die afrikanische Hyläa, räumlich und floristisch zusammen. Dieser eigentliche Äquatorialwald ist nach Mildbraed ein Gebiet von rund 600000 Quadratkilometern, in dem weder nennenswerte Gebirge noch irgend ein größerer Streifen Grasland den Zusammenhang des reinen Tropenwaldes unterbrechen.[1])

Für die Bedingungen, die dieses große Waldgebiet den Tieren zum Leben bietet, ist nicht seine floristische Zusammensetzung, sondern seine ökologische Eigenart wichtig.

Beim Betreten des tropischen Waldes fällt dem Nordländer am meisten die Mannigfaltigkeit und Üppigkeit des Pflanzenwuchses auf. Riesenhafte Bäume mit mächtigen Bretterwurzeln finden sich allenthalben zerstreut. Lianen, oft bis zu Arm- und Beindicke, umschlingen ihre Stämme und winden sich in grotesken Formen an ihnen hinauf. Mit ihrem dichten Blattgewirre bilden sie einen ganzen Baum um den Baum. Neben diesen mehr vereinzelten Riesen bilden Bäume von der Größe unserer Eichen und Buchen die Hauptmasse des Waldes. Sie drängen ihre Kronen eng aneinander zu einem dichten Laubdache. Von ihren Ästen senken sich Luftwurzeln herab, schnurgerade. Lianen wenden sich nach allen Seiten, schlingen sich von Wipfel zu Wipfel, fallen auf den Boden herab, liegen in Schlangenwindungen auf der Erde und ranken sich an einem anderen Baume wieder hinauf. Sie eigentlich schließen das Dach des Waldes so dicht ab, daß nur gedämpftes Licht den Erdboden erreicht. Doch gedeihen hier zahlreiche

[1]) Adolf Friedrich, Herzog zu Mecklenburg. Ins Innerste Afrika. Leipzig 1909. S. 423.

junge Bäume, und hohes Gestrüpp hemmt so sehr den Wanderer, daß ein Durchkommen ohne Haumesser ganz unmöglich ist. Gras fehlt vollkommen. An seine Stelle treten saftige Kräuter mit mächtigen Blättern. Der Boden ist meistens trocken und besonders am Fuße der Riesenbäume mit viel welkem Laub bedeckt. Grün in allen Abstufungen ist die herrschende Farbe.

So stellt sich der primäre Wald dar, der vom Menschen noch unberührt ist. In ihm geht man lieber einen Bach entlang, bis an die Kniee im Wasser, als ständig über umgefallene Baumstämme hinüberzuklettern oder mit dem Fuße in Schlingpflanzen hängen zu bleiben.

Noch schlimmer aber sind verlassene Farmen mit dem hier nachwachsenden Sekundärwald (Buschwald) zu passieren. Hohes Gebüsch, Gras und Schlingpflanzen durchwuchern und durchdringen sich. Gefällte Baumstämme liegen in alten Farmen in großer Zahl umher und vergrößern die Schwierigkeit des Durchkommens.

Längs vieler Flüsse haben wir, wie neuerdings Mildbraed gezeigt hat, eine weitere Art des Tropenwaldes zu unterscheiden. Wie man in der südamerikanischen Hyläa den Jgapo-Wald mit großem Palmenreichtum im Bereiche der Überschwemmungen vom Ete-Wald auf trockenem Boden trennt, so glaubt Mildbraed, daß dem Jgapo die Bestände auf dem völlig ebenen, nur wenig über dem Spiegel des Kongo sich erhebenden Alluviallandes entsprechen. „Hier stehen ganze Haine von Raphiapalmen auf den Hundert Inseln des Stromes, und Rotandickichte wuchern ohne Stütze gleich Schilfbänken halb im Wasser.“ [1])

Vergebens würde man hier den Wald suchen, wie wir ihn oben geschildert haben. Dieser formenreichere Ete-Wald bedeckt die wasserscheidenden Rücken.

Weitere Belege entnehme ich dem Botaniker Thonner. Nach ihm zieht sich längs des rechten Kongoufers bis zur Mündung des Ubangi ein Streifen sumpfigen Graslandes, stellenweise mit Fächerpalmen bewachsen oder mit Papyrussümpfen abwechselnd.[2]) Wichtig ist für unsere Betrachtung das Vorkommen von Gras im Tropenwald an derartigen Stellen. Ich habe in Kamerun am Njong beobachtet. wie sich weithin im Wasser ein 3—4 Meter breiter Grasstreifen als hellgrünes Band vor der dunklen Blätterwand des Hochwaldes hinzog.

An die Uferwälder schließen sich die morastigen Strecken des Waldes an. Üppig wachsende Schilfgräser und niederer Busch ver-

---

[1]) Adolf Friedrich, Herzog zu Mecklenburg. Ins Innerste Afrika. Leipzig 1909. S. 427.

[2]) Thonner, F. Im afrikanischen Urwald. Berlin 1898. S. 12.

filzen sich förmlich. Im Ituriwald nennt man solche morastige Strecken „eddos.“ Es sind natürliche Lichtungen im Walde. Mit den von den Eingeborenen geschlagenen Lücken haben sie das Vorkommen von Gräsern gemein. Größere Grasflächen inmitten des tropischen Regenwaldes sind an steinigen, unfruchtbaren Boden gebunden. Schultze und Mildbraed haben solche Grasfelder in Südkamerun ziemlich häufig angetroffen. Sie sind für das Tierleben äußerst bedeutungsvoll.[1])

Neben diesen räumlichen und ökologischen Verhältnissen des Waldes kommt für die Tierwelt unter den Lebensbedingungen natürlich auch das Klima in Betracht. Im Verlaufe unserer Untersuchung werden wir sehen, daß durch das Klima die Lebensweise der Tiere viel mehr bedingt ist, wie deren äußerer Bau. Wir nehmen die Betrachtung des äußeren Baues der Tiere vorweg und behandeln das Klima erst bei dem Kapitel über die Lebensweise.

II. Die Anpassungen der Waldtiere.

1. Der Habitus der Klettertiere.

a) Die Greifkletterer.

Der äußere Bau der Waldtiere ist als eine direkte Anpassung an die räumlichen Verhältnisse ihres Wohnorts aufzufassen. Überall stellen sich den Tieren auf dem Boden Unterholz, Gebüsch, Stämme und Lianen entgegen. Wie die Lianen diesem Dickicht zu entrinnen suchen, indem sie sich in die Höhe winden, dem Lichte entgegen, so finden wir bei den Tieren ganz allgemein die Erscheinung, daß sie ebenfalls in vertikaler Richtung sich bewegen, daß sie klettern können. Diese Lebensweise hat allen Waldtieren ein bestimmtes gleichartiges Gepräge gegeben. Ihre äußere Erscheinung, ihr Habitus, ist sich in hohem Maße ähnlich geworden.

Als erste Gruppe der kletternden Waldtiere behandle ich die „Greiftiere“, die Tierformen, deren Extremitäten zum Greifen eingerichtet sind. Affen, Halbaffen und Eichhörnchen gehören hauptsächlich hierher.

Die Affen sind wohl die besten Kletterer unter den Säugetieren. „Ihre Künsteleien auf dem Gezweige übersteigen allen Glauben: sie scheinen fliegen zu können. Sätze von 6—8 Meter Sprungweite sind ihnen Spaß; von dem Wipfel eines Baumes springen sie 10 Meter

---

[1]) Adolf Friedrich, Herzog zu Mecklenburg. Vom Kongo zum Niger und Nil. Leipzig 1912. Bd. II. S. 218.

tief hernieder auf das Ende eines Astes, beugen denselben durch den Stoß tief hinab und geben sich, während der Ast zurückschnellt, noch einen mächtigen Schwung, strecken Schwanz oder Hinterbeine als Steuer lang aus und fliegen wie ein Pfeil durch die Luft. Eine Schlingpflanze ist eine höchst bequeme Treppe für die Affen, ein Baumstamm ein gebahnter Weg, sie klettern vor- und rückwärts, oben auf einem Ast hin oder unten an ihm weg.[1])“ Führen die Affen solche Kletter- und Springkünste aus, so werden sie von manchen Halbaffen noch überboten.

Interessant für unsere Betrachtungen ist es nun, daß man heute Affen und Halbaffen voneinander trennt. Während ihnen einige Forscher jede Verwandtschaft absprechen, ist wohl die Mehrzahl der Meinung, daß doch ein genetischer Zusammenhang zwischen beiden Gruppen besteht. Ihr gemeinsamer Ursprung liegt sehr weit zurück, und so ist die Divergenz bedeutend.

Für uns sind nun nicht die Unterschiede ihrer Organisation wichtig, sondern gerade die Merkmale, die Linné veranlaßten, beide Gruppen in einer Ordnung seines Systems zu vereinigen. Es sind dies ihre Körperform, die zu Greifwerkzeugen umgebildeten Extremitäten und die dadurch bedingte außerordentliche Gewandtheit im Klettern. In ihrer äußeren Erscheinung gleichen sich Affen und Halbaffen in hohem Maße. Beides sind äußerst schlank gebaute Tiere. Ihre Vordergliedmaßen tragen im allgemeinen fünf lange Finger, die nicht verwachsen sind. Der Daumen ist bei beiden Ordnungen opponierbar. Die Vordergliedmaßen gleichen also sehr den Händen des Menschen und haben auch dieselben Funktionen: Es sind Greifhände, mit denen die Tiere Äste und Zweige umfassen.

Auch im Bau der Hinterextremitäten verrät sich die arborikole Lebensweise bei beiden Ordnungen. Die große Zehe ist ebenfalls opponierbar und verleiht dem Fuße die Funktion einer Hand, obgleich er anatomisch ein echter Fuß ist. Dann sind die Extremitäten bei den Greiftieren in hohem Maße gelenkig und können nach allen Richtungen bewegt werden, etwa in dem Maße wie unsere Arme. Wie diese treten sie frei aus der Hautbedeckung des Rumpfes hervor.

Gerade diese Beweglichkeit der Extremitäten ist für Baumtiere in hohem Maße bezeichnend. Äste und Zweige bieten dem aufrecht sitzenden Tiere — und bezeichnender Weise können alle Baumtiere von den Nagern und Bären bis zu den Affen aufrecht sitzen — eine

---

[1]) Brehm, A. E. Tierleben. 3. Aufl. Leipzig 1892. Bd. I. S. 43.

stützende Unterlage. Daher werden die Extremitäten nur in geringem Maße zum Tragen des Körpergewichts benützt. Sie sind nicht säulenförmig fest gebaut, wie z. B. die Beine des Menschen, sondern sie sind frei beweglich, wie unsere Arme. Genau so vielseitig wie diese lassen sie sich auch verwenden. Das Baumtier muß ja nicht nur mittels seiner Extremitäten sich an den Zweigen festhalten; als Fruchtfresser, wie wir später sehen werden, muß es auch die Fähigkeit haben, die Nahrung sich zu holen, sie zu erfassen und mundgerecht zu machen.

Eine andere Gruppe der Säugetiere, die Eichhörnchen, zeigen merkwürdige Ähnlichkeiten in Bau und Lebensweise mit den Affen. — Schon ihre ganze zierliche, schlanke Gestalt erinnert an Affen, noch mehr an Halbaffen. Ihre Zehen sind ebenfalls lang und nicht miteinander verwachsen. So benützen die Eichhörnchen genau wie die Affen ihre Vordergliedmaßen zum Greifen und Festhalten. „Obgleich die Pfoten des Eichhörnchens nicht dasselbe leisten können, wie die Affenhände, sind sie doch immerhin noch wohl geeignet, das Tier auch auf dem schwankendsten Zweige zu befestigen.[1]" Genau wie die Affen fassen sie auch ihre Nahrung mit den Vorderbeinen an und führen sie zum Munde. Wir können so doch mit einiger Einschränkung von einer Hand der Eichhörnchen reden, obwohl ihr Daumen nicht opponierbar ist. Auch besitzt das Tier keine Nägel, sondern Krallen, mit denen es sich in die Unebenheiten der Rinde einhackt und so vorzüglich klettert.

Ein weiteres Glied haben Affen, Halbaffen und Eichhörnchen miteinander gemein; es ist dies der Schwanz. Zwar hat er bei keinem altweltlichen Säugetier die Funktion einer „fünften Hand", eines Greifschwanzes, wie dies bei vielen südamerikanischen Säugern der Fall ist. Immerhin aber dient er den Tieren, besonders wenn er lang und buschig ist wie beim Eichhörnchen, zum Balancieren beim Klettern auf dünnen Zweigen und Ästen und als Steuer beim Springen von Baum zu Baum, von Ast zu Ast.

Wir haben so bei drei verschiedenen Ordnungen der Säugetiere eine mannigfaltige Übereinstimmung im äußeren Bau gefunden. Das Äußere der Tiere, ihr Habitus, ist sich in hohem Maße ähnlich. Analog der Unterscheidung von „Vegetationsformen" bei den Pflanzen kann man diese Tiere zu einer biologischen Gruppe vereinigen, die ich eine „Lebensform" nennen will. Das Wesentliche einer Lebensform ist demnach, daß sie Tiere von ähnlichem Habitus einschließt, ohne Rücksicht auf die systematische Stellung der einzelnen Glieder zu nehmen.

---

[1]) Brehm, A. E. Tierleben. 3. Aufl. Leipzig 1892. Bd. II. S. 413.

So erhalten wir einen sehr wesentlichen Begriff für die Tiergeographie. Neben die erdgeschichtlich bedingte Fauna treten die geographisch bestimmten Lebensformen. Sie sind überall da die gleichen, wo sich dieselben Lebensbedingungen finden, ganz gleichgültig, welches die Fauna sein mag. Ich vereinige also Affen, Halbaffen und Eichhörnchen zu der Lebensform der „Greiftiere“, wobei wir uns bewußt sind, daß diese Form nur eine Unterabteilung der Klettertiere überhaupt ist; die systematischen Unterschiede sind dabei ganz außer Acht gelassen. Maßgebend ist für mich in erster Linie die gleiche Funktion der Extremitäten und die dadurch hervorgerufenen analogen Merkmale im Habitus der Tiere.

Beiläufig erwähne ich, daß man auch die Pygmäen, die zwerghaft kleinen Menschen des Urwaldes, zu dieser Lebensform rechnen kann. Neben der Greifhand befähigt sie ihre Kleinheit und die verhältnismäßig stark entwickelte Brustmuskulatur sehr zum Klettern. Sie haben darin eine unglaubliche Fertigkeit erlangt. So hat z. B. A. B. Lloyd beobachtet, wie ein solcher Pygmäe, nachdem er ihn hoch oben auf dem Baume erkannt hatte, auf den Zweigen entlanglief und von Baum zu Baum sprang. Bald war er den Augen seines Beobachters entschwunden.[1]) Von vielen Seiten wurden mir ähnliche Beobachtungen über die Kletterleistungen der Kameruner Zwerge, der Bagielli, mitgeteilt.

Sollte meine Gruppierung eine rein physiologische sein, so müßte ich bei den „Greiftieren“ auch die Klettervögel und das Chamäleon behandeln. Denn beide haben opponierbare Zehen und damit die Fähigkeit, Äste und Zweige zu umfassen, zu greifen. Ich bin aber der Meinung, daß man bei der Aufstellung von Lebensformen doch einigermaßen auf die äußere Ähnlichkeit der Tiere Rücksicht nehmen muß, und nicht streng nach einem Prinzip, z. B. der Funktion der Extremitäten die Gruppen bilden darf. So müßte man doch Tiere von ganz verschiedenem Habitus vereinigen. Im übrigen kommt es ja auch nicht darauf an, eine bestimmte Zahl von Lebensformen aufzustellen; das Wesentliche ist die Betrachtung der Tiere nach physiologischen Gesichtspunkten.

b) Die Spring- und Schwebekletterer.

Von den Greifkletterern nicht scharf zu trennen sind die Tiere, die weniger Äste und Zweige ergreifen, als von Ast zu Ast, von Baum zu Baum springen. Die meisten Affen und Halbaffen haben ja

---

[1]) Lloyd, A. B. In dwarf Land and cannibal country. London 1900. S. 308.

diese Fähigkeit, und einige von ihnen zeigen besondere Anpassungen an diese Lebensweise. So haben die Eichhörnchen, ferner die Colobus-Arten unter den Affen und die Galagos unter den Halbaffen stark verlängerte Hinterextremitäten, ein Merkmal, das für Springtiere charakteristisch ist. Dazu kommt bei anderen Halbaffen und bei den Eichhörnchen der buschige Schwanz, der den Tieren als Steuer beim Springen außerordentlich nützlich sein muß. Eichhörnchen mit abgeschnittenem Schwanz konnten nicht mehr halb so weit springen wie früher. Bei den Colobusarten scheint der lange Haarbesatz als eine Art von Fallschirm zu wirken, indem die Haare beim Sprunge durch den Luftdruck seitwärts gedrückt werden. Auch beim Eichhörnchen sind die Flankenhaare recht lang. Bei einer den Eichhörnchen verwandten Nagetierfamilie finden wir sogar direkt Flughäute, die als Fallschirm dienen. Die sogenannten Flughörnchen (Anomalurus) besitzen eine Flughaut, die sich zwischen Gliedmaßen und Körper erstreckt. Die Gestalt der Tiere ist die der Eichhörnchen. Der Schwanz ist lang und buschig behaart. Die Krallen sind scharf und kräftig. Dazu kommen noch an der Unterseite des Schwanzes zwei Reihen dachziegelförmiger Hornschuppen, die beim Klettern gegen die Rinde gedrückt werden und dadurch das Tier vor dem Herabrutschen an den senkrechten Stämmen schützen. Die Flughörnchen sind so ganz ausgesprochene Baumtiere, die niemals auf den Boden gehen. Sie können an glatten Stämmen hinauf oder herabgehen, die ein gewöhnliches Eichhörnchen nie besteigen könnte.[1]) Mittels ihrer Flughaut gleiten sie von Baum zu Baum, aber nur von oben nach unten. Wollen sie einen Baum ersteigen, so laufen sie schnell an den Stämmen hinauf und hüpfen dann erst mit einem kräftigen Sprung schräg zu einem nahestehenden Baum hinüber. Es sind keine Flugtiere, die sich in die Luft erheben könnten, sondern nur Schwebetiere. Sie sind nur zu weitem Sprunge befähigt, von einem erhöhten Standpunkte aus, den sie vorher erklettert haben. Sie charakterisieren sich so durchaus noch als kletternde Waldtiere. Als solche aber bilden sie den Übergang zu einer weiteren Gruppe der Säugetiere, denen sie im Habitus durchaus gleichen, von denen sie aber systematisch ganz verschieden sind, zu den Fledermäusen.

c) Die Flattertiere.

Die Fledermäuse oder Handflügler sind die einzigen Säugetiere, die wirklich fliegen können. Wir würden deshalb auch die Flatter-

---

[1]) Bates, L. Mammals of Southern Cameroon. Proc. Zool. Soc. London 1905. S. 81.

tiere ganz zu den Lufttieren stellen, wenn sie nicht in Habitus und Lebensweise einige ausgesprochene Merkmale als Waldbewohner hätten. Man sucht nach Weber heute den Ursprung der Fledermäuse allgemein bei primitiven, kletternden Insektenfressern, deren anfänglich als Fallschirm dienende Flughaut bei weiterer Ausbildung sie endlich zum Fluge befähigte. In manchen Merkmalen lassen die Fledermäuse noch heute ihre kletternde Lebensweise erkennen. So trägt der nicht verlängerte Daumen der Vorderextremität eine starke Kralle, welche den Tieren beim Klettern und Sich-Festhängen die ganze Hand ersetzen muß. Mit ihr hacken sie sich fest und schieben mit den Hinterfüßen wechselseitig nach. Die Zehen der Hinterfüße sind überhaupt nicht in die Flughaut eingeschlossen und tragen starke Krallen. Unumgänglich notwendig sind diese Krallen der Hinterbeine den Tieren beim Ruhen, da sie sich dann mit ihnen an irgend einem erhabenen Gegenstande befestigen und ihren ganzen Körper nach abwärts hängen lassen. Und dies ist wohl das ausgesprochenste Merkmal, das sie als Waldtiere charakterisiert, — abgesehen von ihrer Verbreitung, da sie eben deshalb an Bäume gebunden sind. Natürlich ist ihr Flugvermögen auch innerhalb des Waldes von großem Vorteil, um von einem Baum zum andern zu gelangen. Der wesentlichste Zweck scheint aber der zu sein, die Tiere über dem Walde von Fruchtbaum zu Fruchtbaum zu befördern. Auf diese Weise können sie größere Strecken zurücklegen. Dieses Flugvermögen ist den eigentlichen Waldtieren natürlich fremd; wir werden es deshalb erst im Zusammenhang mit den Lufttieren betrachten.

d) Die Klettervögel.

Genau dasselbe gilt für die Klettervögel. Auch sie sind ja ihrem ganzen Habitus nach hauptsächlich Lufttiere. Aber eine ganze Anzahl von ihnen lebt innerhalb des Waldes und zeigt einige ganz ausgesprochene Anpassungen an die kletternde Lebensweise. Die Klettervögel (Scansores) vereinigt man heute zu einer Ordnung, weil sie alle Kletterfüße aufweisen. Wichtig für unsere Betrachtung ist es, daß der verschiedene Bau und die verschiedenen Formen der hier noch zu einer Ordnung vereinigten Vögel darauf hinweist, daß ihre einzelnen Gruppen nicht näher unter sich verwandt sind.[1]) Unabhängig voneinander haben sie — als Waldtiere — sich ihre Kletterfüße erworben. Die hauptsächlichsten Klettervögel, die den Urwald beleben, sind die Papageien, die Riesenturakos, die Bartvögel, die Pisangfresser, die Hornvögel,

[1]) Hertwig, R. Lehrbuch der Zoologie. 8. Aufl. Jena 1907. S. 572.

Goldkuckucke, einige Baumhopfe, Spechte und Meisen. In dem dichten Walde sind viele von ihnen zu schlechten Fliegern geworden, und auch auf dem. Boden sind sie durchweg ungeschickt. Ihre eigentliche Heimat sind die Bäume, Stämme sowohl als Kronen. Hier bewegen sie sich mit großer Fertigkeit, selbst in dem dichtesten Gewirr von Blättern und Zweigen.

Interessant ist es zu beobachten, auf welche Weise die Natur ihnen diese Fähigkeit verliehen hat. Genau wie bei den Affen und Halbaffen sind ihre Füße zu Greiforganen umgewandelt. Im allgemeinen sind 2 Zehen nach vorn und 2 nach hinten gerichtet. Bei einigen Arten, z. B. den Mäusevögeln, können dieselben Zehen nach hinten und nach vorn gestellt werden. Es sind Wendezehen. Mit diesen Greiffüßen umfassen die Klettervögel Äste und Zweige, um sich daran festzuhalten. Manche sogar bringen auf den Zweigen sitzend die Nacht zu. Da kommt ihnen nun eine ausgezeichnete Einrichtung an ihren Füßen zu Hilfe. „Die Sehne eines die Zehen beugenden und am Becken befestigten Muskels läuft über die Vorderfläche des Kniegelenks, so daß eine Krümmung des Knies ohne weiteres die Sehne spannen und die Beugung der Zehen bewirken muß.“ [1]) Da nun der Vogel, wenn er sich setzt, durch sein eigenes Gewicht schon die Kniee beugt, so kann er automatisch, ohne irgend welche Anstrengung, in den Zweigen sich festhalten.

Interessanterweise findet sich nach Doflein an den Händen mancher Baumaffen (Colobus, Cercopithecus) eine ähnliche Sperrvorrichtung. „Beim Ergreifen des Astes übt der Druck desselben gegen die Fingerknochen einen Zug auf eine eigenartig angebrachte Sehne aus, so daß die Fingerglieder sich automatisch umbiegen, sich in einen Haken umwandeln, an dem sich das Tier aufhängen kann.“[2]) Geschossene Affen können so in den Ästen hängen bleiben ohne herunterzufallen.

Die Zehen der meisten Klettervögel tragen scharfe, gebogene Krallen, die sich auch in die kleinsten Unebenheiten der Rinde einheften. Da die Zehen zudem einander gegenüberstehen, so umklammern sie eine ausgedehnte Fläche, so daß sich die Vögel ohne Mühe an senkrechten Stämmen festhalten oder an ihnen entlang laufen können. Von Interesse ist dabei, daß fast alle Kletterer nur von unten nach oben steigen und nur sehr wenige auch in umgekehrter Richtung. Die

---

[1]) Bergmann, C. und Leuckart, R. Anatomisch-physiologische Übersicht des Tierreiches. Stuttgart 1855. S. 341.

[2]) Hesse R. und Doflein F. Tierbau und Tierleben. I. Band: Der Tierkörper als selbständiger Organismus von Richard Hesse. Leipzig 1910. S. 166.

Spechte stützen sich beim Klettern auf ihre starren, am Ende keilförmig zugespitzten Schwanzfedern, die an dem kräftig ausgebildeten Ende der Wirbelsäule einen festen Stützpunkt haben.[1]) Auch benutzen sie, wie die Papageien, ihren Schnabel zur Fortbewegung. Der Schnabel ist bei den Papageien außerordentlich beweglich, sie ergreifen mit demselben einen höher stehenden Zweig, halten an ihm sich fest und ziehen dann den ganzen Körper nach.[2]) Überhaupt sind viele Kletterer unter den Vögeln durch einen kräftigen Schnabel ausgezeichnet. Bei einigen ist er scharf gebogen, bei anderen mehr meißelartig. Die einen gebrauchen ihn, um die Bäume nach Insekten und deren Larven zu durchsuchen; sie entfernen mit demselben Rinden- oder Holzteile solange, bis sie ihre Beute erreicht haben. Andere meißeln sich mit dem Schnabel ganze Löcher in den Bäumen aus, um darin zu nisten. Wir erkennen also in dem Schnabel ein ganz vorzügliches Werkzeug für Baumbewohner. Er dient auch dazu, um die härtesten Nüsse oder Baumfrüchte zu öffnen.

Es mag hier noch erwähnt werden, daß gewisse Klettervögel, wie z. B. die Papageien, ihre Nahrung mit den Füßen ergreifen und zum Munde führen. Auch sonst gebrauchen sie ihre Füße genau wie Hände und erinnern dadurch sehr an die Affen. Die Ursache ist natürlich auch darin zu suchen, daß die Extremitäten bei Baumbewohnern nicht ausschließlich zum Tragen des Körpergewichtes gebraucht werden und so einer vielseitigen Verwendung fähig sind. Die Papageien werden uns übrigens noch manche andere Analogien zu den Affen zeigen.

e) Kletternde Reptilien.

Genau wie bei den Klettervögeln finden wir auch unter den Reptilien Tiere mit Extremitäten, die zu Greifwerkzeugen umgewandelt sind. Ein ausgesprochenes Klettertier ist das Chamäleon. Sein Körper ist lang, hoch und schmal. Ein Hals fehlt äußerlich; der Kopf ist breit, oben flach gedrückt und entschieden der plumpste Teil des ganzen Körpers. Der Schwanz ist fast körperlang und kann eingerollt werden. Er dient wohl hauptsächlich zum Festhalten im Gezweige; doch habe ich auch beobachtet, wie sich das Tier frei an demselben hängen ließ. Wie bei den Affen ragen die Extremitäten frei aus dem Rumpfe hervor, sind sehr beweglich und zu Greiforganen geworden, indem die scharf bekrallten Zehen in Bündeln zu zwei und drei ver-

[1]) Hesse R. und Doflein F. Tierbau und Tierleben. I. Band: Der Tierkörper als selbständiger Organismus von Richard Hesse. Leipzig 1910. S. 220.

[2]) Brehm, A. E. Tierleben. 3. Aufl. Leipzig 1892. Bd. IV., S. 10.

wachsen sind. Letztere stehen einander gegenüber und stellen so Greifzangen dar.

Auch Schlangen sind an das Baumleben angepaßt. So haben alle baumbewohnenden Riesenschlangen, Baumvipern (Atheris) und wohl auch noch andere Baumschlangen einen Greifschwanz. Ferner zeigen viele von ihnen eine andere Anpassung an diese Lebensweise. Ihr Körper ist außerordentlich lang und dünn. „Sie besitzen an beiden Seiten der Bauchschilde winkelige Kanten, ja ausgesprochene, längs dieser Schildkanten fortlaufende Kiele." [1]) Diese scharfen Ränder der Bauchschilde schützen die Tiere gegen das Herabrutschen an den senkrechten Baumstämmen. Eine ähnliche Vorrichtung haben wir schon in den Hornschuppen des Schwanzes bei den Flughörnchen getroffen.

f) Die Haftkletterer.

Noch eine letzte Gruppe haben wir bei den Klettertieren zu unterscheiden. Die Baumschliefer unter den Säugern, die Geckos unter den Reptilien und manche Amphibien, Frösche und Kröten haben die Fähigkeit, mittels Haftapparaten an senkrechten Stämmen emporzulaufen. Bei den Amphibien, also den Fröschen und Kröten, sind die Fingerenden scheibenförmig erweitert. Auf der Unterseite scheiden besondere Drüsen ein klebriges Sekret aus, das diese kleinen Tiere an den senkrechten Stämmen festhält. Bei den Baumschliefern und Geckos wird das Sekret durch den Luftdruck ersetzt. Die Baumschliefer, etwa kaninchengroße Huftiere, sind Sohlengänger. Ihre elastischen Hand- und Fußflächen werden fest an die Baumrinde angepreßt, so daß beim Nachlassen des Druckes zwischen Sohle und Unterlage ein luftverdünnter Raum entsteht. So haftet der aufgesetzte Fuß durch Luftverdünnung sehr fest und befähigt das Tier, an den Stämmen hinaufzuklettern. [2]) Eine solche Anpassung ist von einem Verwandten des Rhinozerosses geradezu unerhört!

Das Gleiche finden wir nun bei den Geckos, den Haftzehern unter den Eidechsen. Ihre Zehen sind mehr oder weniger abgeplattet und mit Längsreihen von Haftlamellen besetzt. „Diese Haftlamellen, auf der Unterseite mit einem atlasglänzenden Filz feiner Härchen versehen, wirken in der Weise, daß sie zuerst umgelegt und der unteren Zehenfläche angedrückt, dann aufgestellt, einen luftleeren Raum zwischen sich herstellen, so daß sie durch den Druck der äußeren Luft an ihre Unterlage angepreßt werden." [3])

---

[1]) Brehm, A. E. Tierleben. 3. Aufl. Leipzig 1892. Bd. VII., S. 184.

[2]) Weber, M. Die Säugetiere. Jena 1904. S. 707.

[3]) Werner, F. Amphibien und Reptilien. Naturwissenschaftlicher Wegweiser. Stuttgart. Serie A. Bd. 15 S. 80.

Hesse übrigens bestreitet neuerdings, daß der Luftdruck die feinen Borsten den Unebenheiten der Unterlage anpreßt. Nach ihm geschieht dies durch „Vermittlung eines Schwellapparates, der sich in Gestalt von einer oder mehreren Blutkammern zwischen Zehenskelett und Sohle einschiebt.“ [1]) Auf jeden Fall können die Tiere überaus gewandt nicht nur an senkrechten, sondern auch an überhängenden Flächen nach Fliegenart entlanglaufen. Hier haben wir also bei Vertretern zweier verschiedener Klassen physiologisch ganz dieselbe Anpassung. Es ist uns jetzt schon geläufig, daß sich diese Anpassung nur auf die Bewegungsorgane erstreckt.

g) Die Kletterfische.

Noch einen etwas abnormen Fall von Kletterfähigkeit haben wir zu betrachten. Wir finden an der westafrikanischen Küste einen Fisch (Periopthalmus Koelreuteri), der wenigstens zeitweise im Wurzelwerk der Mangroven umherklettert. Es ist ihm dies dadurch ermöglicht, daß die sehr muskulöse Basis der Brustflossen armförmig aus der Körperwand vorspringt.[2]) Dabei sind merkwürdiger Weise die Brustflossen in zwei Teile zerlegt, einem Oberarm und Unterarm zu vergleichen, und durch eine Art Ellenbogengelenk untereinander verbunden. [3]) So sind durch die Kletterbewegung die Brustflossen dieser Kletterfische gewissermaßen zu Armen geworden.

2. Der Habitus der semiarborikolen Tiere.

Im Vorigen haben wir diejenigen Waldbewohner betrachtet, die auf den Bäumen leben. Es waren vor allem die Extremitäten, die in ihrer äußeren Form scharf diese Lebensweise erkennen ließen. Je nach ihrer Ausbildung haben wir bei den Baumtieren verschiedene Abteilungen unterscheiden können. Wir haben Greifkletterer, Springkletterer, Schwebekletterer und Haftkletterer erhalten. Aber trotz dieser Unterschiede im kleinen tragen alle Baumtiere doch ein stark einheitliches Gepräge, infolge gleicher Lebensweise. Sie haben die Fähigkeit, in dem schwankenden und unsicheren Gezweige der Bäume z. T. mit großer Geschicklichkeit sich zu bewegen. Und deshalb lassen sie sich alle, ohne Rücksicht auf ihre systematische Stellung, zur Lebensform der „Klettertiere“ vereinigen. Sie sind als die eigentlichen Waldtiere zu bezeichnen.

[1]) Hesse R. und Doflein F. Tierbau und Tierleben. I. Band: Der Tierkörper als selbständiger Organismus von Richard Hesse. Leipzig 1910. S. 223.

[2]) Rauther, M. Die Fische. Sammlung Göschen Nr. 356. S. 112.

[3]) Abel, O. Grundzüge der Paläobiologie der Wirbeltiere. Stuttgart 1912. S. 205.

Ihnen stehen eine ganze Anzahl solcher Formen gegenüber, die Bäume und Boden gleichzeitig bewohnen. Fast alle Raubtiere des Waldes gehören hierher. Von den Größeren ist der Leopard wohl der geschickteste Kletterer. Sein schlanker Bau, sein elastischer Körper und seine scharfen Krallen befähigen ihn dazu, selbst bis in die Baumwipfel seiner Beute nachzusteigen. Von kleineren Räubern leben die Palmenroller hauptsächlich auf den Bäumen und sind geschickte Kletterer. Sogar Tiere, die sonst unterirdisch in Höhlen leben, gehen im tropischen Regenwald auf Bäume. So ist den kletternden Formen unter den Schuppentieren eine nackte Stelle an der Unterseite der Schwanzspitze eigen, die vielleicht als Tastorgan fungiert. Wie mir Herr Stationsleiter Konrad in Lolodorf mitteilte, wird der Schwanz bei den baumbewohnenden Arten zum Greifen benutzt. So wird auch die Taststelle erklärlich. Die ausgezeichneten Scharrkrallen unterstützen die Tiere natürlich auch beim Klettern. Ob die Stachelschweine des Waldes auf Bäume gehen, weiß ich nicht. Sie sind kleiner als ihre Verwandten auf der Steppe und haben einen viel längeren Schwanz. Dies gilt auch für die Schuppentiere und Palmenroller im Vergleich zu ihren Verwandten auf dem offenen Lande. Im übrigen aber leben die Schuppentiere und Stachelschweine auch im Wald unter dem Boden. In verlassenen Termitenbauten oder unter Baumwurzeln scheinen sie geeignete Wohnplätze zu finden. Doch leben nach Schultze[1]) die Schuppentiere auch in weitläufigen Erdbauten. Solche unterirdisch lebenden Tiere sind im tropischen Regenwald höchst selten im Vergleich zu ihrer enormen Zahl auf dem offenen Lande.

Zu den Tieren, die den Boden und die Bäume gleichzeitig bewohnen, gehören wohl auch die meisten kleineren Nagetiere des Waldes, wie Mäuse, Ratten usw. Dann dürfen wir die großen Menschenaffen, Gorilla und Schimpanse, nicht vergessen. Ihre Größe und Schwere hat sie auf den Boden herabgeführt. Allerdings ist ihr Gang hier recht unbeholfen. Sie gehen auf allen vier Gliedmaßen. Auch die Waldpaviane (Drill und Mandrill) sind lange nicht so ausschließliche Baumtiere wie die kleineren Affen. Ihre Kletterfähigkeit ist viel geringer.

3. Der Habitus der Bodentiere.

Mit diesen semiarborikolen Tieren nähern wir uns den Bodenbewohnern des Waldes, den Tieren, die nur auf dem Boden leben und Bäume nie besteigen. Ihr ganzer Habitus weist auf diese Lebens-

---

[1]) Adolf Friedrich, Herzog zu Mecklenburg. Vom Kongo zum Niger und Nil. Leipzig 1912. Bd. II., S. 187.

weise hin. Daher werde ich sie ausführlich erst bei den Bewohnern des offenen Landes betrachten. Aber wie Klettervögel und Fledermäuse zeigen auch sie einige untergeordnete Anpassungen an den Wald.

Ich erinnere daran, daß die Bodenzone des tropischen Regenwaldes in hohem Maße undurchdringlich ist. Unterholz, niedere Bäume, Lianen, umgefallene Stämme etc. bilden ein ewiges Hindernis. Da nun die Bodenbewohner nicht klettern können, so müssen sie suchen, auf irgend eine Weise durch das Dickicht hindurchzukommen, hindurchzukriechen, — wie ja auch dem Reisenden oft nichts anderes übrig bleibt.

Als direkte Anpassung an diese Verhältnisse ist die geringe Größe der Bodentiere des Waldes im Vergleich zu ihren Verwandten auf dem offenen Lande aufzufassen. Sie sind dadurch natürlich besser geeignet, unter dem Dickicht hindurchzukriechen. Wir finden die kleinsten und am zierlichsten gebauten Antilopen im Walde. Charakteristische Namen tragen sie. Die Waldböcke, Ducker und Zwergantilopen finden zwischen den engsten Verschlingungen ihren Weg. Ihre Gehörne sind auffallend klein, da hier die gewaltigen Hörner, wie sie die Steppentiere aufweisen, ein großes Hindernis wären. Sehr kleine und niedliche Geschöpfe sind auch die Zwergmoschustiere. Es sind dies die kleinsten Vertreter der Huftiere, die Läufe von kaum mehr als Bleistiftdicke haben. Wie bezeichnend ist diese Tatsache gegenüber der enormeu Größe der Verwandten im freien Gelände! Es ließe sich wohl noch eine ganze Reihe von Waldtieren aufzählen, die kleiner sind als ihre Verwandten auf der Steppe.

Von größeren Antilopen bewohnen Okapi und Bongo den Urwald. Das Bongo hat die Größe und Zeichnung eines Kudu. Nach Schubotz aber unterscheidet es sich durch die Form der Hörner sehr wesentlich von diesem Steppentier. (Sitzungsberichte Ges. nat. Freunde. Berlin 1900, S. 408). Das Gehörn stellt die Bongo-Antilope vielmehr in die Nähe der Gattung Tragelaphus, also eines Bewohners von Dickichten. Inwiefern dies als Konvergenzerscheinung aufzufassen ist, lasse ich dahingestellt. Das Okapi ist bedeutend kleiner als sein Verwandter auf der Steppe, als die Giraffe. Immerhin hat es noch einen verhältnismäßig langen Hals, der ihm aber in dem Dickicht weniger hinderlich wird, weil es den Kopf stark senkt. Seine Hörner sind auffallend kurz.

Zur gesenkten Kopfhaltung nimmt auch der Büffel seine Zuflucht, wenn er durch den Wald zieht. Zudem ist der Waldbüffel kleiner als der Büffel im offenen Terrain. Manche Forscher halten ihn direkt für eine Zwergform. Sicher ist das kleine Flußpferd, das die Sumpfwälder von Liberia bewohnt, als Zwergform aufzufassen. Die Pygmäen schließlich stellen ja eine denselben Bedingungen angepaßte, äußerst kleine Menschenrasse dar. Es sind wahrhaftige Zwerge. „Sie wissen überall in den dichten Wäldern umherzustreifen, wo größere Leute kaum vorwärts kommen.“ [1])

4. Die Färbung der Waldtiere.

Betrachten wir jetzt die Färbung der Waldtiere, soweit sie sich durch die Umwelt erklären läßt. Natürlich nur ganz allgemein kann man behaupten, daß die Bodentiere dunkel, fast schwarz gefärbt sind, während die Baumtiere, oder besser die Bewohner des Laubdaches, die bunte Färbung zeigen, an die man gewöhnlich bei tropischen Waldtieren denkt. Schließen wir die Farben, die durch geschlechtliche Zuchtwahl bedingt sind, aus, so erkennen wir den Grund für diese Verschiedenheit. Das Farbenkleid der Tiere scheint in direkter Abhängigkeit von den Lichtverhältnissen des Wohnortes zu stehen. Den Boden des tropischen Regenwaldes erreicht nur sehr wenig Licht. Die oberste Laubdecke, die kleineren Bäume und zuletzt das Gebüsch und Unterholz lassen kaum einige Sonnenstrahlen bis auf den Boden eindringen. Es herrscht so hier ein ewiges Dämmerlicht, in dem man kaum lesen und schreiben kann.

In direkten Zusammenhang mit diesen Lichtverhältnissen bringe ich das dunkle Farbenkleid der Bodenbewohner. Es ist allerdings noch zu beachten, daß die meisten ein nächtliches Leben führen und am Tage über sich versteckt halten. So sind sie noch weniger dem spärlichen Licht ausgesetzt. Ob nun diese dunkle Färbung als Schutz aufzufassen ist, ob sie durch Zuchtwahl entstanden ist, oder ob eine direkte Einwirkung des Lichts stattfindet, das alles läßt sich heute wohl schwer sagen. Uns interessiert auch mehr die reine Tatsache, und da kann kein Zweifel sein, daß sie geographisch, durch die Umwelt, bedingt ist.

Besonders lehrreich sind die Fälle, daß die Waldbewohner überhaupt dunkler gefärbt sind als ihre Verwandten auf dem offenen Lande. Dies gilt z. B. für das Stachelschwein, das Waldschwein, den Büffel, für viele Zibetkatzen, den Ratel (Mellivora cottoni), den Leoparden und noch manche andere Bodenbewohner, vor allem für die Zwergantilopen und Waldböcke. Auch Baumtiere, besonders viele Meerkatzen, sind dunkler als ihre Verwandten im periodisch trockenen

---

[1]) Stuhlmann, F. Mit Emin Pascha ins Herz von Afrika. Berlin 1894. S. 446.

Gebiete. Die dunkle Farbe von Gorilla und Schimpanse ist wohl ebenfalls als Anpassung aufzufassen.

Es drängt sich die Frage auf, ob da nicht noch ein anderer Faktor mitwirkt, der im Walde und im offenen Lande verschieden ist, nämlich die Luftfeuchtigkeit. Die gesättigt dunklen und bunten Farben der Waldtiere wären dann durch den hohen Feuchtigkeitsgehalt der Luft bedingt, während die einförmig matten Farben, die wir bei den Bewohnern des offenen Landes finden, durch die trockene Luft hervorgerufen wären. Dies ist allerdings nur eine Vermutung, zu der wir durch die tatsächlichen Verhältnisse berechtigt sind. Irgend welche physiologische Erklärung fehlt.

Andererseits aber finden wir auch hellere, ja sogar Mischfarben bei den Bodentieren. Ich denke da in erster Linie an das Okapi und an die Bongoantilope. Beim Okapi zeigen die Extremitäten eine ähnliche Streifung wie beim Zebra. Das Bongo ist ebenfalls gestreift und zeigt eine ganz prächtige Färbung. Bei beiden ist die Streifung wohl als primitives Stammesmerkmal aufzufassen. Sie bevorzugen auch die Lichtungen, „eddos", im Walde, und vielleicht hat das etwas mit ihrer bunten Färbung zu tun.

Die Laubdachzone hat ganz andere Lichtverhältnisse. Ungehindert fallen hier die senkrechten Strahlen der Tropensonne ein, verteilen sich allerdings rasch in dem dichten Laubblattgewirr. So ist hier reichliches und mannigfaches Licht vorhanden, und damit scheint die bunte Farbenpracht der Papageien, Kuckucksvögel, Bartvögel, Pisangfresser usw. zusammenzuhängen. Übrigens ist grün wohl bei weitem die häufigste Färbung der Baumtiere, grün, die Farbe des Wohnortes! Reptilien zeigen auch sehr bunte Farben, weniger die Säugetiere, was wohl als Stammeseigenschaft aufzufassen ist. Immerhin sind manche Eichhörnchen recht bunt gefärbt.

5. Die Lebensweise (Nahrungs- und Sinnesorgane) der Waldtiere.

Auch bei der Lebensweise der Waldtiere interessiert uns nicht das einzelne Tier, sondern die Erscheinungen bei den sämtlichen Waldbewohnern oder doch einzelnen Gruppen von ihnen, die wir als Anpassung an den Wohnort auffassen können. Die Art der Fortbewegung der Tiere haben wir am besten mit der Betrachtung des Habitus zu vereinigen geglaubt. Beide stehen ja in unmittelbarer Beziehung zueinander.

Der hauptsächlichste Grund, warum die Tiere, wenn sie nicht schlafen, eigentlich dauernd sich bewegen, ist nun die Nahrungssuche.

Die Magenfrage ist weitaus die wichtigste im Tierleben; sie bestimmt die ganze Lebensweise, den Beruf eines Tieres, wie Brehm sagt. Den Habitus der Waldtiere haben wir hauptsächlich durch dessen plastische Verhältnisse, durch die Vegetation, bestimmt gesehen. Ihre Lebensweise ist weiter auch durch das Klima bedingt. Im tropischen Regenwald ist das ganze Jahr über genügend Feuchtigkeit vorhanden. Ihre Wirkung auf das Tierleben ist wohl mehr eine indirekte, durch die Pflanzenwelt. Immerhin aber läßt sich auch eine direkte Abhängigkeit nachweisen, die man nicht unberücksichtigt lassen darf. Infolge der täglichen Regenfälle brauchen viele Baumtiere nicht zur Tränke zu gehen. In Blattwinkeln etc. finden sie immer genügend Wasser. Auch ist ihre Nahrung stets feucht. Manche ausgesprochene Baumbewohner betreten so nie den Boden; sie sind auf ihm völlig fremd. Ja, man kann ruhig behaupten, daß nur im tropischen Regenwalde die Mehrzahl der Tiere auf Bäumen leben kann, gewissermaßen epiphytisch. Im periodisch trockenen Gebiete sind die Wälder viel ärmer an Baumtieren; die Wärme zwar ist dort ebenso vorhanden, aber das Wasser ist viel spärlicher. Und in unseren Breiten ist die Zahl der echten Baumtiere relativ noch kleiner. Bei uns fehlt sowohl die ständige Wärme wie die immerwährende Feuchtigkeit. So ist vielleicht das Vorhandensein der Baumtiere — und das sind ja weitaus die Mehrzahl der Bewohner des tropischen Regenwaldes — in erster Linie durch die immerwährende, reichliche Feuchtigkeit bedingt.

Wichtig ist auch die das ganze Jahr über sich gleich bleibende Wärme. Ihre Hauptwirkung auf die Tierwelt ist ebenfalls eine indirekte, durch die Pflanzenwelt. Ständig bieten die Pflanzen Blätter, Blüten und Früchte den Tieren zur Nahrung und zwar in reichlicher Menge. Auch Wurzeln, Pilze und Kräuter sind immer vorhanden. So zeigt das Tierleben ebensowenig eine Periodizität wie die Pflanzenwelt. Gleichmäßig leben die Tiere in der Zeit dahin. Leider wissen wir zu wenig über ihre Lebensfunktionen, wann sie Junge haben usw. Ich möchte fast behaupten, daß, wie bei den Pflanzen, ihr Geschlechtsleben und die Setzzeit ganz unabhängig von den Jahreszeiten sind. Beobachtungen und Angaben in dieser Richtung wären sehr interessant. Nach Aussagen der Eingeborenen haben die Affen, die die Galeriewälder im Kameruner Grasland bewohnen, zu jeder Zeit Junge. Auch an bestimmte Schlafplätze sollen sie sich nicht halten. Die Lebensbedingungen in den Galeriewäldern sind ja die gleichen wie im tropischen Regenwald. Alle Bewohner der Savannen dagegen, wie Antilopen, Schweine, Büffel, werfen ihre Jungen zu Anfang der Regenzeit, wenn das frische Gras emporsprießt.

Auch die Art der Nahrung ist bei den Waldtieren recht eigenartig. Weitaus die meisten sind Blatt- und Früchtefresser, entsprechend dem großen Reichtum des tropischen Regenwaldes an Fruchtbäumen. Daneben liefert vielen die überaus reiche Insektenwelt die Mahlzeiten. Manche leben nur von Früchten, wie die Flughunde. Für viele Affen bilden Früchte eine Hauptnahrung. Ja sogar Tiere, die sonst keine Früchte verzehren, werden im tropischen Regenwalde zu Fruchtfressern. Dies gilt z. B. für manche Tauben (Vinago). Sogar Raubtiere, wie der Leopard, der Palmenroller, und fast alle Antilopen des Waldes leben teilweise auch von Früchten.

Andere Waldbewohner leben nur von Insekten und Kleingetier, ebenfalls entsprechend dem Reichtum des Tropenwaldes an solchen Formen. Auffallend zurück treten die Fleischfresser, die sich von höheren Tieren ernähren, da der dichte Urwald seine Beute zu gut verbirgt, als daß sie reichliche Nahrung hätten. Die Raubsäugetiere sind fast durchweg klein und wenig zahlreich. Auch Raubvögel sind in der eigentlichen Waldregion überaus selten.

Die Nahrung wirkt auch auf die Organisation der Tiere ein. Das Gebiß spiegelt die Art der Nahrung ebensogut wieder, wie der Bau der Extremitäten die Bewegungsweise. Ich begnüge mich hier, einige extreme Fälle anzuführen.

Die afrikanischen Fledermäuse zerfallen in zwei Gruppen, in Insektenfresser und in Fruchtfresser. Dementsprechend ist auch die Form der Zähne verschieden. Bei den Insektenfressern finden wir eine weite Mundspalte mit kräftigem Gebiß. Die Backenzähne sind spitzhöckerig und gleichen so einigermaßen denen der Raubsäuger. Bei den Fruchtfressern sind die scharfen Höcker geschwunden und zu Längskämmen verschmolzen, die zum Zermahlen der Nahrung dienen. Hier treffen wir also Verhältnisse, die an die der pflanzenfressenden Huftiere erinnern[1]).

Auch systematisch ganz verschiedene Tiere zeigen gleiche Ausbildung der Mundwerkzeuge infolge gleicher Nahrung. Der Specht und das Chamäleon sind beide Insektenfresser. Beide haben eine lange dünne Zunge, die weit aus dem Munde herausgeschleudert werden kann. Bei beiden ist die Zunge klebrig und erfüllt so vorzüglich ihre Funktion, Insekten zu fangen. Diese Erscheinung ist aber nicht auf Baumbewohner beschränkt. Im offenen Lande werden wir das Erdferkel antreffen, ein Säugetier, das dieselbe Ausbildung der Mund-

---

[1]) Weber, M. Die Säugetiere. Jena 1904. S. 392.

werkzeuge zeigt. Wir lernen damit eine Gruppe von Merkmalen kennen, die sehr wohl den Habitus der Tiere bestimmen, aber nicht äußere, sondern innere Ursachen haben. Solche Eigenschaften im Körperbau, die durch die Art der Nahrung bedingt sind, können bei gleichen, aber auch bei ganz verschiedenen Lebensformen auftreten. Ja bei den Raubsäugern (Carnivora) wirken sie sogar auf den ganzen Habitus bestimmend ein.

In Bezug auf die Nahrung gilt ferner, daß sie für Pflanzenfresser im tropischen Regenwalde fast überall in gleichem Maße geboten ist. Der tropische Regenwald ist lange nicht so spezialisiert nach Futterplätzen, Wasserstellen und Zufluchtsorten, wie wir dies im periodisch trockenen Gebiet sehen werden. Es ist anscheinend für die tropischen Waldbewohner charakteristisch, daß sie im allgemeinen weder einen Standort noch einen Wechsel einhalten. Gleichmäßig leben die Tiere nicht nur in der Zeit, sondern auch im Raum dahin. Leider sind Beobachtungen in dieser Richtung wieder recht spärlich. Von den Antilopenarten des Waldes sagt Pechuel-Loesche, „daß man ihr Umherziehen recht eigentlich ein Bummeln nennen könnte.“[1]) Dasselbe gilt für den Elefanten und alle größeren Tiere des Waldes, wie Du Chaillu behauptet.[2]) „Die Flußschweine schieben sich unter Baumwurzeln oder irgendwo im Urwald ein, wo sie am Abend gerade zu fressen aufgehört haben.“[3]) Als Jäger ziehen die Pygmäen dem Wilde nach von Ort zu Ort und haben so ebenfalls nirgends feste Ansiedelungen.

Dieses regellose Umherstreifen schließt natürlich nicht aus, daß die Bodenbewohner doch gewisse günstige Stellen, wie z. B. Lichtungen und Wasserstellen bevorzugen. Im Ituriwald führen nach Powell-Cotton tiefe, von den Bodentieren ausgetretene Tunnels durch das Unterholz zu den wasser- und grasreichen „eddos“.

Viel schwieriger ist es, etwas über die Lebensweise der Baumbewohner auszusagen. Die Fährtenkunde läßt uns hier im Stich. Man kann aber leicht vermuten, daß die Baumtiere auch in dieser Beziehung den Typus besser vertreten, daß sie also noch weniger als die Bodentiere einen Standort und Wechsel halten. Die Abhängigkeit von den Tränken ist ja bei ihnen viel geringer, wie wir schon gesehen haben. Die Affen übernachten da, wo die Dämmerung sie

---

[1]) Die Deutsche Loango-Expedition. Leipzig 1879. Bd. III. S. 222.

[2]) Du Chaillu. Explorations and adventures in Equatorial Africa. London 1861. S. 82.

[3]) Wissmann und Kuhnert. In den Wildnissen Afrikas und Asiens. Berlin 1901. S. 94.

gerade überrascht, sei es nun, daß sie sich auf einem Fruchtbaum niederlassen, oder sich rasch ein Nest herrichten, wie die Menschenaffen. Dasselbe gilt wahrscheinlich für alle übrigen Baumbewohner, soweit sie nicht in Höhlen schlafen. Von den Höhlenbewohnern darf man annehmen, daß sie wenigstens einigemale zu derselben Höhle zurückkehren. Sicher tun dies die Spechte und gewisse Bartvögel, die sich selber ihre Höhlen zimmern. Sie nehmen hier wohl dauernden Aufenthalt. Die Mehrzahl aber findet in den zahlreichen morschen Stämmen dieser unberührten Waldgebiete Unterschlupf. Die allerverschiedensten Tiere kann man in solchen Löchern zusammentreffen, Eichhörnchen, Mäuse, Halbaffen, Fledermäuse und sogar Schlangen.

Die meisten Höhlenbewohner sind Nachttiere, die hier den Tag zubringen. Ihre Zahl ist recht groß, wie überhaupt die der Nachttiere im Walde. Ja die Tiere mit nächtlicher Lebensweise scheinen sogar zu überwiegen. Wenigstens sind wohl alle Bodenbewohner mit Ausnahme des Elefanten Nachttiere.

Vom Nachtleben und dem Aufenthalt im dichten Unterholz sind die Sinne der Bodentiere beeinflußt. Das Gesicht ist bei den Waldantilopen entschieden schlechter als bei den Graslandantilopen, bedingt durch die räumlichen Verhältnisse des Wohnortes. „Entsprechend der fast stets herrschenden Windstille spielt auch die Nase gewiß keine sehr große Rolle. Dagegen ist das Gehör bei weitem der vorherrschende Sinn, und wenn auch schon auf kürzeste Distanz alle Gerüche der Fährten durch die scharfen Bodenausdünstungen des Moderwaldes verwittert sein mögen, so verrät doch das allerleiseste Geräusch jede Annäherung von etwas Lebendigen im Urwalde.“ (Globus 1904. Bd. 86, S. 386.) Dies sagt David vom Okapi. Theoretisch läßt sich aber leicht annehmen, daß auch bei den übrigen bodenbewohnenden Säugetieren die Sinne ähnlich ausgebildet sind.

Aber auch unter den Baumbewohnern finden wir eine Menge Nachttiere, die den Tag meistens in Höhlen zubringen; andere übertagen unter dem dichten Laubdache. Hier scheinen es mehr die Stammesmerkmale zu sein, die eine nächtliche Lebensweise bedingen. Denn wir finden unter den baumbewohnenden Nachttieren fast alle Halbaffen, dann die Fledermäuse und viele Reptilien. So sind die Galagos Nachttiere im eigentlichen Sinne des Wortes, „Wesen, für welche der Mond die Sonne ist. Sobald die Dämmerung über den Wald hereinbricht, erwacht der Ohrenmaki, biegt den über dem Kopfe zusammengewickelten Schwanz zurück, öffnet die Augen und entknittert die häutigen Ohren, putzt und leckt sich, verläßt die Schlupfhöhle und beginnt nunmehr sein gespenstisches Treiben."[1]) In hohem Maße verrät sich diese Lebensweise auch in seiner Organisation. Wie schon der Name sagt, sind die Ohren mächtig groß. Die Augen sind ebenfalls groß und treten stark hervor; auch bei anderen Nachttieren, wie Eichhörnchen und Chamäleonen, ist dies der Fall. Große äußere Ohren haben die Fledermäuse mit den Halbaffen gemein. Die ersteren zeichnen sich noch durch ein ungeheuer feines Tastgefühl aus, eine Eigenschaft, die wir bei Nachttieren sehr wohl begreifen. Es hat seinen Sitz in dem Nasenaufsatz, in den Ohrmuscheln und in der Flughaut, die mit den feinsten Tasthärchen ausgestattet sind.

Es erübrigt noch, eine sehr wichtige Erscheinung in der Lebensweise der Waldtiere zu betrachten. Ich meine die Verhältnisse ihres Zusammenlebens. Für eine geographische Betrachtung der Tiere ist es sehr wichtig, in welcher Menge die einzelnen Individuen eine Landschaft bevölkern. Ich glaube nun allgemein behaupten zu können, daß die Bewohner des Laubdaches gesellig, die des Waldbodens dagegen einzeln oder höchstens in Familien leben. Die direkte ökologische Bedingtheit liegt hier klar vor Augen. Die erste Bedingung für ein geselliges Leben ist die, daß die Tiere genügend Raum haben, um neben- und miteinander leben zu können. Und diese erfüllt das Laubdach mit der darüber ganz freien Luft viel eher als der Waldboden. Hier können sich die Tiere gar nicht sehen, auch wenn sie ganz nahe beieinander sind. Daneben hätten sie nicht einmal genügend Platz, um sich frei nebeneinander bewegen zu können. So leben sämtliche Bodentiere — wieder mit Ausnahme des Elefanten — einzeln oder paarweise. Bei den Raubtieren wird uns diese Erscheinung nicht sehr Wunder nehmen. Wenn wir aber erfahren, daß der Büffel und alle Antilopen sich einzeln durch den dichten Wald schleichen, während ihre Verwandten draußen auf dem offenen Lande sich zu Scharen von Tausenden vereinigen, so wird uns klar, wie sehr diese Verhältnisse den physiognomischen Charakter der Tierwelt einer Landschaft bestimmen.

Im Unterschied zu den Bodentieren leben die meisten Bewohner des Laubdaches gesellig, in kleinen Banden und oft in großen Scharen. Besonders gesellschaftsliebend sind die Affen, und unter ihnen am meisten die Meerkatzen. Die Menschenaffen bilden keine Ausnahme von der Regel, da sie sich mehr auf dem Boden aufhalten. So leben die Gorillas nur in einzelnen Familien, die Schimpansen aber, die

[1]) Brehm, A. E. Tierleben. 3. Aufl. Leipzig 1892. Bd. I. S. 300.

noch mehr Baumtiere sind, verbinden sich oft zu kleinen Trupps von 8 bis 10 Individuen. Die Flughunde unter den Fledermäusen vereinigen sich oft zu Schwärmen von Tausenden, ebenso die Papageien. Nun ja, ihnen ist auch die freie Luft über dem Walde zugänglich wo sie keine räumliche Beschränkung kennen. Die anderen, das Laubdach bewohnenden Vögel, die weniger gute Flieger sind, treten in kleineren Gesellschaften von 4 bis 10 Stück auf. Dabei leben sie oft mit anderen Tieren, die dieselbe Lebensweise haben, z. B. Eichhörnchen zusammen.[1]) Vermutlich haben sie Nutzen von einander. Bei den großen Gesellschaften der Affen und Papageien dürfen wir das ohne weiteres annehmen. Ich erinnere nur an das Leittier in der Affenherde und an all die Gefälligkeiten, die die Affen sich gegenseitig erweisen. Auf diese Verhältnisse des Genossenschaftslebens bei den Säugetieren hat vor allem Sokolowsky neuerdings aufmerksam gemacht und gezeigt, wie sehr es von der Umwelt beeinflußt ist.[2])

Die zweite Bedingung für ein geselliges Leben ist die, daß alle Tiere genügend Nahrung haben. Für Pflanzenfresser ist dies im tropischen Regenwalde überall und immer der Fall, aber nicht für Raubtiere. Ich habe schon früher erwähnt, wie die dichte Vegetation ihnen die Beute verbirgt. So sehen wir, daß sämtliche Raubtiere einzeln leben, die Bodenbewohner so gut wie die Baumbewohner. Sehr gut illustrieren dies die Fledermäuse. Die fruchtfressenden Flughunde vereinigen sich oft zu Scharen von Tausenden, die insektenfressenden Fledermäuse dagegen leben ungesellig. Die pflanzenfressenden Affen leben gesellig, die räuberischen Halbaffen ungesellig. Bei letzteren scheint allerdings noch die nächtliche Lebensweise in Betracht zu kommen. Wie die Bodentiere schon einzeln leben, weil sie einander nicht sehen können, so läßt sich erwarten, daß die Dunkelheit der Nacht eine ähnliche Wirkung hat.

6. Das Seelenleben der Waldtiere.

Wir gehen nun zur Betrachtung des Seelenlebens der Waldtiere über. Man weiß heute so wenig über das Seelenleben der Tiere, daß es vielleicht gewagt erscheint, dasselbe nun sogar ökologisch betrachten zu wollen. Aber unsere Methode erlaubt uns, gerade die noch unbekannten seelischen Stammesmerkmale zu übersehen. Wir suchen nach gleichen Betätigungen des Seelenlebens, auch bei systematisch

---

[1]) Bates, L. Mammals of Southern Cameroon. Proc. Zool. Soc. London 1905. S. 83.

[2]) Sokolowsky, A. Genossenschaftsleben der Säugetiere. Leipzig 1910.

ganz verschiedenen Tieren und erklären dann dieselben durch äußere Einflüsse. Uns interessieren also hier wieder nur die Konvergenzerscheinungen im Seelenleben.

Wir betrachten zunächst die einzeln lebenden Tiere, womit ja auch die meisten mit nächtlicher Lebensweise eingeschlossen sind. Wie wir schon gesehen haben, sind dies hauptsächlich die Bodenbewohner. Sie sind durchweg scheue Tiere, die ein einsames Leben führen und sich sorgfältig versteckt halten. Rasch, gewandt und geräuschlos schlüpfen sie durch das dichte Unterholz. Fast alle haben sie die Gewohnheit, mit gesenktem Kopfe behutsam zu schleichen, sich zu ducken und zu drücken, wo immer sie Gelegenheit finden. Das gilt auch für die Pygmäen. Ihr Gang ist schleichend und vorsichtig. „Allen Pygmäen, die ich beobachtete", schreibt Stuhlmann, „war es eigen, nicht einen Augenblick die Augen auf denselben Punkt richten zu können. In Erinnerung ihrer Jägerzeit und des Lebens im Walde sehen sie fortwährend um sich und beobachteten scheu die Umgebung." „Von Charakter sind die Zwerge scheu wie wilde Tiere, dabei im höchsten Grade argwöhnisch und verschlagen."[1])

Von den übrigen Eingeborenen des Waldes behauptet Stanley, daß sie unzugänglicher und scheuer waren als die Bewohner des offenen Landes.[2]) In Kamerun habe ich ähnliche Erfahrungen gemacht. Nach allgemeinem Urteil sind die Waldlandneger unfreundlicher und zurückhaltender als die Bewohner des Graslandes.

Daß sich solche Eigenschaften bei Tieren sowohl als bei Menschen auf das einsame Leben in den dichten, unzugänglichen Wäldern zurückführen lassen, dürfte wohl niemand bezweifeln. Es kommt dann noch die nächtliche Lebensweise der meisten Bodentiere hinzu, ein Umstand, der wesentlich zur Entwickelung solcher Charaktereigenschaften beitragen mag.

Anders ist das Seelenleben der Bewohner des Laubdaches. Es sind dies gleichzeitig in der Mehrzahl gesellig lebende, pflanzenfressende Tagtiere. Wenigstens beziehen sich nur auf sie unsere folgenden Betrachtungen. Als Typen sollen uns die Affen und Papageien gelten. Ihr Seelenleben zeigt merkwürdige Konvergenzerscheinungen.

Beides sind gesellige, hochbegabte und lustige Tiere. Unaufhörlich sind sie in Bewegung, dabei wird geschrieen, gelärmt und gepfiffen. Von den Meerkatzen sagt Brehm: „Es ist eine wahre Lust, wenn

[1]) Stuhlmann, F. Mit Emin Pascha ins Herz von Afrika. Berlin 1894. S. 446.

[2]) Stanley, H. Im dunkelsten Afrika. Leipzig 1890. Bd. I., S. 104.

man einer Herde dieser Tiere im Walde begegnet. Da kann man ein Leben, ein Schreien und Kämpfen, ein sich Zürnen und Versöhnen, ein Klettern und Laufen, Rauben und Plündern, Gesichterschneiden und Gliederverrenken bemerken." [1])

Von den Graupapageien berichtet ähnliches Pechuel-Loesche: „Unaufhörlich kreischen, plappern und pfeifen sie. Sie geben wunderbare Töne von sich, ahmen namentlich das Pfeifen anderer Vögel, vorzugsweise der Würger nach." [2]) Gerade diese Fähigkeit des Nachahmens anderer, besonders auch menschlicher Laute und Eigenschaften, haben sie ja mit den Affen gemein. Diese Erscheinung bei systematisch so verschiedenen Tieren läßt sich nur auf gleiche Existenzbedingungen zurückführen: Affen sowohl wie Papageien verzehren hauptsächlich Früchte, die ihnen der tropische Regenwald wahrscheinlich in großer Zahl zu jeder Jahreszeit bietet. Mit Nahrungssuche und Aufnahme sind sie wenig beschäftigt. So verbringen sie ihre viele freie Zeit in lebhafter Tätigkeit, mit Spiel und Scherz. Wenn sie sich nun als Bewohner des Laubdaches untereinander schon in großer Zahl vereinigen, miteinander gesellig leben, sich miteinander sehr beschäftigen und einander beobachten, so ist es wohl kein großer Schritt mehr, daß sie auch andere Tiere scharf beobachten und sie nachzuahmen suchen.

Noch eine weitere Eigenschaft haben Affen und Papageien gemein. Mit bemerkenswerter List und Vorsicht führen sie diebische Einfälle auf Fruchtbäume und Felder aus. Dabei verwüsten sie weit mehr als sie fressen. „Nur ein Viertel der geraubten Nahrung verzehren sie wirklich, den Rest verstreuen sie rechts und links in ausgelassener Laune." [3]) Es sind üppige Verschwender, reicher Leute Kind. So können wir Brehm nur beistimmen, wenn er die Papageien „befiederte Affen" nennt, natürlich auch unter Berücksichtigung ihrer Ähnlichkeiten in Körperbau und Lebensweise, die wir schon kennen gelernt haben. Ich führe alle diese Ähnlichkeiten auf die gleichen Existenzbedingungen zurück (Affen und Papageien kommen ja immer zusammen vor), und es bleibt nur erstaunlich, wie groß die Konvergenz ist.

Es scheint, daß mit der leiblichen Beweglichkeit der Baumtiere auch eine geistige Hand in Hand geht. Wir haben gesehen, daß bei vielen von ihnen die Extremitäten, besonders die vorderen, recht vielseitig verwendet werden können. Sie führen mit denselben die Nahrung

---

[1]) Brehm, A. E. Tierleben. 3. Aufl. Leipzig 1892. Bd. I. S. 128.

[2]) Die Deutsche Loango-Expedition. Leipzig 1879. Bd. III. S. 258.

[3]) Johnston, H. H. Der Kongo von seiner Mündung nach Bolobo. Leipzig 1884. S. 351.

zum Munde, betrachten und betasten, drehen und wenden alles, was ihnen erreichbar ist. Diese freie Beweglichkeit der Extremitäten hat die Geschicklichkeit und Fertigkeit der Baumtiere in hohem Maße gefördert, hat ihnen Anregungen gegeben, die den Lauftieren z. B. durchaus gefehlt haben. Wie sehr die menschliche Hand die Entwickelung von Kultur und Technik bedingt und erleichtert hat, ist ja allgemein bekannt.

Natürlich zeigen nicht alle Baumtiere oder vielmehr Bewohner des Laubdaches die oben erwähnten seelischen Eigenschaften in gleichem Maße wie die Papageien. Immerhin aber sind noch verschiedene Ansätze vorhanden. So treffen wir in den Eichhörnchen äußerst geschickte, immer muntere und lebhafte Tiere, die nie lange an einem Platze sich aufhalten. In unseren Wäldern vertreten sie ja gewissermaßen die Affen, nicht nur nach Gestalt und Lebensweise, sondern auch in ihren seelischen Eigenschaften.

Die Bartvögel, wenigstens die kleineren Arten, sind ebenfalls lebhafte und muntere Tiere. Dasselbe gilt für die Pisangfresser, Hornvögel usw., soweit sie gesellig leben. Auch Sokolowsky hat neuerdings gezeigt, daß gesellige Tiere ein entschieden freieres Benehmen haben als die Einzelgänger.[1]) Sie sind nicht ausschließlich auf sich selbst angewiesen, sondern haben gegenseitig Nutzen voneinander. So entwickelt sich bei ihnen „das Gefühl größerer Sicherheit, das entschieden eine größere Bewegungsfreiheit im Gefolge hat.“ Die haben wir ja bei den Bewohnern des Laubdaches in hohem Maße gefunden.

III. Die Tierwelt der einzelnen Typen des Waldes.

In unserer bisherigen Betrachtung haben wir die Tiere des Waldes in einzelne biologische Gruppen eingeteilt. Wir haben nach dem äußeren Bau verschiedene Formen unterschieden, die sich auch in Lebensweise und Seelenleben in hohem Maße gleichen. Jetzt ist unsere Fragestellung eine andere.

Im Folgenden wollen wir die Frage zu beantworten suchen, wie die einzelnen Tierformen das Landschaftsbild beeinflussen, welches ihre Verbreitung und Verteilung ist. Dabei gehen wir jetzt nicht mehr von den Tieren aus, sondern von den Landschaften, von den Unterabteilungen des Waldes. Unsere Frage ist jetzt die: Wie ist in Wirklichkeit das Tierleben im Walde? Wie stellt es sich unseren Sinnen dar? Wie vereinigen sich alle einzelnen Tierformen zu einem

---

[1]) Sokolowsky, A. Aus dem Seelenleben höherer Tiere. Leipzig 1910. S. 49.

einheitlichen Bilde? Die Frage ist leichter zu stellen als zu beantworten. Denn solche Schilderungen können nur auf Grund langer und gründlicher Beobachtungen an einem und demselben Ort geliefert werden. Die fehlen uns aber noch sehr, und deshalb bedürfen die folgenden Erörterungen einiger Nachsicht.

1. Der dichte Wald.

Unsere bisherigen Ausführungen haben sich bis jetzt immer auf diesen Wald bezogen; er vertritt den tropischen Regenwald am typischsten. Im Vergleich zu den offenen Stellen ist der dichte Hochwald tierarm. Immerhin aber beherbergt er doch mehr Tiere, als man gewöhnlich annimmt. Nur bekommt man sie in der dichten Vegetation nicht zu sehen. Hauptsächlich sind die Baumtiere vertreten; und unter ihnen beleben die geselligen Affen und Papageien am meisten die Landschaft. Sie sind hier in ihrem eigentlichen Bereich und geben dem dichten Wald seine eigentümliche Staffage. Die anderen Baumbewohner wird man mehr spüren und hören als sehen. „Sie bleiben dem Reisenden unerreichbar in den Dickungen, in den Wipfeln der gewaltigen Bäume und verschwinden selbst zu Tode getroffen nur zu häufig spurlos in dem Pflanzengewirre.“ [1]) Im Vergleich zu Baumtieren treten die Bodenbewohner im dichten Wald noch mehr zurück. Außer Elefanten bekommt man selten ein Bodentier zu sehen. Ihre Spuren kann man dagegen häufiger beobachten. So ist am Tage der Wald auffallend still, wenigstens was die höhere Tierwelt anbelangt. Nur die summenden, geschäftigen Insekten bringen Leben in die dunklen Schatten.

Nach Eintritt der Dunkelheit beginnt es dafür um so lauter zu werden. Das Leben vieler Säugetiere spielt sich ja in der Nacht ab. Dann erfüllen sie den Wald mit ihrem Geschrei. Wie am Tage die Affen ihr munteres Wesen treiben, so beleben bei Eintritt der Dunkelheit die Halbaffen, wenn auch bloß einzeln, die Wipfel der Bäume. Die Makis erheben ihr abscheulich klingendes Geschrei und stören zusammen mit dem Baumschliefer durch ihre klagende Stimme den Reisenden jede Nacht. Die Fledermäuse verlassen ihre Schlupfwinkel und beginnen ihr gespenstisches Treiben.

Den dichten Wald haben wir früher nach seinen ökologischen Verhältnissen in den Hochwald und in den Buschwald zerlegen können. Vielleicht ist auch die Tierwelt in beiden eine andere. Aber nur für

---

[1]) Die Deutsche Loango-Expedition. Leipzig 1897. Bd. III., S. 200.

die Vögel hat Sjöstedt solche Studien gemacht.[1]) Die Vögel sind ja nach ihren Standorten sehr spezialisiert, und so sind eine ganze Reihe von Arten für den Buschwald charakteristisch, andere für den Hochwald. Von den Reptilien, besonders von den baumbewohnenden, wird sich ähnliches bei genauerem Studium vielleicht auch nachweisen lassen.

2. Lichtungen.

Wir haben gesehen, daß eine reiche Vegetation absolut nicht eine reiche Tierwelt bedingt. Vielmehr ist eher das Umgekehrte richtig. Je lichter der Wald wird, um so zahlreicher werden seine Bewohner. An den Rändern und Seiten des Urwaldes, in den Farmen, an den Flüssen und Lichtungen, finden wir ein reicheres und mannigfaltigeres Tierleben.

Wenden wir uns zuerst zu den Lichtungen im Walde. Wir müssen dabei zwei Arten von Lichtungen unterscheiden, natürliche und künstliche. Die natürlichen werden von den Eingeborenen des Ituriwaldes „eddos" genannt.[2]) Es sind die morastigen Strecken im Walde. Der Boden ist glitscherig und das träge dahinfließende Wasser der Flüsse und Bäche verliert sich in einem dichten Pflanzenwuchs. Niederer Busch, Schilf und Gräser verfilzen sich förmlich. Andere natürliche Lichtungen sind die an steinigen, unfruchtbaren Boden gebundenen Grasfelder.

Die künstlichen Lichtungen sind die verlassenen Ansiedelungen der Eingeborenen. Werden solche Pflanzungen aufgegeben, so siedelt sich Gras und niederes Gebüsch an.

Wir haben in den Lichtungen also die einzigen Stellen, wo Gras gedeiht. Dies ist für das Vorkommen reiner Grasfresser, wie des Büffels, im tropischen Regenwalde sehr wichtig. Man darf a priori den Schluß ziehen, daß aus dem Grunde der Büffel stets in der Nähe der Lichtungen lebt. Licht, Gras und Wasser scheinen aber auch andere Tiere hierher zu locken, wenigstens von den Bodenbewohnern.

„Zu den eddos kommen die Tiere des Waldes, vom Elefanten bis zu der furchtsamen kleinen Dik-Dik-Antilope, um zu trinken, zu baden, und um das feine Gras am Rande des Wassers abzuweiden."[2])

---

[1]) Sjöstedt, J. Zur Ornithologie Kameruns, nebst einigen Angaben über die Säugetiere des Landes. Diss. Upsala 1896. S. 16.

[2]) Powell-Cotton. A Journey through the eastern portion of the Congo State. Geogr. Journal 1907. London. S. 376.

Besonders das Okapi scheint sich hier mit Vorliebe aufzuhalten. Habitus und Lebensweise charakterisieren es ganz als Morasttier. Dr. David schreibt von ihm: „Das Tier hat das Gebaren eines Tapirs; es ist zwar Wiederkäuer, aber sein ganzer Habitus, sein Schnüffeln und Schlürfen im Morast, seine gedrungene Vorderpartie, seine Kopfhaltung erinnern an ein Tapir, keinesfalls an eine Antilope.“ (Globus 1908 Bd. 86, S. 61.) Die Hufe seiner Vorderextremitäten sind tellerförmig verbreitert und verhüten so ein Einsinken des Tieres in den schlammigen Boden. Das Okapi eignet sich also vortrefflich zu seinem Leben in den Waldmorästen.

Auch in den Grasfeldern Südkameruns traf Schultze — im Gegensatz zu dem toten Hochwald — ein sehr reiches Tierleben. „Fährten aller Arten von Wild zogen kreuz und quer über diese mächtigen Grasweiten, und überall fanden sich Suhlen von Wildschweinen, Nilpferden und Elefanten.“ [1])

Die künstlichen Lichtungen bilden ebenfalls solche Sammelpunkte der Tierwelt. Elefanten, Büffel, wilde Schweine, wohl alle Antilopen, und ihnen folgend der Leopard, werden besonders häufig angetroffen. Aber auch Baumtiere halten sich mit Vorliebe an solchen Stellen auf. Hier erscheinen Eichhörnchen und Halbaffen, um zu naschen. Auch Flughunde und besonders die Vögel sind reichlich vertreten.

Dem dichten Wald und den Lichtungen stehen nun noch zwei ganz spezielle Abarten des Waldes gegenüber, der Alluvialwald und die Mangrovebestände. Auch ihre Tierwelt ist eigenartig.

3. Der Alluvialwald.

Ähnlich wie in den Lichtungen treffen wir längs der Flüsse ein reiches Tierleben. Wie ich früher gezeigt habe, zieht sich ein Alluvialwald weit landeinwärts an ihnen entlang. Er ist charakterisiert durch großen Palmenreichtum; Papyrusdickichte und Grasstreifen begleiten ihn. Dieser Umstand ist für uns äußerst wichtig. Nur so kann man sich wieder das Vorkommen zweier typischer Grasfresser im Urwaldgebiete erklären, des Flußpferdes und der Seekuh. In sämtlichen Waldflüssen war das Flußpferd früher wenigstens vertreten und ist in den meisten auch heute noch zu finden. Nur in einigen wenigen kommt die Seekuh vor. Beide gehen des Abends ans Land, um zu äsen. Außer diesen zwei typischen Wasserbewohnern sind auch Sumpftiere für den Alluvialwald charakteristisch.

---

[1]) Adolf Friedrich, Herzog zu Mecklenburg. Vom Kongo zum Niger und Nil. Leipzig 1912. Bd. II., S. 218.

Ich werde später auf beide Tierformen genauer eingehen. Hier sei bloß erwähnt, daß der in solchem Gelände stehende Buschbock stark verlängerte Klauen trägt, deren breite Tragfläche ihn vor dem Einsinken in den Schlamm bewahrt. Auch Sumpfvögel, wie Pelikane, Gänse, Kormorane und Königsfischer sind manchmal recht häufig in den Alluvialwäldern. Hinsichtlich der Verbreitung aller dieser Tierformen ist anzuführen, daß sie eben auf den Alluvialwald beschränkt sind.

Wo dichter Wald zu beiden Seiten an die Flüsse herantritt, fehlen sie. Dann beleben Affen und Papageien die Ufer. Natürlich mangeln diese und andere Klettertiere auch dem Alluvialwald nicht, so daß wir hier alle Tierformen vereinigt finden. Die mannigfaltigen Lebensbedingungen an der Grenze der zwei Landschaften, von Wald und Wasser, sind für die Tierwelt ebenso günstig wie für den Menschen.

4. Die Mangroven.

An den Flußmündungen gehen die Alluvialwälder allmählich in die Mangrovenbestände über. Die Palmen bleiben zurück, und an ihre Stelle treten die auf Stelzfüßen stehenden Mangrovebäume. Zwischen ihnen wachsen Farnkräuter und saftige Gräser. Das Ganze bildet ein undurchdringliches Dickicht. Während der Flut stehen die Bäume hoch unter Wasser, während der Ebbe sind sie bis auf den Bodenschlamm entblößt.

Wir dürfen natürlich hier nur eine solche Tierwelt erwarten, die diesen Lebensbedingungen angepaßt ist. Hauptsächlich kommen Wasser- und Sumpftiere vor, daneben noch einige Baumbewohner.

„Wenn das Wasser sich bei der Ebbe zurückzieht, so fängt ein rühriges Leben in dem einförmigen Sumpfwald an. Scharen von kleinen Fischen kommen zum Vorschein.“ [1]) Krabben, Muscheln und Schnecken bevölkern in großer Zahl den schlammigen Boden. Diese reichliche Nahrung zieht eine zahlreiche Vogelwelt herbei. Aber bezeichnender Weise sind es nur Sumpf- und Wasservögel, die sich hier versammeln. „Je größer und ausgedehnter die Schlammbänke sind, je breiter das dazwischen liegende Wasser, desto abwechselnder ist die Vogelwelt.“ [2])

Auch die Säugetiere der Mangroven sind durch Wasserformen vertreten. Die Seekuh hält sich mit Vorliebe in den weit verzweigten Flußmündungen auf. Die Flußpferde fehlen, wenigstens in Kamerun,

---

[1]) Sjöstedt, J. Zur Ornithologie Kameruns, nebst einigen Angaben über die Säugetiere des Landes. Diss. Upsala 1896. S. 14.

[2]) Sjöstedt, J. l. c. S. 15.

Krokodile aber sind vorhanden. Von Sumpftieren sind Wildschweine zu erwähnen, die im Schlamm und Morast umherwühlen. Auch Sumpfböcke sollen vorkommen.

Unmittelbar berühren sich in den Mangroven die zwei Lebensbezirke: Wasser und Wald. Es kann uns so nicht wunder nehmen, wenn auch ihre beiden Lebensformen in einander übergehen. Ein kleiner Fisch (Periophthalmus koelreuteri) läuft zwischen den Wurzeln auf dem Schlamm umher und zieht sich während der Flut auf die Bäume zurück. Wie wir schon gesehen haben, ist ihm dieses Klettern möglich mittels seiner zu einer Art von Armen umgebildeten Brustflossen. Eigentliche Baumtiere sind in den Mangroven recht spärlich vertreten. Vorübergehend durchklettern Affenbanden die Bestände, um sich zu den so begehrten Schalen- und Kerbtieren niederzulassen. Nur eine Meerkatzenart (Cercopithecus mona) bevorzugt die Mangroven. Bisweilen kann man auch ein Eichhörnchen im Blätterwerk entdecken.

Noch manch andere Baumtiere, wie die Graupapageien, halten sich zeitweise hier auf. Sie beeinflussen aber wenig die Staffage der Mangrovelandschaft. Im wesentlichen bestimmen die Sumpf- und Wasservögel durch ihre großen Scharen den physiognomischen Charakter der Mangrove-Tierwelt.

IV. Die Verbreitung der Waldtiere.

Auf der angefügten Karte (Taf. 1) habe ich die Verbreitung der Klettertiere eingezeichnet, soweit sie in Deutsch-Ostafrika vorkommen. Die Verhältnisse Kameruns und des dazwischen liegenden Zentral-Afrikas sind nicht eingetragen, weil in der Literatur die nötigen Angaben fehlen. Dann kam es mir bei der Karte vor allem auf einen ersten methodischen Versuch an. Es soll gezeigt werden, wie die oben behandelten Beziehungen zwischen Tierwelt und Landschaft sich kartographisch verwerten lassen. Solche „tierökologischen Karten“ orientieren über den physiognomischen Charakter der Tierwelt einer Gegend, stehen also in ausgesprochenem Gegensatz zu den bisherigen faunistischen Karten, die nur die Verbreitungsgebiete der einzelnen Arten angeben. Die tierökologischen Karten sind ein Analogon zu den Vegetationskarten in der Pflanzenwelt.

Ich möchte hier gleich auf ein weiteres, für derartige Untersuchungen eigentlich unerläßliches Hilfsmittel hinweisen. Es sind dies photographische Aufnahmen der Tierwelt in freier Natur, wie sie heute so lebhaft von allen Seiten gemacht werden. Solche „Lebensbilder“

zeigen uns das Tier in seinem Milieu, lassen uns auf den ersten Blick Lebensform und Lebensweise erkennen. Die Lebensbilder sind für die physiologische Tiergeographie von ähnlicher Bedeutung wie die Vegetationsbilder für die Pflanzengeographie. —

Wie man auf unserer Karte sieht, sind einfach die Vegetationsgrenzen übernommen. Die kreuzweise Strichelung bedeutet so hier: „Tropischer Regenwald mit vorherrschenden Klettertieren. Das Tierleben zeigt keine Periodizität.“ Unterbrochen wird das Gebiet der Klettertiere vom Gewässernetz mit Wassertier- und stellenweise auch Sumpftierbevölkerung.

Auf der Karte sehen wir, daß auch außerhalb des zusammenhängenden Regenwaldes noch Gebiete mit Klettertieren vorkommen. Es ist dies der Fall in den immergrünen Wäldern an den Abhängen der Gebirge und in den Galeriewäldern längs der Flußläufe in dem periodisch trockenen Gebiet. Inselartig tritt in ihnen eine gleiche Tierwelt auf wie im großen Walde. Zwischen beiden liegen weite Gebiete mit ganz anderen Tierformen. Allerdings finden wir auf diesen Inseln manchmal andere Arten als im Kongowalde. Aber Habitus und Lebensweise der Tiere sind dieselben, da die räumlichen und klimatischen Verhältnisse dieser Wälder ganz ähnlich wie im zusammenhängenden Regenwaldgebiete sind.

Die Gebirgswälder scheinen arm an Tieren zu sein. Und seine wenigen Bewohner zeigen nicht das heitere Wesen ihrer Verwandten im Tieflandswalde, sondern ihr Benehmen ist mehr gemessen und zurückhaltend — entsprechend ihren ernst gestimmten, dunkeln Wohnstätten, den mächtigen Baumkronen finsterer Bergurwälder.[1]) Ungemein reich dagegen ist die Tierwelt in den Galeriewäldern entwickelt. Finden die Tiere doch alles ihnen Nötige hier vorhanden: Wasser, Wärme, Nahrung. In ihren dichten Kronen flattern grüne Papageien und springen Dutzende von grünen Meerkatzen von Ast zu Ast. „Grasgrüne Baumschlangen gleiten behend durch die Zweige. Die Welt der Insekten ist Legion. Wohin wir auch unser Auge wenden, ist die grüne Masse des Waldes bevölkert und belebt.“[2]) Und dicht daneben dehnt sich die öde, trostlose Steppe aus. Ein schrofferer Wechsel großer Gegensätze ist kaum denkbar.

Es kommt hinzu, daß auch die Tierformen der Steppe sich zeitweise in diesen Uferwäldern aufhalten, und immer sind natürlich die Wassertiere hier zu treffen, manchmal in ungeheurer Zahl.

---

[1]) Schillings, C. G. Mit Blitzlicht und Büchse. Leipzig 1905. S. 390.

[2]) Meyer, H. Der Kilimandscharo. Berlin 1900. S. 38.

So entfaltet sich hier — besonders in den Mittagsstunden — oft ein wahrhaft paradiesisches Tierleben, das Schillings anschaulich geschildert hat.[1]) Ähnliches berichtet Junker von den Galeriewäldern des Uellegebietes. „Sie zeigten ein fast märchenhaftes Durcheinander von unermüdlich schaffenden Wesen, die zwar nicht alle sichtbar, aber sämtlich hörbar waren."[2])

B. Die Tierwelt der periodisch trockenen Gebiete.

I. Die Lebensbedingungen.

Tropischer Regenwald und Höhenwald sind das ganze Jahr über im Besitz von genügender Feuchtigkeit und Wärme. Pflanzen- und Tierleben entwickeln sich in ihnen gleichmäßig. Anders ist dies in den periodisch trockenen Gebieten, deren Tierwelt wir nun betrachten wollen. Die Wärme ist auch hier ständig vorhanden und ausreichend, aber die Niederschläge fallen nicht mehr gleichmäßig, sondern sind auf eine Jahreszeit beschränkt, auf die Regenzeit. Die andere Hälfte des Jahres ist trocken.

Dieser klimatische Wechsel spiegelt sich scharf im Pflanzen- und Tierleben wieder. Beide zeigen eine ausgesprochene Periodizität. Wegen dieses verschiedenartigen Klimas ist auch die Vegetation in den periodisch trockenen Gebieten eine andere. Wir dürfen deshalb erwarten, daß nicht nur die Lebensweise — infolge des andersartigen Klimas, sondern auch der Habitus der Tiere — infolge der anderen Vegetation — hier ganz verschieden sein wird von dem der Regenwaldbewohner.

Wir untersuchen zuerst den Habitus, die äußere Erscheinung der Tiere. Zu dem Zweck müssen wir die Vegetation, im besonderen ihre räumlichen Verhältnisse, erläutern.

Auch in den periodisch trockenen Gebieten haben wir, abgesehen von den Höhenwäldern und Galerien, Baumbestände, Wälder. Aber sie sind ganz anders beschaffen als die der immerfeuchten Regionen. Es sind Trockenwälder. Die Bäume sind nicht so hoch und dick

[1]) Schillings, C. G. Der Zauber des Elelescho. Leipzig 1906. S. 156.

[2]) Junker, W. Reisen in Afrika. Wien 1889. Bd. III. S. 257.

und stehen weiter auseinander. In ihrem Habitus gleichen sie unseren Obstbäumen. „Das Unterholz ist so licht, daß man oft weit durch den Wald sehen und gehen kann.“[1]) Und was für uns sehr wichtig ist, in diesen Wäldern gedeiht überall Gras, ein Umstand, der sie scharf von denen der immerfeuchten Gebiete unterscheidet. Der Boden ist durchaus fest nnd trocken.

Diesen Trockenwäldern — Miombowälder nennt man sie in Ostafrika — stehen die offenen Grassteppen, die Bogas, gegenüber als zweite Vegetationsformation. Waren dort die Bäume das hauptsächlichste Element und die Gräser nur von sekundärer Bedeutung, so treten hier die Gräser bestandbildend auf, und nur vereinzelt kommen Bäume vor. Die Gräser sind 1—2 m hoch und stehen getrennt in einzelnen Büscheln. Zahlreiche Zwiebelgewächse fehlen auch diesen afrikanischen Steppen nicht.

Durchsetzen sich Baum- und Grassbestände, so erhalten wir die Savanne (Baum- und Buschgrassteppe). Sie trägt auf ihrem grasigen Grund verschiedenartige Sträucher. Herrschen letztere allein und treten Bäume und Gräser zurück, so sprechen wir von einer Dornbuschsteppe. Sie kommt in den besonders trockenen Gebieten Ostafrikas vor und zeigt extreme Anpassungen gegen zu starke Verdunstung.

II. Die Anpassungen der Tierwelt.

Dies sind also die Wohnräume, in denen sich das Tierleben der periodisch trockenen Gebiete abspielt. Wo wir Bäume haben, ist die Tierwelt durch Kletterformen vertreten. Sie bieten uns nichts Neues und sind bloß in Bezug auf Verbreitung und Verteilung zu untersuchen. Sie müssen ganz den offenen Grassteppen fehlen, und hier dürfen wir mit Recht eine neue Lebensform der Tierwelt erwarten.

1. Habitus der Steppentiere.

a. Die Lauftiere.

Im Walde haben wir die lotrechten Ausmaße vorherrschend gesehen — hier in der offenen Steppe sind es die horizontalen. Weithin dehnt sich die Steppe gleichmäßig aus, oft tischartig, ohne große Unebenheiten im Terrain. Im Walde bewegen sich die Tiere in senkrechter Richtung, hier müssen sie es über die Fläche tun. Im Walde mußten die Tiere klettern, hier müssen sie „laufen“ können.

[1]) Meyer, H. Deutsch-Ostafrika in: „Das deutsche Kolonialreich“. Leipzig 1910. Bd. I. S. 55.

Das oft ebene Terrain und die verhältnismäßig dünne Vegetationsdecke, die die Tiere kaum hindert, bedingen diese Bewegungsweise bei systematisch ganz verschiedenen Tieren.

Unter den Säugetieren sind die Huftiere die ausgesprochensten Läufer, unter den Vögeln die Strauße. Wir werden mit Recht erwarten, dies im Bau ihrer Extremitäten ausgedrückt zu sehen. Die Kletterformen, besonders die Greiftiere, hatten sehr bewegliche Extremitäten, die sich ähnlich wie unsere Arme um ihre Längs- und Querachse drehen ließen; bei den Laufformen sehen wir dagegen, wie die Extremitäten gleich den menschlichen Beinen zu festen Trägern des Körpers werden. Ihnen dienen nicht mehr wie den Klettertieren Äste und Zweige als Stützen, sie müssen ihr eigenes Gewicht selber tragen. Und dann kommt es in dem offenen, pflanzenarmen und an Raubtieren reichem Gelände darauf an, möglichst rasch sich von der Stelle zu bewegen. Diese beiden Funktionen also, Tragfähigkeit und Schnelligkeit, müssen die Extremitäten der Lauftiere erfüllen. Zum Zwecke der größeren Tragfähigkeit sind die Knochen der Gliedmaßen vereinfacht und verstärkt worden. Gleichzeitig haben sie eine Verlängerung erfahren, um eine höhere Schnelligkeit der Tiere zu erreichen. Dies gilt von den Huftieren so gut wie von den Straußen.

Statt der Zweizahl der Knochen im Unterarm und Unterschenkel, wie sie die Greiftiere z. T. aufweisen, haben wir hier einen einzigen, den Druck einheitlich fortleitenden Knochen. Speiche uud Schienbein sind die Hauptstützen der Extremitäten. Dieselbe Tendenz der Vereinfachung zeigt auch das Hand- und Fußgerüst. Beim Strauß, wie überhaupt bei allen Vögeln, sind die Mittelfußknochen verschmolzen. Auch die Fußwurzeln haben sich mit benachbarten Skeletteilen vereinigt. Nur zwei Zehen bleiben beim Strauß noch erhalten, von denen die innere besonders groß und kräftig ist.

Die gleiche Reduktion der Zehen finden wir bei den Huftieren. Bei den Unpaarhufern fällt die Drucklinie des Körpers genau auf die Mittelzehe und veranlaßt diese zu kräftigem Wachstum, während die übrigen Zehen symmetrisch zu dieser Mittellinie verschwinden. Bei den Einhufern, den Zebras z. B., bleibt nur die Mittelzehe erhalten. Bei den Paarhufern fällt die Drucklinie zwischen die dritte und vierte Zehe, welche gemeinsam den Körper tragen, daher gleich stark werden und zum Zeichen ihrer einheitlichen Funktion verschmelzen, wenn auch nicht die Zehen selbst, so doch die zugehörigen Mittelhand- und Mittelfußknochen.[1])

---

[1]) Nach Hertwig, R. Lehrbuch der Zoologie. 8. Aufl. Jena 1907. S. 600.

Im Interesse der schnellen Fortbewegung nun sind die Extremitäten bei den Lauftieren stark verlängert, besonders ihre peripheren Teile, die Mittelhand- und Mittelfußknochen. Die Verlängerung des Gliedes vergrößert natürlich den Schritt, und durch die Erhöhung des Schwerpunktes wird die Bewegung erleichtert. Aber die einzelnen Knochen sind nicht nur größer geworden, sie haben auch ihre gegenseitige Lage verändert im Vergleich zu den Verhältnissen, wie wir sie bei den Greiftieren ausgebildet sehen. Dort sind ja Fuß und Unterschenkel senkrecht zueinander gestellt. Die Greiftiere sind Sohlengänger, sie gehen auf der ganzen Fußfläche. Bei den Lauftieren nun stellt sich der Fuß in die Richtung des Unterschenkels, er richtet sich auf und seine einzelnen Knochen verlängern sich enorm, wie schon erwähnt; dadurch rückt das Fußgelenk weit vom Boden weg und kann leicht mit dem Kniegelenk verwechselt werden. Die Lauftiere sind also keine Sohlengänger, sondern sie gehen auf den Zehen, wie der Strauß, oder gar auf den Zehenspitzen, wie die Huftiere. Die Vorderextremität der letzteren erfährt natürlich die gleiche Umbildung. Bei den Lauftieren ist dieselbe Hand, die bei den Klettertieren einer so vielseitigen Verwendung fähig ist, zu einem säulenförmigen Träger des Körpers geworden. Durch die hebelartigen Gliedmaßen wird übrigens die Reibungsfläche auf dem Boden vermindert. Die Zehengänger brauchen die kleinsten Stützflächen, sie bewegen sich am schnellsten.

Die Extremitäten der Lauftiere sind so ausschließlich zur schnellen Fortbewegung auf dem Boden eingerichtet und zu jeder anderen Funktion wie Greifen, Klettern, Graben unfähig. Auch die „Hornschuhe“ der Huftiere dürfen wir mit Lamarck als Anpassung an die laufende Bewegungsweise auffassen. „Die Gewohnheit, beinahe den ganzen Tag auf den Füßen zu stehen, um zu weiden, hat die Entstehung eines dicken Horns veranlaßt, welches das Ende der Zehen ihrer Füße umhüllt.“ Die Hufe schützen die Zehen gegen Beschädigung auf dem Boden, schwächen den Stoß beim schnellen Auftreten ab und verhindern als schlechte Wärmeleiter eine zu große Erwärmung. Merkwürdigerweise trägt auch die Innenzehe des Straußes eine kurze und stumpfe, hufartige Kralle. Sie schützt ebenfalls die Zehe bei der Berührung mit der harten Unterlage. Die Schenkel des Straußes sind sehr muskulös und nicht mit Federn bedeckt, wie die anderer Vögel. Für den schnellen Lauf würde ein Federkleid an den Füßen jedenfalls sehr hinderlich sein. Als leicht verständliche Korrelation findet sich bei den pflanzenfressenden Lauftieren eine lange Entwicklung des Halses und z. T. auch des Kopfes. Da sie ihre Nahrung vom Boden aufnehmen, müssen sie ihn auch immer mit dem Maul erreichen können, entweder durch einen langen Kopf oder einen langen Hals. Sämtliche Lauftiere zeigen diese Beziehung, am typischsten aber wohl Giraffe und Strauß.

Noch manch andere Anpassungen hat die Fortbewegung auf dem festen Boden hervorgerufen. So ist die bedeutende Größe aller Bodentiere gegenüber den Baumtieren zu erwähnen. Der Elefant, das Rhinozeros, die Büffel und Zebras haben einen großen Umfang erlangt, ihr Körper ist schwer und massig geworden. Man denke zum Vergleich an die normale Größe der Baumtiere! Der Gorilla hat sie schon überschritten, wie wir gesehen haben. Bei den Schnellläufern, z. B. bei einigen Antilopen und Gazellen ist der Körper leichter und schlanker gebaut. Ihr Leib ist seitlich zusammengedrückt, erstreckt sich zum mindesten jedoch sehr in die Länge. Halten die Tiere dann noch beim Laufen den langen Kopf und Hals nach vorn, so durchschneiden sie wie ein Keil die Luft, die einem solchen Körper sehr wenig Widerstand bietet.

Die meisten Wiederkäuer unter den Lauftieren zeigen noch eine merkwürdige Eigenschaft, die indirekt mit ihrer Lebensweise im Zusammenhang steht.

Mit wenigen Ausnahmen haben sie auffallend große, mit Aufsätzen bewehrte Stirnbeine, sogenannte Hörner. Sie sind ausschließlich oder doch am kräftigsten im männlichen Geschlecht entwickelt. Dies weist uns darauf hin, daß wir es hier mit einem Geschlechtscharakter zu tun haben. Aber sekundär ist die enorme Ausbildung der Hörner auch durch die Lebensbedingungen beeinflußt. Im Walde waren die Hornaufsätze bei den meisten Tieren ja auffallend klein gewesen, wohl wegen räumlicher Behinderung. Hier im offenen Lande können sie sich ungestört entwickeln, und geben so vielen Steppentieren ein höchst auffallendes Aussehen. Daß gerade am Kopf sich solche Waffen entwickeln, ist bei pflanzenfressenden Lauftieren leicht begreiflich. Ihre Extremitäten sind nur zum Laufen eingerichtet. Eine andere Funktion können sie nicht verrichten. So bleibt den Tieren nur der leicht bewegliche, von kräftigen Muskeln unterstützte Kopf als Träger der Waffe im Kampf untereinander oder gegen Feinde.

Infolge der mannigfaltigen gleichartigen Anpassungen, die wir im Bau der Extremitäten bei Huftieren und Straußen kennen gelernt haben, vereinige ich diese systematisch so verschiedenen Tiere zu der neuen Lebensform der „Lauftiere“. Dabei ist es interessant, daß die Zoologie die Huftiere in zwei Abteilungen zerlegt, in die Paarhufer und Unpaarhufer, die wohl einheitlichen Ursprungs sind, sich aber frühzeitig differenziert haben. „In jeder Reihe sind, nach Hertwig, die meisten der oben erläuterten gemeinsamen Merkmale selbständig entstanden, so daß man sagen kann, daß der so einheitlich erscheinende Habitus der Huftiere von Unpaarhufern und Paarhufern zum größten Teil unabhängig erworben wurde und somit nur eine Folge konvergenter Züchtung ist“ [1]) — infolge gleicher Lebensbedingungen, wie wir noch hinzufügen können. Die Huftiere haben sich in offenen Landschaften entwickelt, wie die Affen in den Wäldern.

Zu den Huftieren gehören all die zahlreichen Antilopen, an denen Afrika ja so überreich ist — entsprechend seinen ausgedehnten Savannen. Vegetation und Lebensformen gehen ganz Hand in Hand. Die Antilopen sind zum größten Teil schnellfüßige Tiere. Besonders die Kuhantilopen übertreffen alle anderen Verwandten an Schnelligkeit. „Gleich Sprungfedern scheinen die stahlharten Läufe federnd die Tiere über den Boden zu tragen.“ [2])

Typische Lauftiere stellen auch Giraffe und Strauß dar. Sie können sogar als Schulbeispiele dienen. Den Strauß soll das beste Rennpferd nicht einholen. Dann sind die Einhufer, z. B. die Zebras, äußerst flinke Läufer.

Aber auch anscheinend so plumpe Huftiere wie Elefant, Nashorn und sogar Flußpferd entwickeln eine ganz erstaunliche Schnelligkeit auf dem Lande.

Die Huftiere und Strauße vertreten den Typus der „Lauftiere“ am deutlichsten. Aber wie bei den Kletterformen haben wir auch hier eine Anzahl anderer Gruppen, die nur untergeordnete Anpassungen an die laufende Lebensweise zeigen.

Viele Steppenräuber, wie Hyänen, Hyänenhunde, Serval und besonders der Gepard besitzen lange Extremitäten. Lehrreich sind die Verhältnisse beim letzteren. Der Gepard ist eine Katze. Aber „in seinen kompakten Füßen, in den schwach zurückziehbaren Krallen und in seinen doggenähnlichen Proportionen zeigt er einen interessanten Fall von Konvergenz zu den Hunden.“ [3]) Die Hunde sind ja überhaupt mehr Tiere des offenen Landes, während die Katzen koupiertes Terrain

---

[1]) Hertwig, R. Lehrbuch der Zoologie. 8. Aufl. Jena 1907. S. 601.

[2]) Schillings, C. G. Mit Blitzlicht und Büchse. Leipzig 1905. S. 364.

[3]) American Naturalist 1903. (Adaptation to aquatic, arboreal, fossorial and cursorial habits in Mammals). S. 32.

lieben. Die Hunde laufen, die Katzen springen, schleichen und klettern. Der Hyänenhund und die Hyänen weisen auch eine Reduktion in der Zehenzahl auf. Sie haben vorn und hinten nur vier Zehen, im Gegensatz zu sämtlichen anderen Gliedern der Ordnung. Ferner treten diese Steppenräuber mit den Zehen auf; sie sind digitigrad, wie überhaupt alle Hyänen, Hunde und Katzen.

Bei den Katzen sehen wir noch eine andere bemerkenswerte Anpassung. Ihre scharfen, gebogenen Krallen, die sie zum Zerreißen der Nahrung nötig haben, würden ihnen beim Laufen auf dem festen Boden sehr hinderlich sein. So haben sich bei ihnen besondere Scheiden entwickelt, in welche die Klauen zurückkehren, wenn sie nicht mehr gebraucht werden.

Unter den Vögeln gibt es neben dem Strauß noch eine ganze Anzahl von Laufformen. Die Trappen sind Bewohner weiter Ebenen. Ihr Lauf ist lang, und eine Hinterzehe fehlt. Dieselbe Reduktion der Zehenzahl finden wir bei den Laufhühnern; bei den Flughühnern endlich ist die Hinterzehe sehr kurz und berührt den Boden nicht mehr. So ist all diesen Vögeln „ein schnelles Laufen auf den Spitzen der drei übrigen Zehen möglich." „Ihre Füße brauchen bei jeder Vorwärtsbewegung nur wenig gehoben zu werden." [1]) Von den echten Hühnern leben die Frankoline und Wachteln ausschließlich in Steppen.

Merkwürdigerweise stellen auch die Raubvögel einen Vertreter zu den Laufformen. Der Kranichgeier oder Sekretär gehört zu den Falken. Die Fußwurzeln sind bei ihm ungewöhnlich lang, so daß seine Beine an die wirklicher Kraniche erinnern. Er ist in Ostafrika ein echter Steppenvogel, der nur selten sich vom Boden erhebt und dann niedrig und schlecht fliegt. Umso besser kann er laufen, und es muß ein eigenartiger Anblick sein, diesen Raubvogel seiner Beute „nachlaufen" zu sehen. Wie gut aber paßt seine ganze Erscheinung zu der weiten Steppe, zu den Straußen, Zebras und Antilopen!

Auch die menschlichen Bewohner der Ostafrikanischen Steppe, die Massai, können wir in eine gewisse Parallele mit den Lauftieren stellen. „Ihr Körper ist groß, schlank und elastisch. Ihre Gliedmaßen sind sehr lang und mager." [2]) Sie sind ausgezeichnete Läufer, die wohl gelegentlich sogar eine Antilope auf der Jagd überholen.

Auch in Kamerun sind die Bewohner des Graslandes größer und schlanker gebaut als die Waldlandneger.

---

[1]) Reichenow, A. Die Fußbildungen der Vögel. Journal für Ornithologie 1871. S. 404.

[2]) Meyer, H. Deutsch-Ostafrika in: „Das deutsche Kolonialreich". Leipzig 1910. Bd. I. S. 259.

Gewissermaßen als eine Modifikation der Laufformen sind die Tiere aufzufassen, die sich fast ausschließlich auf den Hinterbeinen fortbewegen, die springen. Schon bei Baumtieren haben wir verlängerte Hinterextremitäten als eine Anpassung an eine springende Bewegungsweise gefunden. Ganz ausgesprochen sehen wir diese Erscheinung bei einigen Bewohnern des offenen Landes. Der Unterschied besteht darin, daß sie sich auf dem Boden bewegen. Die Rüsselspringer unter den Insektenfressern, die Hasen, Springhasen und Rennmäuse unter den Nagetieren haben alle nur kurze Vorderbeine, dagegen viel längere Hinterbeine. Diese werden fast ausschließlich zur Fortbewegung, zum Springen benutzt und haben sich so mächtig entwickelt. Besonders der Springhase, der übrigens kein Hase, sondern ein naher Verwandter der Flughörnchen ist, zeigt diesen Typus sehr ausgeprägt. Seine sehr langen Hinterbeine tragen hufartige Krallen. Der lange, mächtige Schwanz ist beim Springen von großem Vorteil. Der Springhase zeigt also ganz den Habitus der australischen Springtiere, der Känguruhs.

Da wir Springtiere auch unter den Baumbewohnern gefunden haben, so kann ihr äußerer Bau nicht durch die Vegetationsverhältnisse bedingt werden. Wir können nur sagen, daß bei verschiedenen Landtieren willkürlich die Hinterextremitäten mehr oder weniger ausschließlich zur Fortbewegung gebraucht werden und sich deshalb viel besser entwickeln als die vorderen.

Bei den Lauf- und Klettertieren dagegen ist der kausale Zusammenhang zwischen Habitus und Vegetation klar. So wird es verständlich, daß sie auf ganz bestimmte Klimagebiete beschränkt sind. Man kann deshalb die Lauf- und Klettertiere „klimatische Lebensformen" nennen, obwohl ihre Abhängigkeit von dem Klima nur eine indirekte ist.

b. Die Grabtiere.

Mit noch größerem Recht können wir einer anderen Tierform diesen Namen geben. Die „Grabtiere" scheinen durch direkte Einwirkung des Klimas entstanden zu sein.

In den periodisch trockenen Gebieten ist für die Tiere während der einen Hälfte des Jahres die Nahrung spärlich, besonders die vegetabilische. Aber auch Insekten sind in der Trockenzeit nicht zu finden, da sie sich großenteils in den Boden zurückgezogen haben. Hier unter dem Boden ist ferner während der Trockenzeit auch vegetabilische Nahrung in den perennierenden Zwiebel- und Knollengewächsen vorhanden. So kann es uns nicht wundern, wenn eine ganze Anzahl von Tieren eine unterirdische Lebensweise angenommen haben. Wir müssen auch bei ihnen unterscheiden zwischen denen, die ihrem Habitus nach oberirdische Bodentiere sind und die Höhlen mehr zum Schutz gegen Raubtiere und extreme Temperaturen aufzusuchen scheinen, und den unterirdisch lebenden Grabtieren. Diese leben ständig in selbstgeschaffenen Höhlen. Sie gehen ausschließlich hier ihrer Nahrung nach und kommen höchst selten oder nie an die Oberfläche. Sie sind die eigentlichen Grabtiere und bilden eine besondere Lebensform. Wieder zeigen Tiere von verschiedener systematischer Herkunft die gleichen Anpassungen. Als Typus eines Grabtieres kann ja der Maulwurf gelten. In Afrika aber fehlen echte Maulwürfe. Sie sind hier durch eine andere Familie der Insektenfresser, durch die Goldmaulwürfe vertreten, und dann durch die Wurfmäuse, die einer ganz anderen Ordnung, nämlich den Nagetieren angehören

Auch hier ist im Bau der Extremitäten scharf Wohnort und Lebensweise der Tiere ausgeprägt. An ihren Vorderfüßen tragen Goldmaulwürfe und Wurfmäuse lange Grabkrallen. Sie dienen den Tieren zum Ausgraben oder besser Ausscharren ihrer Gänge. Anders ist die Funktion der Hintergliedmaßen. Sie werden nicht zum Loslösen des Bodens benutzt, sondern zum Zurückwerfen. Eigenartig ist die Stellung der kurzen Vordergliedmaßen des Goldmulles. Sie sind nicht nach unten gerichtet, sondern stehen nach den Seiten wagerecht vom Körper ab, genau also wie die Flossen bei den Fischen. Nun ja, auch diese Grabtiere „schwimmen“ gewissermaßen. Wie die Wassertiere sind sie allseits von einem gleichartigen, sie stützenden Medium umgeben; Extremitäten zum Tragen des Körpergewichts sind nicht nötig.

Noch andere Anpassungen erinnern bei den Grabformen an die Wassertiere. Wie bei Fischen und Walfischen ist der Körper der Goldmulle und Wurfmäuse spindelförmig, sicher die beste Form, um ein Medium zu durchbrechen. Die Behaarung deckt Ohren und Augen zu und macht ihren Körper glatt, um die Reibung zu vermindern. Da die Tiere beständig im Dunkeln leben, bedürfen sie ja auch gar keiner Augen. Äußere Ohren schließlich würden immerfort Verletzungen ausgesetzt sein, und sie sind zudem in dem dichten Medium kaum nötig, da die Erde ja den Schall weit besser leitet als die Luft.

Der dichte, samtartige Pelz vermindert noch die Reibung und schützt die Haut der Grabtiere gegen Erdteilchen und Nässe. Da das Haar keinen Strich, keine Richtung hat, können sie sich auch vor und rückwärts bewegen, ohne durch den Pelz gehindert zu sein. Der Schwanz fehlt den Goldmullen und einigen Wurfmäusen ganz, oder wenigstens ist er sehr klein. Einen Nutzen würde er ja auch kaum bieten.

Interessanterweise finden sich auch Grabtiere unter den Amphibien und Reptilien. Die Doppelschleichen und Wurmschlangen unter den Reptilien und die Blindwühlen unter den Amphibien gehören hierher. Ihr Körper ist wurmförmig wie bei den Grabsäugern. Die Gliedmaßen fehlen ihnen ganz, oder es sind doch nur die vorderen erhalten. An ihrer Stelle tritt häufig die Schnauze als Grabschaufel ein. „Das die Schnauze bedeckende Schild vergrößert sich, häufig eine horizontale Schneide erhaltend, ganz bedeutend. Die Mundspalte rückt vom Vorderende des Kopfes an die Unterseite, so daß keine Erde in sie gelangen kann wie bei endständiger Mundöffnung.“ [1]) Wie bei den Grabsäugern sind auch bei ihnen die Augen unter der Haut verborgen. Der Schwanz ist kurz, er fungiert als Stemmschwanz beim Bohren. Bei den Wurmschlangen trägt er häufig einen Stachel am Ende.

An diese typischen Grabtiere schließen sich die mit halbunterirdischer Lebensweise an. Diese suchen in Höhlen nur Schutz vor Feinden und Witterung. Eventuell ziehen sie ihre Jungen dort auf. Nahrung und Beruf aber bietet ihnen die Erdoberfläche. Sie zeigen auch nur untergeordnete Anpassungen an ein Leben im Boden.

Bei den in der Erde wühlenden Riesenfröschen ist die Extremität zu einer Grabschaufel umgewandelt. „Der sogenannte innere Fersen- oder richtiger Metatarsalhöcker ist mächtig vergrößert und mit einer starken messerscharfen schaufelartigen Hornscheide bedeckt.“ [2]) Auch die größeren Säugetiere, wie Erdeichhörnchen, Springhasen, Honigdachse, Schuppentiere und Erdferkel verraten an ihren scharfen Scharrkrallen die grabende Lebensweise. Der Honigdachs hat außerdem sehr kleine äußere Ohren, kurze Beine und einen kurzen Schwanz. Interessant ist, daß die Haare der Erdeichhörnchen borstenartig straff sind und kürzer als die ihrer baumbewohnenden Verwandten. Die enorm lange Behaarung der letzteren würde ihnen nur hinderlich sein. Auch die Ichneumons haben ein dicht anliegendes Haarkleid, und die zahlreichen Ratten, Mäuse und Spitzmäuse haben ein samtartiges Fell, wie die reinen Grabtiere. Die geringe Größe der letzteren spricht dafür, daß sie mehr unterirdisch leben als die größeren Säuger. Denn

---

[1]) Werner, F. Amphibien und Reptilien. Naturwissenschaftlicher Wegweiser. Stuttgart. Serie A. Bd. 15. S. 83.

[2]) Werner, F. l. c. S. 84.

es ist für die reinen Grabtiere sehr charakteristisch, daß ihre Körpergröße eine recht beschränkte ist; sie alle zeichnen sich durch Kleinheit aus.

c. Die Felsentiere.

Die periodisch trockenen Gebiete gewähren den Tieren einen Wohnort, der dem tropischen Regenwald in größerer Ausdehnung durchaus fehlt: die felsigen Gegenden. In der immerfeuchten Region überzieht eine dichte Pflanzenwelt die ganze Oberfläche. Die Bodenunterschiede treten hier stark zurück — die gleichartige Vegetation überdeckt alles.

Anders ist es in den periodisch trockenen Gegenden. Nur an Stellen mit Grundwasser kann eine ähnliche üppige Pflanzenwelt sich entwickeln. Wo dieses fehlt, haben wir lichte Wälder, dichtes Gebüsch oder Grasbestände. Der Unterschied des Bodens scheint die Verbreitung dieser Vegetationsformationen mitzubestimmen. Ist nun der Boden ganz unfruchtbar d. h. steinig, dann treten auch sie zurück, und der kahle Fels bildet die Oberfläche. Solche Stellen sind in dem offenen Gebiete recht häufig. Wo ein steiler Hang die Verwitterungserde gegen die heftigen Regengüsse nicht zu schützen vermag, da finden wir sie, in Tälern, an den Bruchrändern, in den Gebirgen und isolierten Kuppen der Steppe. Wie solche Örtlichkeiten einen von der Umgegend ganz verschiedenen Landschaftscharakter tragen, so haben sie auch eine eigenartige Tierwelt. Ihre zoologische Staffage ist scharf zu trennen von der der umgebenden Steppen.

Steile Hänge und steil aufragende Felsen setzen Tiere voraus, die klettern können. So sehen wir hier — mitten im offenen Land — wieder die Kletterformen auftreten und zwar nahe Verwandte von Baumbewohnern; diese interessante Tatsache erinnert durchaus an die Epiphyten im Pflanzenreich. Die Greiftiere sind durch die Paviane vertreten, die Haftkletterer durch die Klippschliefer und Geckos, und die Baumräuber durch den Leoparden. Die Paviane, diese Erdaffen, haben sich ganz dem Bodenleben angepaßt. Sie sind schwerer als ihre baumbewohnenden Verwandten, in allen Teilen plumper gebaut und im Durchschnitt bedeutend größer als die anderen Affen. Die freien Extremitäten dagegen sind kürzer, kräftig und gleich lang. Gewandt und sicher bewegen sich die Tiere auf dem festen Erdreich. Der häufig lange Schwanz wird winklig getragen und kann so nicht auf dem Boden geschleift werden. Im Gegensatz zu den Baumaffen ist ihr Kopf stark verlängert. Die Schnauze ist abgestutzt und mit der Nase an die Spitze gerückt. So nähern sie sich in der Form des Kopfes den Hunden. Bedingt ist diese Verlängeruug durch die Notwendigkeit, die Nahrung vom Boden aufzunehmen. Die Stellung der Nase faßt Friedenthal ähnlich wie beim Menschen als Anpassung ans Gehen bei trockener, staubiger Luft auf.

Während die Paviane durch Klettern die steilen Stellen ihres Wohnorts zu überwinden suchen, hat ein anderes Tier, die Klippspringerantilope, die Gewohnheit, von Fels zu Fels, von Grat zu Grat zu springen, genau wie Gemse und Steinbock in unseren Alpen. Es ist daher für uns im voraus verständlich, daß auch ihr Habitus dem der Gemse und des Steinbockes gleicht. Ihr Körper ist kurz und gedrungen. Die Beine sind kräftig und haben besonders harte Schalen. Diese Derbheit der Hufe und die steile Stellung der Füße im Zehengelenk erinnern sehr an die Gemse. Der Klippspringer vermag „über Felsen und Klüfte hinwegzusetzen, gleich einem Gummiball.“[1]) Sein Pelz ist außerordentlich dicht und straffhaarig, anscheinend zum Schutz gegen Regen.

Noch andere Antilopen bevorzugen felsige Wohnorte. Zusammen mit dem Klippspringer bilden der Bergriedbock (Cervicapra chanleri) und der Buschbock (Tragelaphus massaicus) eine anziehende zoologische Staffage der Berge und Höhen in der Massaisteppe.[2]) Durch geringe Größe und Bodenfärbung sind sie ihrem steinigen Wohnort angepaßt. Der Bergriedbock ist ein eleganter, sicherer Springer. Von den größeren Antilopen bevorzugen die Kudus steinige Wohnorte. Meistens stehen sie auf steilen felsigen Höhen. Auch die Elenantilopen, Elefanten und Nashörner sind ausgezeichnete Bergsteiger, halten sich aber nur vorübergehend in felsigem Terrain auf.

d. Die Sumpftiere.

Die Felsentiere sind nach Habitus und Lebensweise nicht klimatisch bedingt, sondern sie sind an das lokale Auftreten geeigneter Örtlichkeiten gebunden und nur da treten sie auf, auch innerhalb verschiedener Klimagebiete. Ich nenne sie deshalb „Standortsformen“, oder nach dem Vorgange Schimpers edaphische Lebensformen. Ganz ähnlichen Verhältnissen entsprechen die im Folgenden behandelten Sumpftiere. Beide sind nicht Vertreter einer neuen Lebensform, sondern es sind durch Bodenunterschiede bedingte Modifikationen der Lauftiere. Wie der harte Boden des felsigen Terrains die Schalen des Klippspringers sowie den ganzen Habitus des Tieres beeinflußt

[1]) Schillings, C. G. Der Zauber des Elelescho. Leipzig 1906. S. 280.
[2]) Schillings, C. G. Mit Blitzlicht und Büchse. Leipzig 1905. S. 380.

hat, so hat auch der weiche, schlammige Boden der Sümpfe seine eigenen Formen gezüchtet. Und zwar sind solche Sumpftiere im periodisch trockenen Gebiete auffallend viel vorhanden, entsprechend der großen Zahl geeigneter Örtlichkeiten. All die großen und kleinen Seen Ostafrikas, sowie viele Flüße und Bäche sind an ihrem Rande häufig von Sumpfstrecken eingefaßt. Viel wichtiger aber ist ein anderer Umstand. Die Regengüsse sind hier ungemein heftig und ergiebig, aber nur auf eine Jahreszeit beschränkt. Dann sammeln sich in den Niederungen kolossale Wassermengen an, die monatelang das Land weithin mit Seen bedecken. In der andern Jahreszeit trocknen sie teils aus, teils bleiben sie als große Sümpfe erhalten. In den abflußlosen Gebieten Ostafrikas, wo die Verdunstung das ganze Jahr über die Regenmenge überwiegt, enden die meisten Flüsse in solchen weit ausgedehnten Sumpfflächen. So sind die periodisch trockenen Gebiete sehr reich an Wohnorten für Sumpfbewohner und dementsprechend auch reich an Sumpftieren selbst.

Wieder gehören Tiere von ganz verschiedener systematischer Zugehörigkeit hierher. Sie alle müssen sich auf dem nachgiebigen und schwankenden Boden gegen Einsinken schützen. So haben sich bei den sumpfbewohnenden Antilopen zunächst die Hufe sehr stark verlängert. Außerdem aber sind ihre Füße nicht steil gestellt, wie die der Felsentiere, sondern die Fesseln, d. h. ihre Zehengelenke biegen sich beim Schreiten unter der Last des Körpers weit nach unten. Auf diese Weise bedecken sie bei jedem Schritt ein großes Stück des weichen Bodens, um ein Einsinken zu verhindern. Ihre Beine sind unverhältnismäßig lang, so daß sie tief im Sumpfe umherwaten können. „Der stelzende, wunderliche Gang zeigt, daß sie leicht und vorsichtig über die den Sumpf bedeckende Grasnarbe hinwegschweben. Zudem sind sie so gebaut, daß die Belastung des Bodens durch ihr Gewicht eine gleichmäßig verteilte ist.“ [1]) Ihr Haarkleid ist dicht und ölig und schützt den Körper gegen allzu große Nässe. Im wesentlichen gelten all diese Eigenschaften nur für die Wasserböcke (Cobus ellipsiprymnus) und Sumpfböcke (Tragelaphus spekei). Sie haben ihren Stand ausschließlich in Sümpfen und können auch schwimmen.

Andere halten sich mehr vorübergehend hier auf. Hierher gehören Busch- und Riedböcke, Büffel und Flußschweine. Es handelt sich hier ausschließlich um Paarhufer. Die Gründe für ihr ausschließliches Vorkommen sind folgende: Durch zwei getrennte und

---

[1]) Wissmann und Kuhnert. In den Wildnissen Afrikas und Asiens. Berlin 1901. S. 68.

verlängerte Hufe wird einerseits die Tragfähigkeit vergrößert. Dann aber würde sich bei den Einhufern unter den Hufen beim Zurückziehen des Fußes aus dem Boden ein luftverdünnter Raum bilden, so daß sie ihre Füße nur schwer wieder frei machen könnten. Anders ist es bei den Paarhufern. Unter ihren Füßen bildet sich kein luftverdünnter Raum, weil durch den Spalt zwischen beiden Hufen stets Luft nachdringen kann. So können wohl Rinder auf Moorboden verwendet werden, aber keine Pferde. Aus demselben Grund wird auch uns Menschen das Wandern auf sumpfigem Gelände so beschwerlich und gefahrvoll.

Nun gibt es aber doch Menschen, die ihr ganzes Leben in Sumpfgebieten zubringen. Es sind die Schilluk, Nuër und Dinka, welche die ausgedehnten Sümpfe am weißen Nil bewohnen. Schweinfurth, Heuglin und Junker haben sie geschildert. Nach Schweinfurth sind es Sumpfmenschen, „die vielleicht auch eine Andeutung von Schwimmhaut zeigen würden, erschien diese nicht durch den Plattfuß ersetzt und die ebenso bezeichnende Verlängerung der Ferse.“ [1]) Also auch hier finden wir eine Vergrößerung der tragenden Fläche! „Dazu kommt noch ihre sonderbare Gewohnheit, nach Art der Sumpfvögel auf einem Bein zu stehen und das andere mit dem Knie zu unterstützen. So pflegen sie in dieser Stellung stundenlang zu beharren. Ihr gemessener langsamer Schritt im hohen Schilf ist dem des Storches zu vergleichen. Dürre und langschüssige Gliedmaßen, ein ebenso verlängerter dürrer Hals, auf dem ein kleiner und schmaler Kopf ruht. vervollständigen diese Übereinstimmung.“ (Schweinfurth, l. c.)

Noch einen anderen eigenartigen Bewohner von ganz merkwürdigem Aussehen haben dieselben Sumpfgebiete aufzuweisen, den sogenannten Schuhschnabel (Balaeniceps rex). Es ist dies ein großer Sumpfvogel, schwärzlich-grau, mit einer leichten Haube und einem riesigen, dicken Schnabel, der ihm seinen Namen gegeben hat. „Er lebt als Einsiedler und jagt bedächtig in den sumpfigen Untiefen oder steht stundenlang regungslos da, inmitten der Schilfbetten oder weiter Flächen bebenden, trügerischen Schlammes“ [2]) — genau wie die Sumpfmenschen. Beide bilden so eine eigenartige Staffage der weiten Sumpfgebiete am Gazellenfluß.

Auch in unserem Gebiete fehlen die Sumpfvögel nicht. Im Prinzip zeigen sie dieselben Anpassungen wie die am gleichen Wohnorte lebenden

---

[1]) Schweinfurth, G. Im Herzen von Afrika. Leipzig 1874. Bd. I. S. 128.

[2]) Roosevelt, Th. Afrikanische Wanderungen eines Naturforschers und Jägers. Berlin 1910. S. 397.

Säugetiere. Ihre Zehen sind groß, stehen weit auseinander und sind teilweise oder ganz durch eine Haut verbunden. Sie haben also auch eine große Tragfläche, die das Einsinken in den Boden verhütet.

Die Sumpfantilopen und Sumpfmenschen fielen uns schon durch ihre außerordentlich hohen Gliedmaßen auf. Die Sumpfvögel aber haben in dieser Beziehung das Mögliche erreicht. Man muß allerdings in Betracht ziehen, daß sie mehr als die andern am Rande des Wassers sich aufhalten und ihre Nahrung daraus holen. Ihre Beine sind außerordentlich verlängert und bis zu den Oberschenkeln und darüber hinaus von Federn entblößt. Sie sind imstande, weit in das Wasser hineinzuwaten, ohne ihr Gefieder dadurch zu benetzen. Entsprechend den Beinen ist auch der Hals und besonders der Schnabel außerordentlich verlängert, eine Beziehung, die uns schon des öfteren begegnet ist und sich aus der Nahrungsaufnahme erklärt. Noch eine merkwürdige Einrichtung haben wir bei den Stelzvögeln zu erwähnen. Wie die Sumpfmenschen haben auch die Sumpfvögel die sonderbare Gewohnheit, stundenlang auf einem Beine zu verharren. Anscheinend ist diese Stellung für beide sehr bequem. Den Stelzvögeln ist dies nun durch eine Einschnappvorrichtung am Intertarsalgelenk des Beines sehr erleichtert. Diese gestattet ihnen, „Unterschenkel und Lauf gegeneinander festzustellen, so daß sie auf einem Beine ruhend schlafen, ohne zu dessen Streckung ihre Muskeln anzustrengen.“ [1]) Dies erinnert uns lebhaft an die Sperrvorrichtung im Fuß der Klettervögel, die dadurch auch ohne irgend welche Anstrengung auf Zweigen ruhen können.

2. Die Färbung der Steppentiere.

Die Färbung der einzelnen Tiere ist durchaus wesentlich für den physiognomischen Charakter der Tierwelt einer Landschaft. Gerade nun bei den Bewohnern des offenen Landes zeigt sich durchweg die Erscheinung, daß fast alle Tiere sich in der Farbe ihres Gewandes der Umgebung anpassen. Die Bewohner des Waldbodens sind in der Mehrzahl dunkel, die des Laubdaches bunt gefärbt. Die Steppentiere haben eine eintönig rötlich-gelbe Färbung, entsprechend der Farbe des Bodens und der ganzen Landschaft. Dies gilt aber nur für die Lauftiere. Sumpftiere und Grabformen tragen wieder häufig ein dunkles Kleid in Übereinstimmung mit ihren weniger dem Lichte ausgesetzten Aufenthaltsorten.

Andere Steppenbewohner erscheinen uns — bei dem aus seiner

---

[1]) Hesse R. und Doflein F. Tierbau und Tierleben. I. Band: Der Tierkörper als selbständiger Organismus von Richard Hesse. Leipzig 1910. S. 64.

Umgebung herausgenommenen Tier — auffallend bunt. Die Streifung der Giraffen, Zebras und Leoparden bietet bekannte Beispiele. Draußen in der Natur ist der Eindruck allerdings ein anderer. Auch sie passen dort so vollkommen zu ihrer Umgebung, daß sie ganz und gar in ihr verschwinden. Von allen Reisenden wird dies immer wieder hervorgehoben.

Ob nun, wie man vor Darwin meinte, die Bodenfärbung der Tiere direkt eine Wirkung des vom Boden reflektierten Lichtes ist oder ob sie, wie Darwin will, als Schutzfärbung durch natürliche Zuchtwahl entstanden ist, das läßt sich heute wohl schwer entscheiden. Uns interessiert nur die Allgemeinheit der Erscheinung, und als solche ist sie auf jeden Fall geographisch bedingt. Die Farbe der Tiere in den einzelnen Landschaften ist ebenso auf Konvergenz zurückzuführen, wie ihr äußerer Habitus.

3. Die Lebensweise der Steppentiere.

a. Nahrungs- und Sinnesorgane.

Wir wenden uns jetzt zu der Betrachtung der Lebensweise der Tiere des periodisch trockenen Gebietes und untersuchen zuerst die Nahrungsverhältnisse der Tiere und die entsprechenden Anpassungen ihrer inneren Organe.

Die Bewohner des tropischen Regenwaldes waren vorwiegend Blatt- und Fruchtfresser. In den weiten offenen Gebieten dagegen fressen die Tiere hauptsächlich Gräser und Körner, an denen die Steppe so reich ist.

Die innere Organisation besonders mancher Lauftiere ist sehr diesen Verhältnissen angepaßt. Die Zunge ist bei vielen Wiederkäuern sehr beweglich und vorstreckbar. Sie dient dazu, das Gras büschelweise abzureißen. Hierbei wird sie wesentlich durch das Gebiß unterstützt. Schneidezähne und Eckzähne des Unterkiefers bilden eine breite Kante, die das Gras abschneidet. Dabei haben die Eckzähne infolge gleicher Funktion genau die Form der Schneidezähne angenommen.

Da Gras, wie überhaupt Pflanzenstoffe, ärmer an Nährgehalt ist als z. B. Fleisch, so bedürfen die Pflanzenfresser viel mehr Nahrung als Fleischfresser. Die große Menge der Nahrung erfordert zur Aufnahme und Verarbeitung eine große Fläche. So ist der Darm bei den Wiederkäuern ungeheuer lang und der Magen ist drei- bis vierteilig geworden. Dieser eigentümliche Bau befähigt die Tiere aber noch zu einer anderen Verrichtung — zum Wiederkäuen. Die aufgenommene Nahrung wird an Ort und Stelle nur ganz roh durchgekaut. Sie kommt dann vorläufig in den Pansen und wird erst später, zur geeigneten Zeit, ordentlich verarbeitet. In den weiten raubtierreichen Gebieten ist diese Fähigkeit von großem Nutzen. Schnellfüßig eilen die Tiere am Morgen zu den Futterplätzen, nehmen rasch Nahrung in ihren Pansen auf und legen sich dann gegen Mittag an irgend einem sicheren Ort nieder, um das Futter weiter zu verarbeiten.

Aber nicht alle Lauftiere sind reine Grasfesser. Diejenigen, die mehr Gebüsch und Trockenwälder bewohnen, verbeißen nebenbei oder ausschließlich die Zweige und Blätter der Bäume. Gelegentlich verschmähen die Gazellen, Elenantilopen, Kudus und andere, Blätter und Zweige keineswegs. Ausschließlich leben Elefanten, Rhinozerosse und Giraffen von solchen. Die Giraffe ist durch ihre ungeheure Größe vorzüglich zum Zweigfresser geeignet. Es verursacht ihr große Schwierigkeit, das Gras vom Boden zu äsen.

Ganz anders ist die Nahrung der Grabtiere. In direkter Anpassung an die in ihrem Wohnort vorhandene Nahrung sind sie Insektenfresser oder Wurzelfresser. Die Insektenfresser gehören z. T. der gleichnamigen Säugetierordnung an und zeigen dann deren eigentümlich scharfes Gebiß. Aber auch Vertreter ganz anderer Ordnungen leben ausschließlich von Insekten. So hat das Erdferkel einen langen kegelförmigen Rüssel. Seine Zunge ist groß und wurmförmig vorstreckbar; mit ihr gelingt es ihm, die Termiten aus ihren Bauten herauszuholen.

Sogar unterirdisch lebende Raubsäugetiere verschmähen Insektennahrung nicht. Der Löffelhund lebt ausschließlich von Insekten.[1]) Auch Honigdachse, Zibethyänen, Ichneumonen und Mangusten scheinen gelegentlich Insekten zu fressen.

Die andere Hälfte der Grabtiere nährt sich von Wurzeln, Zwiebeln und Knollen, die ja auch in der Trockenzeit unter dem Boden reichlich vorhanden sind. Es sind Nagetiere. So ist die Nahrung und das Gebiß der Erdbohrer z. B. ganz verschieden von dem der Goldmaulwürfe. Aber der Habitus der beiden ist der gleiche. Auch die Mäuse, Erdeichhörnchen und Springhasen gehören zu den unterirdisch lebenden Nagetieren.

Die Nahrung der Felsentiere ist ebenfalls recht bezeichnend. Die Paviane stehen als Grasfresser einzig da unter den Affen. Zudem

---

[1]) Schillings, C. G. Mit Blitzlicht und Büchse. Leipzig 1905. S. 316.

scharren sie Zwiebeln und Knollen aus der Erde und suchen unter Felsen und Steinen nach Insekten. (Die Paviane ihrerseits werden von dem Leoparden bevorzugt. Dies ist jedenfalls der Grund, warum dieser Räuber sich so gern anf Bergen aufhält.) Die Klippschliefer nähren sich von Gräsern, Blattwerk und Stauden. Das gilt wohl auch für den Klippspringer.

Sehr charakteristisch ist die Nahrung der Sumpftiere. Die Sumpfantilopen leben von Schilf, Binsen, saftigen Gräsern, überhaupt allen Wasserpflanzen. Die Sumpfvögel fressen Wassertiere aller Art, wie Muscheln, Schnecken, Würmer, Krebse und Fische. Ihre langen Beine, ihr langer Hals und Schnabel befähigen sie ja dazu, die Beute aus dem Wasser herauszuholen. Viele verschmähen auch Vegetabilien nicht.

Die Sumpfmenschen leben wohl ebenfalls hauptsächlich von Wassertieren, namentlich Fischen.

Bei all diesen Tieren ist die Anpassung an die Nahrungsverhältnisse doch indessen untergeordnet gegenüber der Anpassung ihrer Körperformen an den Wohnort. Andere Tierformen aber, besonders die Raubtiere (Carnivora), lassen schon in ihrer äußeren Erscheinung die Art der Nahrung erkennen. Sie bilden eine besondere Lebensform.

Wir haben ja auch im Walde schon Raubtiere vorgefunden; aber dort sind sie lange nicht so zahlreich wie hier im wildreichen offenen Lande. Deshalb will ich erst hier ganz kurz die wesentlichsten Merkmale der Raubsäugetiere im Anschluß an Brehm angeben. Die Schärfe der Sinne und Waffen machen die Raubtiere zu dem, was sie sind. Ihr Körper ist meist kräftig, schlank und gestreckt; die Beine sind mittellang. Am charakteristischsten ist das Gebiß. Es ist ganz dazu eingerichtet, die Beute festzuhalten und zu zerschneiden. Zu dem Zweck sind die Eckzähne kräftig, spitz und treten scharf hervor. Ferner ist im Ober- und Unterkiefer je ein Zahn als Reiß- oder Fleischzahn ausgebildet. Er ist besonders scharfzackig und fehlt allen übrigen Säugetieren. Die Zähne beider Kiefer berühren sich nicht gradflächig, sondern greifen ineinander ein. Hierdurch erlangt das Gebiß einen großen Zusammenhalt, ist aber nicht fähig, die Speise zu zermahlen. Zu dieser Bewaffnung des Maules kommt noch die der Füße hinzu. Sie tragen scharfe Krallen, die zum Festhalten und Zerreißen der Beute dienen.

Auch die Sinnesorgane verraten scharf die Lebensweise eines Tieres. Sämtliche Laufformen, die die offenen Landschaften bewohnen, sind Tagtiere. Als solche sind bei ihnen vor allem die Sehorgane vorzüglich entwickelt. Giraffe und Strauß besonders haben ein ausgezeichnetes Gesicht. Ihre Augen stehen so hoch über dem Erdboden, daß sie ihnen eine weite Umsicht und Einsicht in die Deckungen ihrer Feinde gewähren. Sie sind die besten Waffen dieser Tiere im Kampfe ums Dasein. Ihre anderen Sinne sind nicht in dem Maße ausgebildet. „Der Geruch der Giraffe ist wohl dem Durchschnitte der wilden Wiederkäuer entsprechend, das Gehör soll gegen diesen zurückstehen.“ [1]) Der Strauß sogar soll völlig taub sein.

Auch bei den anderen Lauftieren sind die Sinne wohl ähnlich entwickelt. Als Pflanzenfresser sind sie eben nur auf diese und auf Schnelligkeit angewiesen. Besonders vermögen sie alle vorzüglich zu wittern, was daraus hervorgeht, daß sie in der Trockenzeit sofort wahrnehmen, wenn irgendwo in der Ferne, oft meilenweit weg, Regen niedergegangen ist. Dorthin strömen sie dann aus allen Richtungen zusammen.

Im übrigen gilt auch für die Sinne der freilebenden Tiere, daß wir sehr wenig über sie wissen. Man kann in der vorhandenen Literatur schon eine ganze Menge Einzelbeobachtungen finden; zu einer eingehenden zusammenfassenden Darstellung aber reichen sie nicht aus. Dafür tragen sie fast alle zu sehr den Charakter von Gelegenheitsbeobachtungen an sich, nur einige wenige, wie die von Wißmann und Schillings, ausgenommen.

Bei den Grabtieren ist das Gesicht sehr schlecht entwickelt oder überhaupt reduziert. Dagegen scheint der Tastsinn gut ausgebildet zu sein.

Die unterirdisch wohnenden Tiere, also die Höhlentiere, führen ein nächtliches Leben. Daher ist besonders das Gehör bei ihnen gut entwickelt. Springhasen, Löffelhunde, Schuppentiere und Erdferkel haben überaus lange Ohren. Der Springhase hat große, weit auseinanderstehende Augen, ein Charakteristikum, das wir schon bei den nächtlich lebenden Baumtieren gefunden haben.

Die Felsentiere auf ihren exponierten Standorten besitzen wohl ausgebildete Sinne. Besonders Gesicht und Gehör scheinen bei ihnen gut entwickelt zu sein.

Recht schwach dagegen sind die Sinne der Sumpfbewohner. Als Schutzvorrichtung sind sie ihnen nicht so nötig. Sie finden ihren Schutz in den unzugänglichen Sümpfen. [2]) Zudem scheinen die meisten von ihnen ein nächtliches Leben zu führen.

---

[1]) Wissmann und Kuhnert. In den Wildnissen Afrikas und Asiens. Berlin 1901. S. 22, 36.

[2]) Wissmann und Kuhnert, l. c. S. 70, 127.

Die Sinne der Raubtiere sind außerordentlich fein entwickelt; die Schärfe der Sinnesorgane verrät sich bei ihnen auch äußerlich. „Augen und Ohren sind immer ziemlich groß, die Nase ist an ihrer Spitze nackt und wie die Ohren und Augen sehr beweglich.“ [1])

Äußerst wichtig für unsere Betrachtung der Tierwelt sind die Verhältnisse des Zusammen- oder Einzellebens der Individuen. Sie sollen im Folgenden besprochen werden. Wie anders ist doch das Tierleben im Walde, wo man nur vereinzelt Tiere durch das Gebüsch schleichen sieht, als auf dem offenen Lande, wo sie zu Tausenden beieinander stehen, den Boden sozusagen bedecken wie die Pflanzenwelt! Denn hier leben die meisten Tiere gesellig. Das unterscheidet sie ebensosehr von den Waldbewohnern wie ihr andersartiger Habitus. Die einzelnen Lebensformen zeigen allerdings charakteristische Verschiedenheiten. Nur die leicht beweglichen Lauf- und Flugtiere leben gesellig. Sie treten dabei an manchen Stellen so zahlreich auf, daß sie allein die Physiognomie der Landschaft beherrschen. Es geht dies sogar so weit, daß die Hartebeeste im Trockenwalde meist nur in kleinen Rudeln leben, während sie sich auf der offenen Steppe zu gewaltigen Herden zusammentun.[2])

Schon bei den Bewohnern des Regenwaldes haben wir gesehen, daß in erster Linie die räumlichen Verhältnisse des Wohnortes das Zusammenleben bedingen. Die Tiere müssen genügend Raum haben, um sich frei nebeneinander bewegen zu können. Das sehen wir auch hier bestätigt. Wir können ja sämtliche periodisch trockenen Gebiete als „offenes Land“ dem tropischen Regenwald gegenüber stellen. Daher fehlen auch letzterem die gesellig lebenden Herdentiere, die im offenen Lande so zahlreich sind, daß sie der ganzen Landschaft das Gepräge geben. Indessen haben wir doch auch hier noch beträchtliche Abstufungen vom Trockenwald bis zur freien, unbegrenzten, offenen Grassteppe. Hier in der Boga sind die Verhältnisse am extremsten ausgebildet. All die zahlreichen Zebras, Kuhantilopen, Gnus und Gazellen sind ausgesprochene Bewohner der Boga und vereinigen sich hier in einem Maße zu großen Scharen, daß alle Reisenden überrascht

---

[1]) Bergmann, C. und Leuckart, R. Anatomisch-physiologische Übersicht des Tierreiches. Stuttgart 1855. S. 64.

[2]) Berger, A. In Afrikas Wildkammern als Forscher und Jäger. Berlin 1910. S. 267.

waren. Aber auch alle übrigen Lauftiere sammeln sich zu gewissen Zeiten in großen Mengen. So hat Schillings am Nakuro-See eine derartige Ansammlung von Wild gesehen. Er schreibt: „Ich habe das Gefühl, mich gleichsam mitten in einer riesigen Schafherde zu befinden. Überwältigend in seiner Masse, seinem Reichtum an Gestalten, Farben, Bewegungsphasen ist dies groß angelegte, faunistische Bild." [1]) „Das war ja eine Unmenge von Steppenbewohnern, wie ich sie nie für möglich gehalten habe." [2])

Ähnliche Tieransammlungen sind in der Nähe des Tsad-Sees zu beobachten. Sie sind ein wesentlicher Zug für die Physiognomie der Steppenlandschaften — ein Zug, der den Waldlandschaften ja durchaus gefehlt hat.

Außer der uneingeschränkten Bewegungsfreiheit ist es ein zweiter Umstand, der die Tiere gewissermaßen zwingt, sich zu vereinigen: der enorme Raubtierreichtum der Steppenländer. So behauptet z. B. Berger, daß in Gegenden, wo es wenig Raubtiere gibt, die Antilopen allein oder in kleinen Rudeln zur Tränke gehen. „Wo aber viele Raubtiere sind, da sammeln sie sich zu gewaltigen Herden, wie ein mächtiger Strom ziehen sie dahin, Hunderte ja Tausende zusammen." [3])

Nun ist es ja klar, daß da, wo viele sind, die Gefahr eher bemerkt wird. Andererseits wird der Vorteil noch größer sein, wenn Tiere mit verschiedener Begabung, mit Sinnen, die sich gewissermaßen ergänzen, zusammenleben. Es ist nun in Ostafrika eigentlich die Regel, daß man meist Tiere ganz verschiedener Art in Scharen beieinander stehen sieht. Selten fehlen in solchen Gruppen der Strauß, das Zebra, Gnu und Hartebeest, alles Lauftiere und ausgesprochene Bewohner der offenen Grassteppen, „der Strauß mit dem unübertrefflich scharfen Gesicht, das Zebra mit dem feinen Gehör und die beiden anderen mit der hervorragend feinen Witterung." „So vereinigt, können sie sich ihrer Feinde am besten erwehren, durch ihre verschiedene Befähigung zu sehen, zu hören und zu wittern." [4])

Auf diese Weise haben diese pflanzenfressenden Lauftiere einen

---

[1]) Schillings, C. G. Der Zauber des Elelescho. Leipzig 1906. S. 14.

[2]) Schillings, l. c. S. 44.

[3]) Berger, A. In Afrikas Wildkammern als Forscher und Jäger. Berlin 1910. S. 264.

[4]) Wissmann und Kuhnert. In den Wildnissen Afrikas und Asiens. Berlin 1901. S. 36.

eigenartigen Schutz in ihrem sozialen Zusammenleben und gegenseitigen Verständnis erhalten.[1])

b. Der zeitliche Ablauf des Tierlebens.

Aber nur in der Trockenzeit vereinigen sich die Tiere zu den gewaltigen Scharen. Ganz anders sind die Verhältnisse in der Regenzeit. Im tropischen Regenwald allerdings ist die Staffage der einzelnen Landschaften das ganze Jahr über sich gleich; aber im periodisch trockenen Gebiete ist das Tierleben recht verschieden je nach den Jahreszeiten. Auf diese Verhältnisse gründet sich ja überhaupt unsere Zweiteilung der Tierwelt des tropischen Afrika. Die Regenzeit ist für die Pflanzen die Zeit des Blühens und Früchtetragens. In der Trockenzeit hört ihre Lebensfähigkeit fast auf oder wird doch stark eingeschränkt. Die Bäume werfen ihr Laub ab und Gräser und Kräuter verdorren.

Für die Tiere ist die Regenzeit die Zeit reichlicher Nahrung, in erster Linie für die Planzenfresser, aber dadurch auch für die Raubtiere. Frisches Gras und Wasser findet sich überall; so sind selbst die fernsten und abgelegensten Gebiete den Tieren zugänglich. Weit schweifen sie umher und verstreuen sich paarweise über die endlosen Flächen. Die Insektenwelt ist in ausgebildeten Formen zahlreich vertreten und bietet die geeigneten Existenzbedingungen für ein reiches Vogelleben. Für diese ist jetzt die Fortpflanzungszeit gekommen. Sie legen ihre Hochzeitskleider an, lassen ihre Stimmen erschallen und treten recht in derLandschaft hervor. Bei vielen Kameruner Säugetieren konnte ich feststellen, daß sie zu Anfang der Regenzeit ihre Jungen gebären, wenn die Nahrungsverhältnisse so günstig sind. Für die Bewohner des tropischen Regenwaldes haben wir ja eine solche Abhängigkeit des Geschlechtslebens von den Jahreszeiten nicht finden können.

Bald aber trocknet der Boden aus, die Gräser verdorren und die zahlreichen Wasserstellen versiegen. In kurzer Zeit haben sich die Lebensbedingungen der Tierwelt vollkommen geändert.

Auf verschiedenartige Weise passen sich die einzelnen Tierformen dieser Veränderung an. Wohl allen gemeinsam ist die Erscheinung, daß sie Wasser längere Zeit entbehren können. Das bietet ihnen zwei Vorteile: Sie sind unabhängiger von den raubtierreichen Tränken und leiden nicht so sehr unter dem Mangel an Wasser. Die Giraffen z. B. nehmen Wasser nur mit Unterbrechungen unter Umständen von

[1]) Schillings, C. G. Mit Blitzlicht und Büchse. Leipzig 1905. S. 393.

10—12 Tagen zu sich. Die Zebras gehen alle 4—5 Tage zur Tränke. Andere Tiere wie die Oryx und Kuhantilopen, Grant- und Giraffengazellen gehen überhaupt nicht ans Wasser. Wasserhaltige Pflanzen und der nächtliche Tau genügen ihnen vollkommen. Da letzterer in den Trockengebieten sehr reichlich ist, und die Tiere ihn in der frühen Morgenstunde mit der Nahrung aufnehmen, so scheint er den Tieren über die Trockenzeit hinwegzuhelfen.[1])

Noch auf andere Weise haben sich die Tiere der Trockenzeit angepaßt.

Die einen wandern aus in Gebiete mit besseren Nahrungs- und Wasserverhältnissen. Mit Recht werden wir dies von den Lauftieren erwarten. Genau dasselbe gilt ja auch für die nomadisierenden Menschen. Sie durchwandern oft weite Strecken, um zu Wasserplätzen zu gelangen. Hier konzentrieren sich dann die Tiere in den ungeheuren Scharen, die alle Reisenden überrascht haben. Während die Tiere also in der Regenzeit weithin über ausgedehnte Flächen zerstreut sind, leben sie in der Trockenzeit in dichtgedrängten Scharen an den Wasserstellen. Fällt aber in der Ferne irgendwo der erste Regen, dann wittern ihn sofort die feinen Sinne der Tiere, auch wenn er sehr weit weg gefallen ist. Das junge frische Gras lockt sie dorthin, und wie mit einem Schlage verschwinden die gewaltigen Tierkonzentrationen von den verpesteten und gefährlichen Wasserstellen.

Abgesehen von diesen mehr örtlichen Wanderungen scheinen die Tiere aber auch z. T. Saison-Wanderungen zu unternehmen. So verlassen z. B. die Zebras nach Chapmann den Elementaita-See im Dezember und kehren nicht vor Mai oder Juni zurück, während von den anderen Tieren, die im Juli oder August dort so zahlreich sind, vielleicht ein Zehntel oder weniger im Februar zurückbleibt.[2])

Solche Wanderungen sind zweifellos klimatisch bedingt; denn auch in der Trockenzeit fehlt es am See nicht an Wasser. Mit klimatisch bedingten Wanderungen meine ich solche, die von einem Klimagebiet in ein anderes sich erstrecken. Die Wanderungen zu den Wasserplätzen sind dagegen lokal, sie vollziehen sich in demselben Klimagebiet.

Nun läßt sich ja von vornherein erwarten, daß in Ostafrika solche klimatische Wanderungen der Tiere vorkommen. Der Wechsel

---

[1]) Meyer, H. Der Kilimandscharo. Berlin 1900. S. 26.

[2]) Chapmann, A. On Safari: Big-Game Hunting in British East Africa. London 1906. S. 134.

im Eintritt der Regenzeit südlich und nördlich vom Äquator bringt natürlich auch eine Verschiebung der Nahrungsverhältnisse mit sich, und hieraus ergibt sich die Notwendigkeit, zu wandern. Emin Pascha hat für manche Vögel solche periodische Wanderungen festgestellt.[1]) Sie wandern mit der Sonne, können wir wohl sagen. Interessant ist, daß sich nach Emin Pascha diese Wanderungen fast ausschließlich auf die Bewohner des Buschwaldes und der Steppe beschränken. „Die Insassen der eigentlichen Waldregion verlassen mit sehr wenigen Ausnahmen ihre Wohnsitze nie.“[2]) Über klimatische Wanderungen bei den Lauftieren wissen wir leider noch recht wenig. Außer den eben zitierten Angaben Chapmanns habe ich in der Literatur nichts gefunden. Auch hier zeigt sich wieder der Mangel an systematischen Beobachtungen. Sie müssen natürlich über größere Zeiträume sich erstrecken, um brauchbare Resultate zu ergeben.

Die Höhlentiere und Grabformen haben sich auf andere Weise als Lauftiere und Vögel dem Wechsel der Jahreszeiten angepaßt. Ich habe früher schon darauf hingewiesen, daß sie überhaupt nur unter solchen Lebensbedingungen entstehen konnten. Wir müssen durchaus Grabformen und Höhlentiere als Formen auffassen, die sich der Periodizität des Klimas, insbesondere der Trockenzeit angepaßt haben. Unter dem Boden finden sie auch in der Trockenzeit Insektenlarven und besonders Termiten. Daneben können sie sich von Zwiebeln und Knollen ernähren. Auch Schutz gegen die enormen Temperaturunterschiede bietet ihnen ihr Leben unter der Erde. Aus solchen Gründen haben viele Tiere diese Lebensweise angenommen, und ihr Körper hat sich mit der Zeit daran angepaßt. Für diese Auffassung spricht auch die Verbreitung der Grabtiere. Im tropischen Regenwald mit den gleichmäßigen Existenzbedingungen treten sie ganz zurück. Da hier über dem Erdboden Nahrung in Hülle und Fülle ständig vorhanden ist, so haben sie es nicht nötig, sich unter die Erde zu verkriechen.

Wir finden so bei den Pflanzen und Tieren im Prinzip genau die gleichen Anpassungen an die Periodizität des Klimas. Grabtiere und Zwiebel und Knollen haben sich vor der Trockenzeit in den Boden zurückgezogen.

Wieder andere Formen schränken während der Trockenzeit

---

[1]) Emin Pascha. Zoogeographische Notizen. Mitt. des Ver. f. Erdkunde. Leipzig 1886. S. 20.

[2]) Emin Pascha l. c. S. 22.

ihre Lebenstätigkeit ein, genau wie die laubabwerfenden Bäume. Nur ist für höhere Tiere eine solche Anpassung viel schwieriger, entsprechend ihrer komplizierteren Organisation. Wir finden sie deshalb auch nur bei den niederen Formen unter den Wirbeltieren, bei den sogenannten wechselwarmen Amphibien und Reptilien und bei einigen Fischen. Daß die meisten von ihnen Wassertiere sind, hat seinen Grund darin, daß deren Lebensbedingungen sich am meisten ändern. In manchen Teilen Ostafrikas trocknen viele Wassertümpel, Seen und sogar Flüsse vollständig aus in der heißen Zeit, und ihre Bewohner sind damit in wahrem Sinne des Wortes auf das Trockene gesetzt. Besonders wichtig ist es, daß die Gewässer nicht gleichmäßig versiegen, sondern daß in Zwischenräumen sich noch einige Wasserstellen erhalten. Damit ist deren Bewohnern die Möglichkeit genommen, rechtzeitig auszuwandern. Und so haben wohl manche von ihnen sich die Fähigkeit erworben, ihre Lebenstätigkeit stark einzuschränken, durch einen „Trockenschlaf“ die schlimme Zeit zu überleben. Der gewöhnliche Ausdruck „Sommerschlaf“ ist übrigens nicht für Tropenbewohner anwendbar, da hier die trockene und heiße Zeit gerade in den Winter fällt.

Leider sind wir auch über diese so interessante Erscheinung noch recht wenig unterrichtet. Bekannt ist, daß die Krokodile im trockenen Schlamm einen Schlaf halten. Dann sind die meisten Schildkröten und viele Schlangen die ganze Trockenzeit über verborgen. Sie kommen mit dem Anfang der Regenzeit zum Vorschein. Auch Frösche, Kröten und Welse halten sich die Trockenzeit über tief im Schlamm versteckt.

Eine sehr eigenartige Anpassung zeigt der afrikanische Lurchfisch (Protopterus annectens). „Während der Trockenzeit gräbt er sich in den Schlamm und hüllt sich in eine von den Schleimdrüsen seiner Haut abgesonderte, erhärtende, dicke, kapselartige Schleimschicht (Kokon), die seine Haut feucht erhält und die nur an der Stelle, wo sich der Mund befindet, eine kleine Öffnung zum Durchtritt der Atemluft behält.“ [1]) Seine Schwimmblasen sind zu Lungen umgewandelt, so daß er den Sauerstoff unmittelbar der Luft entnehmen kann. Erst wenn die Regenzeit beginnt, erwacht der Fisch wieder zu neuem Leben.

4. Das Seelenleben der Steppentiere.

Wir betrachten nun noch kurz das Seelenleben der verschiedenen Tierformen im periodisch trockenen Gebiet.

[1]) Rauther, M. Die Fische. Sammlung Göschen Nr. 356. S. 56.

Schon bei den Waldbewohnern haben wir gesehen, wie sehr es von dem geselligen Leben beeinflußt ist. Tiere, die einzeln in gedecktem Gelände leben, sind scheu und unzugänglich. Im Extremen finden wir dies bei den Grabformen. Es sind scheue und mürrische Gesellen. Ja, es läßt sich leicht vermuten, daß sie sogar ihren gleichartigen Verwandten ausweichen. Auch die Sumpf und Busch bewohnenden, einzeln lebenden Antilopen sind furchtsame Tiere. Roosevelt schreibt von ihnen: „Sie verlassen sich sehr auf ihre Fähigkeit, sich zu verbergen und entziehen sich dem Auge ihrer Feinde dadurch, daß sie regungslos still liegen, in der Hoffnung, auf ihrem Hintergrund nicht bemerkt zu werden." [1]) Ein anscheinend guter und langjähriger Beobachter allerdings, Knochenhauer, behauptet gerade das Gegenteil. Er schreibt: „Das Wild der Buschsavanne ist bei weitem vertrauter als das der offenen Steppe. Es findet diese Tatsache natürlich ihre einfache Erklärung in dem Vorhandensein oder Fehlen von Deckung." [2]) Die Tatsache mag in Gebieten, in denen häufig gejagt wird, schon richtig sein. Aber die Erklärung reicht sicher nicht aus. In erster Linie kommt es doch darauf an, ob die Tiere einzeln oder gesellig leben. Und da ist schon a priori der Schluß gerechtfertigt, daß die gesellig lebenden Tiere der Boga zutraulicher sind, als die einzeln lebenden der Buschsavanne, wenigstens unter normalen Verhältnissen, wenn der Mensch nicht durch häufiges Jagen die Tierwelt in Aufregung gebracht hat.

Scheue Tiere würden sicher nicht in so großen Gesellschaften untereinander und mit anderen leben. Im Gegenteil sind es überaus zutrauliche und anhängliche Geschöpfe. Nicht ohne Grund haben sich die asiatischen Lauftiere so leicht von Menschen zähmen lassen. Auch Reisende, die zum ersten Male in noch unberührte Gegenden kommen, haben alle die große Zutraulichkeit und Furchtlosigkeit der Steppentiere hervorgehoben. Ganze Rudel ließen sich nacheinander niederschießen, ohne daß es einem von ihnen in den Sinn gekommen wäre, sich dem verderblichen Blei zu entziehen. So schreibt auch Roosevelt von den Tieren des offenen Terrains: „Sie stehen immer an deutlich sichtbaren Stellen und suchen sich nie zu verbergen oder eine Deckung zu benutzen." [1])

---

[1]) Roosevelt, Th. Afrikanische Wanderungen eines Naturforschers und Jägers. Berlin 1910. S. 40.

[2]) Oberländer. Eine Jagdfahrt nach Ostafrika. Berlin 1903. S. 254.

III. Die Tierwelt der einzelnen Landschaften.

Wir wenden uns jetzt der Gesamtdarstellung des Tierlebens in den einzelnen Landschaften zu und damit zugleich zur Verbreitung und Verteilung der verschiedenen Tierformen. Hierbei müssen wir die Periodizität des Tierlebens immer berücksichtigen, da, wie wir im Vorigen gesehen haben, ein Gebiet zu einer Jahreszeit überaus reich an Tieren sein kann, während es zu der anderen ganz arm ist an solchen, wenigstens an Hochwild.

1. Der Trockenwald.

Die Trockenwälder — in Ostafrika allgemein Miombo genannt — unterscheiden sich hinsichtlich ihrer Lebensformen ebenso vom tropischen Regenwald, wie die ökologischen Verhältnisse der beiden verschieden sind. Wie Bäume und Gras sich im Trockenwald durchsetzen, so bewohnen ihn Kletter- und Lauftiere gleichzeitig. Die Klettertiere sind nicht so überwiegend und weniger typisch wie im Regenwald. Meerkatzen und Paviane kommen wohl am häufigsten vor. Bandenweise springen sie von Gipfel zu Gipfel, schreien, zanken und lärmen. Eichhörnchen fehlen nicht, ebensowenig wie Klettervögel. „Im heißen Sonnenschein flattern einige prächtige Irrisoren mit lautem, schnurrendem, schwätzendem Gezänke durch die Gipfel. Ein Specht hackt in den Stamm und ein grauer Pisangfresser läuft gurrend in den Ästen eines Urumbabaumes auf und nieder.“ [1])

Von Laufformen ist die Giraffe im Trockenwald zu Hause. Gestalt und Nahrung weisen sie ganz hierher. Auch Elefanten und Rhinozerosse halten sich häufig dort auf. Dann vor allen Dingen sind hier die kleinen Zwergantilopen heimisch, die sich im Dickich ebenso scheu und geschickt verbergen, wie die Bodenbewohner des Regenwaldes. Auch Laufvögel, wie Frankoline und Perlhühner, fehlen dem Trockenwald nicht, ganz im Gegensatz zum tropischen Regenwald. Eine weitere Lebensform ist im Trockenwald vorhanden, die dem Regenwald ebenfalls abgeht, die Grabtiere. Sie scheinen sogar recht häufig zu sein.

Im allgemeinen aber ist der Trockenwald tierarm zu nennen, wenigstens im Vergleich zu den offenen Landschaften. Wie in allen Wäldern halten auch seine Bewohner sich mehr an den Rändern auf, wo er in die Savannen übergeht. Das Innere des Trockenwaldes ist bedeutend tierärmer als diese Grenzlandschaften.

---

[1]) Reichard, P. Afrikanische Jagd. Ber. über die Tätigkeit der St. Gallener Nat. Ges. 1897—98. S. 49.

Die Periodizität des Tierlebens ist im Trockenwald nicht so scharf ausgeprägt wie bei den Bewohnern der Steppen. Die Trockenwälder finden sich ja in Gegenden, die schon etwas regenreicher sind und einen Baumwuchs über die Fläche gestatten. Die Kletterformen wären auch schlecht dazu geeignet, so weite Wanderungen zu unternehmen, wie die Laufformen. Im ganzen gilt, daß der Trockenwald in der Regenzeit weitaus belebter von Tieren ist als in der Trockenzeit.

Auf Tafel 1 habe ich die Verbreitung des Trockenwaldes nach Engler eingetragen. Nur bedeutet hier die Signatur nicht in erster Linie „Trockenwald“, sondern sie will sagen, daß wir hier Kletter- und Lauftiere gemischt haben, daß auch Grabformen vorkommen, und daß es im großen und ganzen noch tierarme Gebiete sind.

2. Die offenen Landschaften.

Dem Trockenwald stellen wir die offenen Landschaften gegenüber, nämlich Parkland oder Savannen, und Grassteppen. Im Parkland kommen entsprechend dem Auftreten von Bäumen noch Klettertiere vor; der reinen Grassteppe fehlen sie vollständig.

Zusammenhängende Baumbestände hat aber auch das Parkland nicht mehr aufzuweisen. Die räumliche Bewegungsfreiheit ist so für die Bewohner des offenen Landes unbeschränkt, am unbeschränktesten in den offenen Grassteppen, den Bogas.

Hier ist die eigentliche Heimat der Lauftiere. „Unter allen Antilopenarten sind es die Gnus, die die weite offene Steppe, die Boga, am meisten lieben und hier ihren Aufenthalt vorzugsweise nehmen.“ [1]) Auch Kuhantilopen, Leierantilopen und Gazellen sind ausgesprochene Bewohner der freien Flächen. Nicht minder bevorzugen sie Zebra und Strauß. Von den unterirdisch wohnenden Tieren ist das Warzenschwein sehr häufig in der freien Boga anzutreffen. Die anderen Höhlenbewohner, sowie die reinen Grabformen sind ja Nachttiere, und man bekommt sie selten zu Gesicht. Sie alle aber sind hier recht häufig. Eigentümlich ist auch die Vogelwelt der offenen Grassteppen. Es sind Bodenvögel, die auf dem Boden nisten und besser laufen als fliegen können. Frankoline und Perlhühner sind die häufigsten Formen neben dem Strauß.

Die offenen Landschaften sind enorm tierreich, wenigstens an Laufformen, wie wir schon gesehen haben. Den räumlichen Verhältnissen nach könnten sich die Tiere innerhalb der offenen Landschaft überall zusammentun. Aber die Nahrung ist nicht an allen Punkten dieselbe.

[1]) Schillings, C. G. Mit Blitzlicht und Büchse. Leipzig 1905. S. 354.

So konzentrieren sich die Tiere innerhalb des offenen Landes auf den nahrungsreicheren Steppen, auf den Bogas. Hier sind die enormen Tiermassen zu finden, die das Eldorado des Jägers bilden. Ich habe aus der vorhandenen Literatur diese tierreichen Gebiete für Deutsch-Ostafrika zusammengestellt, und es hat sich gezeigt, daß sie sich größtenteils mit den „offenen Grassteppen“ auf der Englerschen Vegetationskarte decken. Dieser Parallelismus geht sogar so weit, daß Dr. Jäger von der Massaisteppe westlich des Panganiflusses schreiben kann: „Dornbusch überzieht das ganze Land, nur in den flachen Talmulden unterbrochen von wildreichen Grassteppen.“ (Z. Ges. Erdkunde, 1908, S. 252.) Ebenso stellt der große Ngorongorokrater eine isolierte Grassteppe mit ebenso isoliertem Wildreichtum dar.

3. Die felsigen Gebiete.

Die Tierwelt der felsigen Landschaften setzt sich im wesentlichen aus unseren Standortsformen der „Felsentiere“ zusammen. Sie interessieren uns hier nur noch hinsichtlich ihrer Verbreitung. Diese läßt sich auf einer Karte in so kleinem Maßstabe wie der unsrigen nur schwer angeben. An allen steilen und steinigen Abhängen kommen sie vor. Würde man ihre Verbreitung auf einer Karte in größerem Maßstabe eintragen, so würden die großen Bruchstufen und isolierten Berge der Steppe sehr gut zum Ausdruck kommen.

4. Die Sumpflandschaften.

Lauftiere und Felsentiere schließen das Vorkommen von Grabformen in ihrem Gebiete nicht aus, sie kommen mit- oder besser übereinander vor. Dagegen bieten die Sümpfe den letzteren keine Existenzbedingungen mehr. Sie würden ertrinken. Auch die reinen Laufformen fehlen hier. Sie sind durch eine Standortsform vertreten, durch die Sumpfantilopen. Sie aber sieht man kaum, da sie fast ganz in Schilf und Schlamm verschwinden. In den Sumpflandschaften beherrschen vor allem die Vögel das Landschaftsbild. Die Sumpfvögel vereinigen sich hier in der Trockenzeit zu eben solchen Scharen, wie die Lauftiere an anderen Orten. Nahrung ist für alle genügend vorhanden, besonders in den abflußlosen Seen. Die von den Bächen reichlich zugeführten Kleintiere finden in dem salzigen Wasser ihren raschen Tod und werden den Wasservögeln leicht zur Beute. So sind die Ansammlungen von Wasservögeln an den abflußlosen Seen Ostafrikas zur Trockenzeit geradezu ungeheuer.

Schöller schildert sie vom Natron-See folgendermaßen: „Die

Oljedju-Lagune zeichnet sich durch einen ungeheuren Reichtum an Vögeln aus. Sie ist der Sammelplatz zahlloser Sumpf- und Wasservögel, die den weithin ganz seichten See buchstäblich bedecken. Strichweise erscheint dessen Fläche schwarz-weiß und schmutzig-gelb gestreift, strichweise rosenrot, je nachdem die große oder kleine Flamingoart überwiegt. Es ist unmöglich, sich eine Vorstellung zu machen von der Zahl jener Vögel. Vielleicht darf ich einen Vergleich ziehen mit einem europäischen Manöverfelde. Wie dort im wechselnden Farbenbilde das ganze Gelände belebt erscheint, ein Regiment sich an das andere reiht, so stehen hier, soweit das Auge reicht, ein hochbeiniger Flamingo neben und hinter dem andern, unzählige." [1])

Ähnliche Massen, besonders von Flamingos, finden sich zur Trockenzeit an allen abflußlosen Seen des großen Grabens. Da auch die Laufformen hier das nötige Wasser finden, so vereinigen auch sie sich am Rande dieser Seen zu Tausenden. Auf unserer Karte hebt sich so der große Graben mit seinen vielen abflußlosen Seen als ein besonders tierreiches Gebiet deutlich hervor. Dasselbe gilt für Britisch-Ostafrika.

Das Vorkommen der letzten Lebensform, der Raubtiere, ist nicht an bestimmte Wohnorte gebunden. Sie sind in hohem Grade unabhängig von den natürlichen Bedingungen; ich möchte fast sagen, sie stehen auf einer höheren Kultur. Wie der Mensch sind auch sie zu Kosmopoliten geworden.

Ich habe mich hier begnügt, nur die einzelnen Landschaftstypen hinsichtlich ihrer Tierwelt zu untersuchen. Eine spezielle länderkundliche Betrachtung muß dies weiter ausführen; sie muß die tatsächlichen Verhältnisse der einzelnen Landschaften betrachten, wie dies Hans Meyer in seinem vortrefflichen Buche für Deutsch-Ostafrika schon getan hat.

C. Die Tierwelt der Gewässer.

Wenn ich im vorhergehenden Kapitel versucht habe, die Physiognomie der Tierwelt in den einzelnen Landschaften darzustellen, so ist das erhaltene Bild in keiner Weise als vollständig zu betrachten. Zwei Lebensformen habe ich unberücksichtigt gelassen, die in jeder Land-

[1]) Schöller, M. Äquatorial-Ostafrika und Uganda. Berlin 1904. Bd. I. S. 199.

schaft auftreten können, die des Wassers und die der Luft. An erster Stelle sind es ja die Landtiere, die physiognomisch die Landschaft beherrschen. Aber neben ihnen spielen die Bewohner von Wasser und Luft doch auch eine nicht untergeordnete Rolle. Wasser und Luft haben ihre eigenen Lebensformen geschaffen. Sie stehen den Landtieren als gleichwertig gegenüber. Sie sind unabhängig von der Gestaltung des Landes und treten da auf, wo sich ihr Wohnort findet, ganz gleichgültig ob im Urwald oder in der Steppe. Dies ist auch der Grund, weshalb ich die Wasser- und Lufttiere zum Schlusse behandle. Sie treten fremdartig auf, innerhalb der durch die Vegetation und das Klima bestimmten Lebensformen.

Für unsere geographische Betrachtung genügt es, wenn ich nur ganz kurz die Merkmale der in hohem Grade spezialisierten Lebensformen von Wasser und Luft anführe.

Eine eingehende und gründliche Behandlung der Anpassungen der Wasser- und Lufttiere findet man in den neu erschienenen Werken von Hesse[1]) und Abel.[2]) Die Anpassungen der einzelnen Tierformen sind bei Schmeil[3]) übersichtlich zusammengestellt.

Für unsere speziellen Ausführungen genügt es, wenn ich als Prototyp der Wassertiere die Fische nur nenne. Diese Tierklasse ist auf das Wasser beschränkt und in ihrer ganzen Organisation bis ins kleinste diesem Wohnorte angepaßt. Es ist bekannt, daß auch Säugetiere die Anpassungen der Fische infolge gleicher Lebensweise sich vielfach erworben haben. In den Flußmündungen West- und Ostafrikas, aber auch im Innern des Kontinentes, haben wir die Seekühe, im Westen die Manatis, im Osten die Dugongs. Auch ihre Vorderextremitäten sind zu Flossen umgewandelt. Die hinteren Gliedmaßen sind reduziert. Der Körper ist spindelförmig und endigt in eine Schwanzflosse. Die Augen liegen tief in der Haut; äußere Ohrmuscheln fehlen. Die Oberfläche ist so ebenfalls glatt, zumal da ein borstenartiger Haarwuchs nur spärlich vorhanden ist. Diese pflanzenfressenden Säugetiere haben die Fische also in einem Grade kopiert, daß es begreiflich ist, wenn man sie früher wie alle Wassersäugetiere für Fische gehalten hat. Uns zeigen sie, wie sehr die Tierformen gleicher Wohngebiete in ihrem Habitus übereinstimmen. Fische und Seekühe bilden eine weitere Lebensform.

---

[1]) Hesse R. und Doflein F. Tierbau und Tierleben. I. Band: Der Tierkörper als selbständiger Organismus von Richard Hesse. Leipzig 1910.

[2]) Abel, O. Grundzüge der Paläobiologie der Wirbeltiere. Stuttgart 1912.

[3]) Schmeil, O. Lehrbuch der Zoologie unter besonderer Berücksichtigung der biologischen Verhältnisse. 28. Aufl. Leipzig 1910.

Ähnliche Anpassungen finden wir noch bei vielen anderen Tieren. So werden die Flüsse und Seen Afrikas von zahlreichen Fischottern bewohnt. Sie sind nun Raubtiere, die sich dem Wasserleben angepaßt haben. Ihr Körper ist lang gestreckt. Die kurzen Beine tragen Schwimmhäute zwischen den Zehen und dienen dem Tiere als Ruder. Der lange Schwanz ist abgeplattet und stellt das Steuer des Schiffes dar. Die Oberfläche ist glatt, da die äußeren Ohren nur kurz und fast im Pelze verborgen sind. Letzterer ist samtartig und stark eingefettet. So wird die Haut des Tieres niemals naß. Mund, Nase und Ohren können nach außen abgesperrt werden.

Nun haben wir in den Flüssen Westafrikas einen Insektenfresser genau mit der Gestalt und den Gewohnheiten dieser Raubsäugetiere. Es ist dies der von Du Chaillu entdeckte Potamogale velox. Sein wichtigstes Merkmal ist der abgeplattete Schwanz, der diesen Insektenfresser wie eine Fischotter erscheinen läßt. Er ist so stark, daß mit ihm allein das Tier sich fortbewegt. Wie ein Wassermolch legt es während des Schwimmens die Beine an den Körper.[1]) Infolgedessen haben sie auch keine Schwimmhaut nötig. Nach Du Chaillu soll das Tier sich mit äußerster Schnelligkeit im Wasser bewegen.[2])

Noch ein wasserbewohnendes Säugetier, das Flußpferd, haben wir zu besprechen. Es ist aber lange nicht in dem Maße Wassertier wie die obigen Formen. Des Abends geht es regelmäßig ans Land um zu äsen. Da die Flußpferde so ihre Beine noch zum Gehen nötig haben, sind letztere nicht in Ruderorgane umgewandelt worden. Der massige und plumpe Leib dieses Riesentieres kann nur im Wasser, das einen großen Teil des Gewichtes trägt, rasch und geschickt bewegt werden. Eine dicke Fettschicht unter der fast ganz nackten Haut vermindert noch das spezifische Gewicht des Tieres. „Die Beine sind unverhältnismäßig kurz und besitzen je zwei Paar durch Schwimmhäute verbundener Zehen. Der Hals ist wie bei allen anderen das Wasser bewohnenden Säugetieren kurz. Die verschließbaren Nasenlöcher, die Ohren und Augen liegen hoch am Schädel. Daher braucht das Tier nur den oberen Teil des mächtigen Kopfes über die Oberfläche des Wassers zu heben, um zu atmen oder zu beobachten, was in seiner Nähe vorgeht.“ [3])

---

[1]) American Naturalist 1903. (Adaptation to aquatic, arboreal, fossorial and cursorial habits in Mammals). S. 18.

[2]) Du Chaillu. Explorations and adventures in Equatorial Africa. London 1861. S. 422.

[3]) Schmeil, O. Lehrbuch der Zoologie unter besonderer Berücksichtigung der biologischen Verhältnisse. 28. Aufl. Leipzig 1910. S. 128.

Mit dem Flußpferd bewohnt das nicht minder häufige Krokodil die afrikanischen Gewässer südlich der Sahara. Dieses Reptil ist ebenfalls ein ausgesprochenes Wassertier. Seine Zehen sind durch Schwimmhäute verbunden. Der Schwanz ist sehr lang und seitlich stark zusammengedrückt, also ein typischer Ruderschwanz. Die Nasenlöcher und Augen liegen hoch und können wie die Ohren und der Schlund verschlossen werden, dieser sogar bei offenem Rachen. Vor allem mittels des mächtigen Ruderschwanzes bewegen sich die Tiere gar schnell durch das Wasser. Das gleiche Organ finden wir auch bei den großen, das Wasser bewohnenden Waran-Eidechsen. Auch unter den Schildkröten finden wir Wasserformen. Die in Flüssen lebenden Weichschildkröten haben zwischen den Zehen mächtige Schwimmhäute, mittels derer sie vortrefflich schwimmen und tauchen. Äußerst häufig sind die Wasserformen unter den Amphibien. Und zwar finden wir Schwimmhäute bei den ungeschwänzten, während die geschwänzten einen seitlich zusammengedrückten Ruderschwanz besitzen.

Auch unter den Vögeln gibt es Wasserformen. Schwimmhäute zwischen den Zehen charakterisieren sie als solche. Wie bei den Fischottern das Haarkleid, wird hier das Gefieder stark eingefettet, um die Haut vor allzu großer Nässe zu bewahren. Solche Wasservögel, die im Wasser leben, dort schwimmen und tauchen können, natürlich um Nahrung zu suchen, sind in unserem Gebiete der Schlangenhalsvogel, die Pelikane, die zahlreichen Enten und Eisvögel.

Über die Lebensweise der Wassertiere sind wir zum Teil recht wenig unterrichtet. Sie ist natürlich verschieden, je nachdem es Pflanzen- oder Fleischfresser sind. Zu den ersteren gehören, soweit mir bekannt, nur Seekühe und Flußpferde. Sie nähren sich von Sumpf- und Wasserpflanzen. Des Abends verlassen sie ihr feuchtes Element und äsen das Gras, das sich im periodisch trockenen Gebiet überall, im Urwald häufig an den Flußläufen findet. Als Pflanzenfresser leben wenigstens die Flußpferde gesellig. Räumliche Bewegungsfreiheit und genügende Nahrung begünstigen diese Eigenschaft.

Weiter sind die Seekühe und Flußpferde als Pflanzenfresser harmlose Tiere, und mit ihrem Wasserleben scheint die geringe Ausbildung sonstiger geistiger Eigenschaften im Zusammenhang zu stehen, wohl weil ihnen der Nahrungserwerb keine Schwierigkeiten macht.

Die fleischfressenden Wassertiere leben einzeln und sind z. T. geistig recht hoch stehende Tiere.

Die Verbreitung der Wassertiere ist natürlich durch das Gewässernetz direkt gegeben. Wie die Flüsse netzartig auf dem festen

Boden sich verzweigen, so greifen auch die Wassertiere in ähnlicher Weise in das Gebiet der Lauf- und Klettertiere über. Die weißen Wasserflächen und die Linien der Flüsse auf unserer Karte bedeuten so das Vorhandensein von Tierformen, die durchaus von denen ihrer Umgebung verschieden sind. Die Lauftiere vermögen in ihrer Mehrzahl nicht größere Flüsse zu überschreiten. Die natürliche Folge davon ist, daß Flüsse häufig Verbreitungsgrenzen für Lauftiere darstellen. Überhaupt gilt der Grundsatz, daß die einzelnen Lebensformen recht verschiedene Verbreitungsgrenzen aufweisen, auch innerhalb eines und desselben Faunengebietes.

D. Die Tierwelt der Luft.

Wie bei den Wassertieren die Fische, so sind bei den Lufttieren die Vögel für uns in erster Linie eine Lebensform. Das auffallendste an beiden ist nicht ihre systematische Stellung, sondern ihre hohe Anpassung an ihren Wohnort. Das sollte man sich immer vor Augen halten. Der Vogel lebt nicht in der Luft und der Fisch nicht im Wasser, sondern in der Luft lebt der Vogel und im Wasser der Fisch. So müßte man genauer sagen. Es genügt für unsere speziellen Ausführungen, wenn wir nur die wichtigsten Merkmale der Vögel anführen.

Die Extremitäten verraten den Wohnort wieder am besten. Die Vorderbeine der Vögel sind zu „Flügeln“ umgewandelt. Sie sind die Ruder des Luftschiffes. Als solche müssen sie in der dünnen Luft eine möglichst große Fläche bilden, um den Körper fortzubewegen. Dies wird durch mächtige Federn erreicht, die den Armknochen ansitzen. Andererseits darf die Last des zu tragenden Körpers nicht zu groß sein. Denn im Unterschied zu allen früheren Formen müssen die Lufttiere ihr Gewicht fast ganz allein durch eigene Kraft bewältigen.

So kommt es, daß die Vögel verhältnismäßig kleine Tiere sind. Daß diese Eigenschaft kein Stammescharakter ist, sondern biologisch bedingt ist, sehen wir an den Bodenvögeln, die ja — man denke an den Strauß und die ausgestorbenen Formen — eine gewaltige Größe erreicht haben. Zudem ist der Vogelkörper stark pneumatisch. Sämtliche Knochen sind fest miteinander verbunden, so daß der spindelförmige Körper leicht die Luft durchschneiden kann.

Diese kurze Charakterisierung der Vögel möge genügen. Die Säugetiere haben auch diese Lufttiere kopiert und zwar in den Fledermäusen. Diese haben einen so vogelähnlichen Habitus erreicht, daß ungebildete Leute sie noch heute für echte Vögel halten. Auch ihre Vordergliedmaßen sind zu Flügeln umgewandelt. Aber nur ihre Funktion ist dieselbe. Der Bau ist ganz verschieden. Zwar wie bei den Vögeln, sind auch bei ihnen die einzelnen Knochen stark verlängert. Die Tragfläche wird aber nicht durch Federn erreicht, sondern durch eine Hautausstülpung, die sich zwischen dem Arm und den enorm verlängerten Fingern ausdehnt. Auch Hinterbeine und z. T. Schwanz sind noch in diese Flughaut einbezogen. Entsprechend diesem einfacheren Bau der Flugwerkzeuge sind die Fledermäuse auch bei weitem nicht so vollendete Flieger wie die echten Vögel. Sie können nicht fliegen, sondern nur flattern. Jedoch haben sie noch manche anderen Eigentümlichkeiten mit den Vögeln gemein. Wie jene besitzen sie einen mächtig entwickelten Brustkorb mit hohem Kamm, der den starken Brustmuskeln zum Ansatz dient. Ihr Körper ist ebenfalls recht klein. Die Knochen sind sehr fest, aber nicht pneumatisch, sondern nur sehr dünn und leicht.

Noch andere Säuger vermögen für kurze Zeit durch Flughäute in der Luft sich schwebend zu erhalten; wir haben dies bei den Flughörnchen gesehen. Es ist aber weniger eine Anpassung an die Luft als an das Baumleben. Ebenso haben wir die Fledermäuse als stark baumliebende Formen kennen gelernt und in der Hinsicht schon behandelt, genau wie die Anpassungen der Vögel an Wald, Sumpf und Steppe. Hier, bei den Lufttieren, interessieren uns hinsichtlich der Lebensweise und Verbreitung nur die Formen, die als eigentliche Luftbewohner zu betrachten sind, die hier ihrer Nahrung nachgehen und hier mil Vorliebe sich aufhalten.

Wie zu erwarten, ist die Zahl dieser eigentlichen Lufttiere nicht groß. Nur wenige Vögel gehören hierher. Solche Luftvögel im wahrsten Sinne des Wortes sind die Segler. Reichenow schreibt von ihnen: „Den ganzen Tag über, von Sonnenaufgang bis in die Dämmerung hinein, eilen sie reißenden Fluges, bald mit schneller, zitternder Flügelbewegung, bald mit ausgebreiteten Flügeln dahingleitend, durch die Luft, um ihre Nahrung, kleine Insekten zu erhaschen. Auf die Erde hinab kommen sie niemals, da sie ihrer kurzen, schwachen Füße wegen nicht zu laufen vermögen und auch nicht vom Erdboden in die Luft sich erheben können.“ [1])

[1]) Deutsch-Ostafrika. Bd. III. Die Vögel von Anton Reichenow. Berlin 1895. S. 141.

Die Schwalben stehen den Seglern in Bezug auf Schnelligkeit und ausdauerndem Fliegen kaum nach.

Außer diesen beiden echten Flugformen belebt eine große Zahl von Tagraubvögeln die Luft, aber nur in den offenen Gebieten. Allgemein wird die Armut des tropischen Regenwaldes an Raubvögeln hervorgehoben. Dies ist ganz natürlich; denn die dichte Vegetation verbirgt ihnen wie auch den Raubtieren die Beute. Anders ist es in den offenen Landschaften. Das vortreffliche Auge und die freie Landschaft gewähren den Tieren eine weite Umsicht, wenn sie sich nur hoch genug in der Luft aufhalten. So zählen die Raubvögel zu den ausdruckvollsten Vertretern im Tierleben der offenen Landschaft. Es war mir draußen in der Natur immer ein hoher Genuß, all den wunderbaren Flugbildern, die die afrikanischen Raubvögel ausführten, mit dem Auge zu folgen.

Schluß.

Wir haben im Verlaufe unserer Untersuchung gesehen, wie die physiologische Betrachtungsweise der Tiergeographie ganz neue Probleme eröffnet. Wir haben gefunden, daß die Bewohner desselben Wohnortes, desselben Lebensbezirkes, im Prinzip alle die gleichen Anpassungen zeigen — infolge physiologisch gleicher Bedingungen. Dadurch erhalten Tiere von ganz verschiedener systematischer Stellung eine mehr oder weniger gleiche äußere Erscheinung, einen einheitlichen Habitus. Solche Gruppen habe ich eine „Lebensform" genannt. Dieser neue Begriff erscheint mir von Bedeutung für die Tiergeographie.

So wie man bei den Pflanzen gewisse Vegetationsformen wie Gräser, Sträucher und Bäume unterscheidet, haben wir die Tierwelt physiologisch in Kletter-, Lauf-, Grab-, Schwimm- und Flugtiere eingeteilt. Beide — Vegetationsformen sowohl wie Lebensformen — sind in ihrer Ausbildung geographisch bedingt. Ihre Verbreitung ist ganz von den heutigen physikalischen Verhältnissen der Erdoberfläche abhängig. Und deshalb muß die Tiergeographie sich auch mit den „Lebensformen" beschäftigen, neben dem Studium der erdgeschichtlich bedingten Verteilung und Verbreitung der einzelnen Arten. Dann erst lernen wir die Tierwelt einer Landschaft vollständig verstehen.

Ich habe es für richtig gehalten, nur die Wirbeltiere zu behandeln, als diejenigen Tierformen, die am meisten in der Landschaft auffallen. Und dann habe ich bei diesen wiederum an erster Stelle die äußeren Merkmale betont.

Daraus ergibt sich von selbst, daß vorliegende Arbeit nur als ein unvollständiger Versuch gelten kann. Es werden sich bei speziellen morphologischen Studien zweifellos noch weitere Beziehungen zwischen Bau- und Lebensweise der verschiedenen Tierformen aufdecken lassen. Möchten sich die Zoologen recht bald diesen Problemen zuwenden!

Zur Morphologie des Berner Jura

von

Prof. Dr. P. Schlee

Mit 2 Textfiguren, sowie 31 Original-Abbildungen
und 3 Karten auf 20 Tafeln.

Im Jahre 1800 kam Leopold von Buch in das damals mit Preußen verbundene Fürstentum Neuchatel, um es nach dem Wunsche des Ministers v. Heinitz auf die Nutzbarkeit seiner Gesteine zu untersuchen. Über mehr als anderthalb Jahre erstreckten sich die Studien des jungen, später so berühmten Geologen, der dann das Ergebnis in mehreren Abhandlungen veröffentlichte. Von da ab kann man etwa die Zeit rechnen, in der entsprechend dem Emporblühen der geologischen Wissenschaft auch der Schweizer Jura eine eingehendere Durchforschung erfuhr. In dem seitdem verflossenen Jahrhundert haben hier eine große Anzahl von Geologen, ganz vorwiegend natürlich Schweizer und Franzosen, gearbeitet. Der merkwürdige Bau dieses Erdrindenstückes wurde bekannt, und abgesehen von den Alpen hat kein Gebirge einen ebenso gewichtigen Einfluß auf die wechselnden Anschauungen über den Bau und die Entstehung von Faltengebirgen geübt. Während jedoch die Erforschung der Alpen je länger je mehr gezeigt hat, daß wir es hier mit einem ungeheuer kompliziert gebauten Gebirge zu tun haben, in dem die Stücke der Erdkruste in einer früher ungeahnten und auch heute noch keineswegs geklärten Weise übereinandergeschoben und durcheinandergeknetet sind,[1]) liegt der viel einfachere Bau des Jura in seinen Grundzügen seit langem klar vor unseren Augen. Deshalb ist er das Parade- und Schulbeispiel für Faltengebirge geworden.

Seit der Auffaltung haben aber Verwitterung und rinnendes Wasser schon tüchtig an der Abtragung gearbeitet, und infolge der Wechsellagerung von Kalken, Mergeln und Tonen, also von schwerer und leichter zerstörbaren Schichten, ist dabei ein recht mannigfaltiges Relief entstanden. Darum bietet der Schweizer Jura auch für den Morphologen ein Musterbeispiel für die Abtragungsformen im Faltengebirge.

---

[1]) Eine sehr gute Orientierung gibt u. a.: G. Steinmann, Geologische Probleme des Alpengebirgs, Zeitschr. d. D. u. Ö. Alpenvereins Bd. XXXVII, 1906, und ausführlicher: C. Schmidt, Bild und Bau der Schweizeralpen, Basel 1907.

Kein Abschnitt des bei aller Einfachheit doch in seinen einzelnen Teilen recht verschieden struierten und modellierten Gebirges ist aber so geeignet, Interesse und Bewunderung zu erregen, als das südlich der Rheintalebene gelegene Stück, d. i. der Berner und z. T. der Solothurner Jura. Deutlich unterscheidet sich dieser Jurateil z. B. auch von den unmittelbar angrenzenden. Denn die Gewölbe der Juraformation sind viel vollständiger in ihrer ursprünglichen Form erhalten als in den westlich anstoßenden Freibergen, wo die Falten zu einer Fläche mit geringen Niveauunterschieden abgetragen sind; und andererseits sind im Berner Jura die Gewölbe, die vielfach fast symmetrischen Bau zeigen, viel schöner einzeln gestellt und durch weite Mulden und die ihnen entsprechenden Längstäler getrennt als in dem östlich anschließenden Abschnitt in der Umgebung der Passwangkette, wo die Falten größtenteils eng zusammengestaucht und überschoben sind.[1]) Vor allem ist aber hier so schön wie nirgends sonst in diesem Gebirge durch zahlreiche enge Quertäler, die die Bergrücken glatt durchschneiden, der innere Bau der Ketten bloßgelegt. Alles in allem: Dieser Teil des Jura hat als Kettengebirge mit durchsichtigem einfachen Faltenbau und interessanter Oberflächengestaltung auf der Erde — soweit sie geologisch einigermaßen bekannt ist — noch nicht seinesgleichen gefunden.

Morphologische Betrachtungen, die gründlicher auf die Einzelformen eingehen und andererseits sichergegründete allgemeine Ergebnisse ableiten wollen, bedürfen vor allem als Unterlage genauer topographischer und geologischer Karten. Diese Vorbedingungen sind für den Berner Jura in vorzüglicher Weise erfüllt. Die topographische Unterlage bilden die ausgezeichneten Blätter der Schweizer Landesaufnahme 1 : 25000 („Siegfried-Atlas“) und als Übersichtsblatt die Dufour-Karte 1 : 100000 (Bl. VII). In geologischer Beziehung gehört der Berner Jura zu den am besten bekannten Abschnitten des Gebirgs. Auf den Schultern tüchtiger Vorgänger stehend, die vor ihm Stratigraphie und Tektonik eingehend studiert haben, hat insbesondere der Berner Geologe Rollier viele Jahre unermüdlicher Arbeit an eine geologische Aufnahme des Gebietes gewandt, und das Ergebnis

[1]) G. Steinmann hat darauf hingewiesen, daß der besondere Bau des Berner Jura auch in ursächlicher Beziehung zum Graben der Oberrheinischen Tiefebene zu stehen scheine, indem dieser sich als Senkung des Untergrundes der Ketten durch den Jura quer hindurch fortsetze (Bemerkungen über die tektonischen Beziehungen der Oberrheinischen Tiefebene zu dem nordschweizerischen Kettenjura. Ber. der Naturf. Ges. Freiburg i. B. VI. Bd. 1892).

liegt in mehreren umfangreichen wertvollen Abhandlungen[1]) und in einer Reihe von geologischen Karten[2]) vor, die mit den Karten des Siegfried-Atlas als Grundlage den Bau des Gebirges im Maßstabe 1 : 25 000 in vorzüglicher Weise zur Darstellung bringen. Als geologische Übersichtskarte kann die — das Forschungsgebiet anderer Schweizer Geologen mitumfassende — schöne geologische Ausgabe der Dufour-Karte dienen (Geolog. Karte der Schweiz in 1 : 100 000, Bl. VII).

Von dem Hauptteil des Berner Jura, von dem Stück, das uns im Folgendem besonders interessieren soll, gibt es zudem ein nach Rolliers Karten von der Meisterhand Albert Heims gefertigtes geologisch koloriertes Relief, ein prachtvolles Anschauungsmittel zum Studium der Oberflächenformen und ihres Zusammenhanges mit dem geologischen Bau. Wer den Berner Jura durchreist, dem ist zu raten, sich dabei das im Solothurner Museum befindliche Exemplar dieses Reliefs anzusehen.

Doch dieses verkleinerte körperliche Abbild der Natur ist ebenso wie das große natürliche Urbild nur wenigen leicht zugänglich. Und Wort und Karte vor allem bedürfen der Ergänzung durch getreue Abbildungen. Es ist mir schon lange merkwürdig erschienen, daß aus diesem klassischen Gebiet so außerordentlich wenige veröffentlicht sind.[3]) Daher habe ich es für eine dankbare Aufgabe gehalten, durch eine sorgfältig und methodisch zusammengebrachte Folge von photographischen Aufnahmen Geographen und Geologen das Gebiet anschaulich so nahe zu bringen, wie es ohne Selbstschauen und eigenes Hinstreifen über die Höhenzüge und durch die Schluchten dieses schönen Erdstrichs möglich ist. Aber auch dem, der das Gebiet kennen gelernt hat, hoffe ich eine willkommene Erinnerung und wohl auch eine Ergänzung zu Selbstgesehenem zu bieten.

---

[1]) Matériaux pour la carte géologique de la Suisse,

a. VIII. Livraison, 1. Supplément, L. Rollier, Structure et Histoire Géologiques de la partie du Jura central etc. Berne 1893.

b. 2. Suppl. à la description géologique de la partie jurassienne de la feuille VII, Berne 1898.

c. 3. Suppl. à la description etc., Berne 1910.

[2]) Carte tectonique des environs de Moutier en 1 : 25 000, 1901. Diese, 4 Blätter des Siegfried-Atlas umfassende Karte begreift im wesentlichen das im Folgenden besprochene Gebiet in sich. Es schließen sich daran an: Im Norden: Carte géologique des environs de Delémont, 1904, im Westen: Carte tectonique des environs de Bellelay, 1901, im Osten: Carte tectonique d'Envelier et du Weißenstein, 1904, und Carte géologique de la Hohe-Winde (letztere Tafel im 2. Suppl.).

[3]) U. a. gibt Rollier eine Tafel mit einigen Reproduktionen in Matériaux etc., 1. Suppl.

Man könnte denken, es sei zweckmäßiger gewesen, typische morphologische Beispiele aus dem gesamten Jura zusammenzusuchen.[1]) Ich glaube das nicht. Wie ich es für mich selbst für besser und lehrreicher gehalten habe, mich mit Spezialstudien — soweit mir überhaupt Zeit dazu zur Verfügung stand[2]) — auf einen begrenzten Teil des Jura zu beschränken, auf andere nur flüchtigere Besuche zu verwenden, so glaube ich auch meinem Leser durch eine genauere Einführung in ein kleines Gebiet besser zu dienen. Es wird sich, denke ich, zeigen, daß sich dort schon auf ganz beschränktem Raum eine Fülle von Anschauungen und Anregungen hinsichtlich zahlreicher Probleme der Tektonik und Morphologie darbieten.

Bei dieser Beschränkung auf ein kleines Gebiet hat sich auch ein neuer Versuch in didaktischer Hinsicht machen lassen. Es werden nicht einzelne, zusammenhangslose Landschaftsbilder vorgeführt, die ohne erkennbare örtliche Beziehung zu einander in der Anschauung schweben. Vielmehr sind sie zu einer Wanderung durch das Gebirge von Süden nach Norden zusammengeordnet, derart, daß durchweg der zurückzulegende Weg und die Punkte für neue Ausblicke auf den vorhergehenden Ansichten zu sehen sind und somit die Bilderfolge eine zusammenhängende Übersicht über die ganze Landschaft gibt. Auf einer orographischen Karte (Taf. 21), einem Ausschnitt der Dufourkarte 1 : 100000, sind die Standpunkte bei den photographischen Aufnahmen angegeben mit den Nummern, die die Abbildungen auf den Tafeln tragen. Nur zwei Standpunkte, am Anfang und gegen Schluß unserer Wanderung (Abb. 1 und 25), liegen außerhalb des Rahmens der Karte. Es wird sich empfehlen, zugleich auch die geologische Übersichtskarte auf Tafel 20 zu Rate zu ziehen. Sie ist so eingeheftet, daß sie ebenso wie die orographische Karte herausgeschlagen und, zugleich mit dieser neben dem Buche liegend, mit dem Text und den Abbildungen verglichen werden kann.

Nach dem Vorhergehenden ist es klar, daß diese kleine Abhandlung in erster Linie den didaktischen Zweck hat, zur Verbreitung der Kenntnis dieses lehrreichen Gebiets beizutragen[3]). Und deshalb sollen

[1]) Hier sei erwähnt, daß Fr. Machaček eine gründliche und ausführliche Übersicht über die Morphologie des ganzen Gebirges veröffentlicht hat: Der Schweizer Jura, Versuch einer geomorphologischen Monographie. Erg. Heft 150 zu Peterm. Mitteilgen. Gotha 1905.

[2]) Im ganzen habe ich mich auf 6 Ferienreisen längere oder kürzere Zeit im Jura aufgehalten.

[3]) Mit Rücksicht auf diesen Zweck darf ich hier bemerken, daß das Optische Institut A. Krüß in Hamburg die Bilder und Karten als Lichtbilder liefert.

im folgenden zunächst nähere Erläuterungen zu den auf den Tafeln befindlichen Ansichten gegeben und kürzere Erörterungen daran geknüpft werden. Im zweiten Teil werde ich dann einigen besonders wichtigen morphologischen Problemen eine etwas ausgedehntere Betrachtung widmen und Stellung zu ihnen nehmen, indem ich hoffe, damit auch einen kleinen Beitrag zur Klärung strittiger Fragen zu liefern.

Und nun bitte ich den Leser, mir auf der Wanderung durch den Berner Jura zu folgen.

Unser Weg soll uns von Südosten her in den Jura hineinführen. Die Grenze des Gebirges ist hier eine außerordentlich scharfe, wie uns die Aussicht von dem Dorfe Büren zeigt (**Abb. 1**). Wir stehen hier auf den letzten Anhöhen des Schweizer Hügellandes. Jenseits des breiten Stromtals der Aare, deren blinkende Windungen wir erkennen, erhebt sich jäh die Wand der nächsten Jurakette, mit dunklem Wald, auch helleren Matten und steileren kahlen Felshängen. Der spitze Berg rechts ist die 1447 m hohe Hasenmatt, die höchste Erhebung des Jura in dem nordöstlich von Biel liegenden Endabschnitt. Nach dem jenseits des rechten Bildrandes liegenden Weißenstein heißt die Kette hier die Weißensteinkette, während der westlich anschließende Teil schon auf der linken Bildhälfte den Namen Montoz führt. Darnach nennen wir den ganzen Kettenzug die Montoz-Weißensteinkette. Sie ist immerhin reicher gegliedert als es wohl vorher aus größerer Ferne für uns den Anschein gehabt haben mag. Besonders fallen uns links von der Hasenmatt zwei große, tief ausgearbeitete Nischen auf, in deren Hintergrund sich hellgraue Felswände zeigen.

Ohne uns um den Verlauf dieser etwa 130 km langen Kette weiter zu kümmern, wollen wir nun geradeswegs hinaufsteigen, um einen Einblick in die dahinter liegenden Teile des Jura zu gewinnen. Zwar würde uns die Hasenmatt die umfassendste Aussicht bieten, für unsere Zwecke paßt es uns aber besser, weiter westlich, etwa von dem in der Bildmitte gelegenen großen Dorfe Grenchen, zur Höhe le Buement (1406 m) hinaufzusteigen. Wir hätten schon auf diesem Wege reichlich Gelegenheit zu Beobachtungen über die Gesteinsbeschaffenheit, den geologischen Bau und die Morphologie dieser Kette — so fällt uns insbesondere auf, daß der Kamm nicht einheitlich ist, sondern daß sich im Grunde drei einander parallele, vielfach unterbrochene Kammlinien unterscheiden lassen —, doch dient unser Marsch bis hierher nur dem Anschluß an das Schweizer

Hügelland und damit der topographischen Orientierung. Erst mit dem Erreichen von le Buement, das auf der letzten der drei Kammlinien liegt (auf Abb. 1 ein wenig verdeckt), soll eine genauere Analyse des Landschaftsbildes beginnen. Dicht unter dem bewaldeten Grate finden wir am nordwestlichen Abhange eine Blöße, die uns eine treffliche und lehrreiche Aussicht nach Nordwesten eröffnet (**Abb. 2**).

Wir sehen hier, wie hinter der erstiegenen ersten Jurakette eine ganze Reihe anderer wie die Wellenzüge eines Meeres folgen. Sie alle streichen von WSW nach ENE und werden von einander durch langgestreckte Längstäler getrennt. So liegt zunächst zu unseren Füßen das Tal von Tavannes, das nach einem Orte weiter im Westen so genannt wird, und in dem vorn besonders deutlich das Dorf Court auffällt. Rechts hinter diesem erhebt sich die Graiterykette, die von der „Klus" von Court durchschnitten wird. Klusen heißen diese engen felsigen Quertäler des Jura, die wir noch näher kennen lernen werden. Links dahinter folgt der Moron, dessen höchster Punkt mit 1340 m Meereshöhe sich etwa im Niveau unseres Standpunktes befindet. Alles andere liegt unter unserem Horizont. Denn die südlichste Kette ist die höchste, und nach Norden zu nimmt die Höhe der Ketten allmählich ab. Hinter dem Moron folgt, besonders deutlich im rechten Teil des Bildes, das Längstal von Münster (Moutier), dahinter erhebt sich der Münsterberg bis 1158 m. Er bildet mit dem rechts anschließenden — auf dem Bilde nicht sichtbaren — Raimeux die Raimeuxkette. Von der nun folgenden Velleratkette ragen nur die höchsten Teile über den Münsterberg hinweg, in der Bildmitte gerade über dem Eingang der Klus von Court. Raimeux- und Velleratkette sind, wie wir nachher sehen werden, an dieser Stelle ihres Verlaufs dicht geschart, und erst hinter der letzteren folgt wieder ein weiteres Tal, und zwar das ganz besonders breite Becken von Delsberg (Delémont). Die Höhen ganz im Hintergrunde, die von unserem Standpunkt 20—25 Kilometer entfernt sind, bilden die westliche und nördliche Umrahmung dieses Beckens. Insbesondere ist ganz rechts das Westende der Rangiers-Kette (954 m) zu sehen.

Auf der von uns geplanten Wanderung wollen wir diese vor uns liegenden Täler und Ketten bis zum Becken von Delsberg kreuzen (indem wir uns allerdings dabei von der Klus von Court an etwas östlicher halten).

Unser Bild zeigt uns aufs deutlichste einen auffallenden Gegensatz zwischen der vor uns liegenden Talmulde und den nächsten

Ketten. Aus der mit Feldern und Matten bedeckten Talwanne, die nach beiden Längsseiten hin sanft ansteigt, erheben sich mit scharfem Absatz steile, waldbewachsene, felsige Hänge. Am Waldrand stehen wir an der Grenze zweier Formationen: Der Boden der Talmulden wird — abgesehen von vielfach darüberlagernden wenig mächtigen Quartärschichten — von meist tonigem und sandigem Tertiär gebildet, während die Ketten aus den härteren Kalken der Juraformation zusammengesetzt sind. Das sind die beiden einzigen Formationen, die in unserem Gebiet einen wesentlichen Anteil an der Zusammensetzung des Bodens nehmen.

Wir schließen hier am besten gleich die wenigen stratigraphischen Bemerkungen an, die für unsere Zwecke unerläßlich sind. Wie eben schon angedeutet, treten ältere Schichten als die Juraformation in unserem Gebiete nicht zu Tage, wenn wir von einem Fetzen tonigen Keupers absehen, der bei Roche entblößt ist. Alle drei Abteilungen der Juraformation, Lias, Dogger und Malm, sind in marinen Sedimenten vollständig entwickelt. An der gesamten, etwa 600 m mächtigen Schichtenfolge hat der Lias den geringsten, der Malm den größten Anteil. Wir übergehen Einzelheiten der Gliederung, nur die Tatsache, daß ein wiederholter Wechsel in der Gesteinsbeschaffenheit vorhanden ist, erheischt unser besonderes Interesse, da der geringere oder größere Widerstand, den die Schichten der Abtragung entgegensetzen, von der größten Bedeutung für die Ausbildung des Reliefs gewesen ist. Während der Lias aus weichen, tonigen und mergeligen Sedimenten besteht, wird die Hauptmasse des Dogger aus widerstandsfähigeren Kalksteinen gebildet (dem sog. Hauptrogenstein). Die ältesten und die jüngsten Schichten des Dogger sind mergelig. Bei dem darüber folgenden Malm haben wir nun einen auffälligen Gegensatz zwischen den als Oxford bezeichneten ältesten Formationsgliede, das von Tonen und Mergeln gebildet wird, und der Hauptmasse des Malm, die großenteils aus Kalkstein besteht. Die Unterabteilungen, von denen die eine und andere einmal zu erwähnen sein wird, führen die Namen Rauracien[1]) (resp. Argovien), Sequan, Kimmeridge und Portland. Merken wir uns nun das folgende einfache Schema:

---

[1]) In der Montozkette ist nicht nur der Oxford (der hier viel geringere Mächtigkeit besitzt) mergelig, sondern auch die nächstjüngere Stufe des Malm, das „Argovien“ (gleichaltrig mit dem kalkigen „Rauracien“ der nördlichen Ketten). Ich habe daher auf dieser südlichsten Kette das im Relief für den Oxford eintretende Argovien mit in die dunkelblaue Farbe einbezogen und damit freilich aus morphologischen Rücksichten einen Verstoß gegen die Regeln der stratigraphischen Dar-

Malm	b. Malmkalk	hart
	a. Oxford .	weich
Dogger .	.	hart
Lias	. . . .	weich

so haben wir uns eine wichtige Grundlage für das Verständnis der Formen zu eigen gemacht.

Die auf den Jura im Alter folgende Kreideformation fehlt in unserem Gebiete ganz, während sie weiter südwestlich, etwa von der Gegend von Biel ab, allmählich einen beträchtlichen Anteil an der Zusammensetzung des Gebirges gewinnt. Wahrscheinlich ist sie in geringerer Mächtigkeit im Berner Jura abgelagert, aber dann nach Rückgang des Meeres durch spätkretazeische und frühtertiäre Abtragung wieder zerstört worden. Die tertiären Ablagerungen beginnen mit verhältnismäßig unbedeutenden eozänen Landbildungen, denen die oligozäne und miozäne Süßwasser- und Meeresmolasse folgt.

Wir kehren nun zur Aussicht von le Buement zurück. An dem vor uns liegenden schönen Durchschnitt durch die Graiterykette, in dem übrigens keine älteren Schichten als Malm zu Tage treten, sehen wir ferner, wie die Kalke des Jura sich in gewaltigem Bogen herumschwingen. Ähnliche Bilder werden uns die nördlicheren Bergzüge zeigen. Wir haben es also mit einer intensiven Faltung zu tun, und die Ketten entsprechen den Gewölben oder Antiklinalen, die Täler den Mulden oder Synklinalen des Faltenwurfs. Man könnte meinen, daß das Tertiär die Täler erst nach dieser Faltung angefüllt hätte. Das ist nicht richtig, denn seine Schichten liegen in den Tälern nicht horizontal. Es ist mit aufgerichtet, es greift auch überall in die höherliegenden Senken, zwischen die Ketten hinein, kurz es hat an der Hauptfaltung teilgenommen. Diese hat nach seiner Ablagerung stattgefunden und zwar im Pliozän, und die Beschränkung des Tertiärs auf die Mulden erklärt sich größtenteils daraus, daß dieser weichere Gesteinsmantel von den Gewölben durch die geologische Abtragung entfernt ist.

Wenn nun eine so beträchtliche Hülle von Sedimenten abgetragen ist, so ist es um so auffallender, daß die Juragewölbe zum Teil, wie unser Beispiel zeigt, so verhältnismäßig unversehrt und unzerschnitten geblieben sind. Das liegt daran, daß die Oberflächenerosion nach

---

stellung gemacht. Auch in der Klus von Court zeigt übrigens der Horizont nur im unteren Teile Kalk und besitzt im übrigen noch die mergelige Argovien-Fazies; ich habe ihm aber hier doch die hellblaue Farbe gegeben, um in den von uns näher betrachteten Ketten die Farbenbedeutung einheitlich zu gestalten.

Abspülung der meist undurchlässigen Tertiärschichten und Bloßlegung der durchlässigen Kalke aufgehört hat in dem großen Maße zu wirken als bisher. Die Ketten sind oberflächlich trocken, die Quellen kommen meist erst an ihrem Fuße heraus, und wo sich Rinnsale innerhalb der Ketten selbst finden, sind sie an tonige Schichten gebunden. Auch nach starken Regengüssen sieht man kaum etwas von oberflächlich abfließendem Regenwasser und von Schuttransport. Nicht zu vergessen ist aber, daß das in den Quellen so klar herauskommende Wasser Jahr für Jahr in gelöster Form eine ungeheure Menge von Kalk aus den Ketten herausführt. Da das einsickernde kohlensäurehaltige Regen- und Schneewasser zunächst auf und in den Oberflächenschichten mehr flächenhaft wirkt, wird das wohl, insbesondere auf den Bergrücken, eine mehr flächenhaft wirkende Abtragung zur Folge haben. Jedenfalls ist der Eigenart des Jura als eines Kalkgebirges bei Betrachtung seiner Oberflächenformen große Bedeutung beizulegen.

Prachtvoll ist auf dem Bilde zu sehen, wie das nach links absinkende Gewölbe der Graiterykette unter das Tertiär des Tales untertaucht. Statt ihrer steigt dafür der Moron auf. Wir haben hier ein gutes Beispiel für das Auswechseln zweier Gewölbe. Der Betrag des Erdkrustenzusammenschubes, der der einen Kette entsprochen hatte, wird von der anderen aufgenommen.

Höchst merkwürdig ist es, daß die im Längstal von Tavannes von Westen her herabfließende Birs hier plötzlich sich links wendet, um den Berg zu durchbrechen. Warum fließt sie nicht um das Ende des untertauchenden Graitery herum und hat sich dort einen Weg gesucht, wo der Sattel zwischen Graitery und Moron nur 855 m über dem Meere liegt? Weshalb dicht daneben, wo sich nun die Felsen über der Klus im Westen bis zu 1037 m und auf der Ostseite bis zu 1183 m erheben, so daß man dem Scheitel des Kalkgewölbes über der Mittellinie der Schlucht rund 1100 m Meereshöhe geben könnte? Eine schwierige Frage! Doch über dieses Problem, wie die Klusen entstanden sein mögen, wird erst am Schluß der Abhandlung einiges zu sagen sein, nachdem wir auch die folgenden Quertäler kennen gelernt haben. Hier interessiert es uns zunächst, daß unsere Ansicht die beiden Arten von Tälern, Längs- und Quertäler, und ihren schroffen Gegensatz in vorzüglicher Weise veranschaulicht. Und den beiden Beispielen, dem Längstal von Tavannes und der Klus von Court, wollen wir noch ein wenig unsere Aufmerksamkeit widmen.

Wir steigen hinunter, Court rechts liegen lassend, zu den Baum und Busch tragenden Matten, die am linken Bildrande über dem dunkeln Walde des Vordergrundes sichtbar sind. Von dort wenden wir den Blick rückwärts nach Osten das Tal entlang (**Abb. 3**). Zur Rechten haben wir nun die Montozkette, und der helle Fleck am höchsten sichtbaren Gipfel (le Buement) am rechten Bildrande ist die eben von uns verlassene Matte. Links erblicken wir die Graiterykette und gerade hinter dem Orte Court den Eingang in die Klus von Court, bei dem ein paar helle Steinbrüche im Malmkalk auffallen. Bis zur Klus senkt sich der Boden unseres Längstales (bis 660 m); das folgende Längstalstück steigt aber wieder bedeutend an, entwässert durch einen der Birs zufließenden Bach.

In diesem Talabschnitt erkennt man fast mitten im Tal einen bewaldeten Hügel mit hellen Felswänden. Es ist oberer Jura, der sich, rings von Tertiär umgeben, in einem schmalen Streifen fast 2 km weit das Tal entlang erstreckt. Wie kommt diese Felsmasse mitten in das große Längstal hinein? Die verschiedenen Deutungen geben ein Beispiel dafür, daß — so sicher der Bau des zentralen Jura in den großen Zügen festgelegt ist — doch selbst in diesem so vorzüglich durchforschten Gebirge noch manche Einzelheit der Klärung harrt. Denn während Buxtorf und Baumberger diese Kalkmasse für eine von der Graiterykette nach Süden abgerutschte, also von dem Tertiär des Tales unterlagerte Scholle ansehen,[1]) verteidigt Rollier ihnen gegenüber seine früher ausgesprochene Meinung, daß der Malm anstehe, also als ein sekundäres Gewölbe aus dem Untergrunde heraustrete, so daß die Mulde des großen Tales der Länge nach in zwei Teilmulden zerlegt werde.[2]) Der im Bau begriffene Tunnel, der — um die kürzeste Verbindung von Nordostfrankreich und Basel nach Bern zu schaffen — zwischen Münster und Grenchen die beiden unser Tal flankierenden Ketten durchbricht, wird gerade unter diesem Juraklotz hergehen (etwa 200 m unter dem Talboden) und somit die Frage auf das sicherste entscheiden.

Wenn wir nun dieses auffällige Gebilde nicht unbeachtet lassen wollten, so interessiert uns doch mehr der weitere Verlauf des Tales selbst. Denn von einem Höhenkranz, den wir vielleicht als Talschluß erwarten, ist nichts zu sehen. Wandern wir nun hinauf zu dem V-förmigen Talschnitt im Hintergrunde unseres Bildes, so werden wir gewahr, daß wir dort bei den Höfen von Binz auf einer Talwasserscheide (1020 m) stehen, denn nach Osten öffnet sich der Aus-

[1]) E. Baumberger und A. Buxtorf, Geologisches Gutachten über einige den Bau eines Basistunnels Münster-Grenchen betreffende Fragen, Büren a. A. 1908.

[2]) Rollier, Matériaux etc., 3. Suppl. S. 216.

blick in einen zweiten, wieder absinkenden Abschnitt unseres Längstales (**Abb. 4**). Doch ist auch er nicht hydrographisch einheitlich. Denn das Wasser, das von den Quellen in der Rinne des Vordergrundes talabwärts fließt, gelangt nur 3 km weit und wird dann schon durch die links im Bilde sichtbare Klus von Gänsbrunnen ins Münstertal hinausgeführt. Nur 500 Meter jenseits der Klus liegt aber bei St. Joseph schon die neue Talwasserscheide, und es beginnt das lange Tal des Dünnernbaches, von dem deutlich nur der obere Abschnitt mit der leuchtenden Landstraße zu sehen ist, während jenseits einer Stufe der viel längere und bedeutendere untere Abschnitt im Dunst verschwimmt. Durch die Klus von Oensingen wird der Dünnern nach Süden ins Aaretal geführt.

So zerfällt das im ganzen etwa 55 km lange Tal, das im Osten und Westen schließlich sein Ende durch vollständiges Zusammentreten zweier Ketten findet, in drei Abschnitte mit zwei Talwasserscheiden dazwischen.

Merkwürdig ist, daß die Wasserscheide von St. Joseph so niedrig ist und so dicht bei der Klus von Gänsbrunnen liegt. Von unserem Standpunkt aus macht ja daher das ganze Tal den Eindruck der Einheitlichkeit. Es ist mehrfach die Ansicht vertreten worden, daß die Klus von Gänsbrunnen, in der ein beträchtliches Gefälle herrscht, von Norden her durch rückschreitende Erosion bis zu unserem Tal durchgenagt worden sei und dem Dünnern den obersten Teil seines Laufes abgenommen habe (siehe jedoch S. 117—118.)

Aufs schönste zeigt uns schließlich das Bild, daß das Tal einer tektonischen Mulde entspricht. Gegenüber der Klus von Gänsbrunnen befindet sich auch in der Montoz-Weißensteinkette ein Einschnitt, der Rüschgraben, und so sieht man auf beiden Seiten die Kalkgewölbe in prachtvollem Schwung zur Talsohle herabkommen.

Über die Klus von Court, die wir jetzt besuchen wollen, können wir uns kürzer fassen. Wir gehen zuerst zum Südeingang bei Court (**Abb. 5**) und sehen Fluß, Straße und Eisenbahn in den Engpaß eintreten. Im Hintergrunde beginnt der Bahntunnel, durch den die Kalkwände am Kluseingang durchbrochen werden, und zwar zunächst mit einer Übermaueruug der Strecke. Gehen wir bis dahin vor, so sehen wir insbesondere auf der linken Talseite die Kalkschichten prächtig emporsteigen, und alsbald weitet sich nun vor uns der Talgrund mit weniger steilen, bewaldeten Böschungen zu beiden Seiten, während darüber die Kalkgewölbe weit zurücktretend in mächtigem Bogen herumschwingen und wieder zum Nordausgang hinuntersteigen.

Unter dem Kalk liegen also weniger widerstandsfähige Schichten, und in diese ist der innere Teil der Klus eingeschnitten. Es sind Mergel des unteren Malm (Argovien und darunter Oxford), die leicht fortgeräumt werden. Die weitere Folge ist, daß die Felswand der darauflastenden Kalke durch Abbruch zurückgelegt wird. Die so entstehende amphitheatralische Form ist typisch für die Juraklusen, die Klus von Court ist jedoch eines der großartigsten Beispiele.

Auf dem folgenden Bilde (**Abb. 6**) sind wir an den Nordausgang gelangt, wo die Eisenbahn, die die ganze innere Klus auf offener Strecke durchmessen hat, wieder durch einen Tunnel hinausgeführt wird.

Doch nun hinauf auf die höchste Felsenkanzel auf der Westseite der Klus (Punkt 1037 der Karte)! Auf bequemem Wege können wir dorthin gelangen, wenn wir zunächst nach Court zurückkehren und dann von außen die westliche Walmseite des Graiterygewölbes hinaufsteigen. Aus dem Walde von Montgirod heraustretend, stehen wir plötzlich vor dem gewaltigen Abgrund und haben ein großartiges Landschaftsbild vor uns (**Abb. 7**). 400 Meter unter uns liegt die Klus, die wir soeben verlassen haben. (Auch das Bahnwärterhäuschen ist zu erkennen, bei dem das vorige Bild aufgenommen ist.) Wir sehen nach Nordosten hinaus in das Tal von Münster, und hell liegt dieser Ort selbst in der Sonne vor uns. Hinter Münster ist wieder der Berg durch eine Klus geöffnet, geradeso als ob mit dem Messer ein keilförmiges Stück herausgeschnitten wäre. Denn wunderbarerweise folgt die Birs gar nicht diesem Längstal, in das sie durch die Klus von Court gelangt ist, durchquert es vielmehr in etwas schräger Richtung, um die nächsten Ketten in neuen Klusen zu durchbrechen. Das Tal von Münster ist übrigens auch nur ein Mittelstück eines viel längeren, in mehrere Abschnitte zerlegten Längstales. Denn $7^1/_2$ km westlich vom 525 m hoch gelegenen Eingang der Klus von Münster liegt eine Talwasserscheide in 920 m Höhe, 8 km östlich eine andere 800 m ü. M.

Im Gewölbe der Klus von Münster sind genau dieselben Schichten des oberen Jura durchschnitten worden, wie in der Klus von Court. Nur ist hier viel deutlicher eine konzentrische Doppelung des Gewölbes zu erkennen, weil im Kern eine zweite harte Kalkstufe stärker entwickelt ist[1]) infolge des Faziesweclisels zwischen Argovien und Rauracien. Die große helle Fläche am Eingang ist die vegetationslose Oberfläche der äußeren, oberen Schicht, die im Gewölbescheitel zerstört ist. So

[1]) Die äußere ist Kimmeridge, die innere Rauracien, die mergelige Zwischenlage Sequan. Im Kern des Gewölbes tritt der Oxford zu Tage.

sehen wir auch weiterhin östlich an der Raimeuxkette entlang überall die Kalkflächen hervortreten, großenteils Reste der äußeren Gewölbeschichten, die oben auf dem Raimeux abgetragen sind.

Ferner ist zu beachten, daß das in der Klus durchschnittene Gewölbe der „Basse Montagne de Moutier“ nur eine Abzweigung der Raimeuxkette ist, ein Zweiggewölbe, das sich im höchsten Teil des Raimeux an das Hauptgewölbe anlegt. Nach Westen sinkt es ähnlich der Graiterykette rasch ab und wird einen guten Kilometer westlich der Klus von den Tertiärschichten des Tales schon vollständig eingehüllt. Jedes Gewölbe muß ja irgendwo ein Ende finden (ebenso auch jede Mulde). Auf unserem Bilde sind die beiden für den Jura wichtigen Arten gleichzeitig veranschaulicht: Untertauchen und Zusammenwachsen mit einem anderen Gewölbe.

Hinter dem Westende des untertauchenden Gewölbes sehen wir die Depression, in der die Birs zwischen den beiden Teilen der Raimeuxkette, dem eigentlichen Raimeux rechts und dem Münsterberg links, ihren Weg nach Norden nimmt. Der runde Buckel dahinter gehört der Velleratkette an, und der Durchblick wird jenseits des Beckens von Delsberg durch die Rangierskette abgeschlossen. Wir wollen jetzt unsere Studien in den vor uns liegenden Ketten fortsetzen und begeben uns zunächst zum Eingang der Klus von Münster (**Abb. 8**).

Wenn diese auch kleinere Dimensionen besitzt als die Klus von Court, so ist der Eindruck doch kaum weniger großartig, besonders da der Eingang nicht gewunden ist, sondern gerade durch die senkrecht aufstrebenden Kalkwände hindurchschneidet und man in der auch weiterhin geradlinigen Schlucht die Gewölbe auf beiden Seiten von einem bis zum anderen Ende überschauen kann. Auch sind die Abhänge noch steiler wie bei Court, da — wie vorhin schon berührt — im mittleren Teil des Hanges Mergel großenteils durch gleichaltrige widerstandsfähigere Kalke ersetzt sind.

Vorzüglich zeigt sich am Eingang die verschiedene Widerstandsfähigkeit der Gesteine darin, daß die weicheren tonigen Schichten durch die Verwitterung herausgelöst sind zwischen den Kalkplatten, die von der Eisenbahnlinie in einer Reihe kurzer Tunnel durchbrochen werden. Es ist klar, daß eine so weitgehende Herauspräparierung nur bei senkrechter Schichtstellung möglich ist. Oben im Gewölbescheitel, wo die weichen Schichten flach zwischen den härteren liegen, ist es nicht der Fall, wie die folgenden Bilder zeigen.

Nach diesem Blick in die Klus steigen wir links hinauf auf den höchsten Punkt (831 m) über der westlichen Kluswand (**Abb. 9**).

Gegenüber sehen wir den oberen Teil des Klusgewölbes in anderer perspektivischer Ansicht als von Montgirod (Abb. 7). Deutlicher tritt die scharfe Umbiegung im nach Norden übergelegten Scheitel hervor, und bemerkenswert ist, daß das äußere Kalkgewölbe (Kimmeridge) an dieser Stelle großenteils durchgenagt ist.

Das Bild führt uns aber zugleich weiter nach Norden. Wir sehen, wie der harte Kalk des nördlichen Schenkels jenseits einer nach links unten streichenden Mulde wieder aufsteigt, so steil, daß der Wald nicht auf den Schichtplatten haftet. Doch die Schichten sind oben in einem Grate abgeschnitten, und im Hintergrunde des Bildes sehen wir einen zweiten Kalkgrat als Spiegelbild des ersten. Das Gewölbe dazwischen aber ist zerstört. Die beiden Kalkplatten bilden den Süd- und den Nordschenkel des zerstörten Malmgewölbes der Raimeuxkette, die wir nachher noch näher studieren werden.

Wir springen jetzt über die Klus hinüber auf den höchsten Punkt der jenseitigen Wand (966 m), um zunächst einen Rückblick zu tun (**Abb. 10**). Im Vordergrunde sehen wir jetzt die Westwand der Klus von Münster, oben unseren soeben verlassenen Standpunkt. Sehr zierlich nehmen sich von hier aus links tief unten die mächtigen Kalkplatten aus, die denen entsprechen, die wir vorher aus der Nähe am Eingang der Klus auf der anderen, östlichen Seite bewundert haben. Hinter dem Münstertal und Münster, das infolge der Windstille im Dunst des Fabrik- und Lokomotivrauchs liegt, sehen wir rechts den Moron, der nach dem Vordergrunde des Bildes zu untertaucht, links den dafür auftauchenden Graitery, der durchschnitten wird von der Klus von Court, vor deren Eingang eine Glasfabrik einen Rauchschleier gezogen hat. Ganz im Hintergrunde erscheint jenseits des Tales von Tavannes die Montozkette.

Nach diesem Rückblick wenden wir das Auge mehr nach rechts in die Tiefe (**Abb. 11**). Sehr schön schauen wir in das westliche Ende der V-förmigen Mulde hinein, die das abgezweigte Gewölbe der Basse Montagne de Moutier von dem eigentlichen Raimeux-Münsterberggewölbe trennt. Solche Längstälchen auf und zwischen den Ketten heißen im Jura Comben, und so hat dieses nach einer Birsbrücke den Namen Combe du Pont erhalten.

Um den Münsterberg zu überblicken, wählen wir zweckmäßig unseren Standpunkt etwas weiter südlich auf dem Felsenrand (**Abb. 12**). Die Combe du Pont, in der sich gerade die weißdampfende Lokomotive eines Zuges befindet, sehen wir jetzt mehr von der Seite. Nördlich dieser Mulde folgt nun das Gewölbe des Münsterberges. Es ist aber ausgeräumt und an seiner Stelle befindet sich eine ziemlich weite, großenteils von Matten erfüllte Eintiefung. Hier sehen wir zum ersten Mal tiefer in die älteren Kernschichten des Gebirges hinein: Die in der Mitte deutlich sichtbaren Häuser von Hautes Roches liegen auf dem Lias, der einen Teil dieses Antiklinaltales erfüllt, und diesseits des Weilers ist ganz in der Tiefe sogar der Keuper angeschnitten.

Zur weiteren Orientierung fangen wir am besten mit dem Hintergrunde an. Der hinterste waldbewachsene Grat gehört zur Velleratkette, und zwar ist es der südliche, also nach dem Vordergrunde zu einfallende Malmkalkschenkel des Velleratgewölbes. Diesseits folgt eine hochgelegene, flache, mattenbedeckte Mulde, die die Velleratkette, wenn schon deutlich so hier doch ohne tieferen Einschnitt, vom Münsterberg trennt. Der Waldstreifen vor der Mulde ist der Malmkalknordschenkel des Münsterberges, und dazu gehören auch die weißen Felsen ganz links oben. Der Felsen etwas rechts unterhalb, Roche es Corbets (966 m), wird von dem erstgenannten durch einen flacheren Oxfordstreifen getrennt und gehört dem inneren gleichfalls zerstörten Gewölbe, dem Dogger, an. Der südliche Gegenschenkel dieses Doggers ist in dem bewaldeten Rücken diesseits von Hautes Roches deutlich zu erkennen, während der Oxford davor durch eine waldbewachsene Vertiefung angedeutet ist. Dann folgt nach dem Vordergrunde zu der felsige Südschenkel des Malmkalkes.

Einen übersichtlicheren Einblick in dieses Antiklinaltal des Münsterberges werden wir gewinnen, wenn wir zum Raimeux hinaufsteigen. Wir wollen jedoch den Umweg über den vor uns liegenden Teil des Münsterberges machen; denn getreu unserem Grundsatz, nur solche Aussichtspunkte anzusteuern, die schon auf den vorhergehenden Ausblicken ins Auge gefaßt werden können, wollen wir zunächst nach dem Felsen Roche es Corbets hinübergehen, wo wir erst einmal eine Übersicht des Raimeux, des östlichen Gegenstückes des Münsterberges, gewinnen. Unterwegs besuchen wir jedoch noch die prachtvolle V-förmige Mulde der Combe du Pont unten an der Straße, in die wir gegen Osten hineinblicken (**Abb. 13**), und beachten dann oberhalb von Hautes Roches, dort, wo auf Abb. 12 der Weg als feiner weißer Streifen am Waldrand zu erkennen ist, den Blick rückwärts auf die Klus von Münster (**Abb. 14**), da ihre Ansicht hier noch schöner ist als auf dem zu besuchenden Felsen. Ganz prächtig kommt in der Abendbeleuchtung das Gewölbe der Klus zur Geltung, das sich links oben im Bilde an das Raimeuxgewölbe ansetzt. Diesseits der Synklinale der Combe du Pont steigen die beiden widerstandsfähigen Kalkbänke (Kimmeridge und Rauracien), die in der Klus so deutlich hervortreten, in der Raimeuxkette wieder auf. Was nun weiter links folgt, wollen wir uns dann vom Felsen Roche es Corbets ansehen (**Abb. 15 und 31**).

Über 200 Meter unter uns liegen im Vordergrunde auf dem Lias des Gewölbekerns die Gehöfte von Hautes Roches, noch 200 Meter tiefer hinten im Birsquertal die Häuser von Roches, und jenseits dieses Tales steigt der Raimeux empor. Links davon ist noch eben die Tertiärmulde zwischen Raimeux und Velleratkette sichtbar, die hier ziemlich breit ist, dahinter das niedrige Ostende dieser Kette, und den fernen Hintergrund bilden die dichtgescharten Berge, die das Becken von Delsberg im Osten abschließen.

Auf der rechten Seite des Bildes sehen wir wieder den Ansatz des Gewölbes der Klus von Münster und davor sehr schön den südlichen Malmschenkel des Raimeux. Er legt sich im Hintergrunde nach Norden über und bildet dort auch den Gipfel des 1305 Meter hohen Bergzuges. Der Dogger tritt daher im Hintergrunde erst am Nordabhang des Berges zu Tage, während er im Vordergrunde im Birstal in breiterer, etwa $1^1/_2$ Kilometer betragender Front aufgeschlossen ist. Auffällig ist, wieviel weniger der zu beiden Seiten sich anschließende Oxford im Südschenkel als Einsenkung ausgeprägt ist als im Nordschenkel, wo die breite mattenbedeckte Combe vor dem Malmgrat sehr ins Auge fällt. Das wird in erster Linie durch die Lagerung der Schichten verursacht. Im Nordschenkel stehen die Schichten fast senkrecht, im Südschenkel dagegen liegt der Oxford schräg zwischen den härteren Kalken. Jede Anlage einer Einkerbung wird mit den abbröckelnden Trümmern der zurückweichenden Malmdecke überschüttet.

Man muß überhaupt nicht glauben, daß der Oxford überall die Oberfläche bildet, wo er auf der hier beigegebenen geologischen Karte und auf Rolliers geotektonischer Karte angegeben ist. Nur an recht wenigen Stellen sind die weichen, leicht zerstörbaren Schichten wirklich der Beobachtung zugänglich, fast überall sind sie von dem Schutt der darüber lagernden Schichten bedeckt und machen sich nur im Relief durch die Senke kenntlich, deren Lage zwischen den leicht zu identifizierenden Horizonten des Doggers und des untersten Malms eben mit Sicherheit auf Oxford schließen läßt. Für die Ausprägung von Oxfordkomben ist auch die wechselnde Mächtigkeit dieser Stufe von Bedeutung, die sowohl ursprünglich vorhanden als auch bei der Gebirgsbildung entstanden sein kann. Wichtig ist schließlich auch eine verschiedene petrographische Beschaffenheit der darauffolgenden Malmstufe, des Rauracien, auf die schon S. 29 hingewiesen ist. Hier in der Nordflanke der Raimeuxkette und erst recht in der Velleratkette (vgl. Abb. 20—24) besteht das Rauracien aus noch mächtigeren kompakteren Kalken als bei Münster; der Fazieswechsel zwischen Argovien nnd Rauracien ist hier vollendet.

Der Doggerkern des Raimeux beansprucht noch etwas unsere Aufmerksamkeit. Besonders deutlich ist rechts ein Doggergewölbe wahrzunehmen. Es ist bis zu dem darunter befindlichen Lias aufgeschlossen. in dessen weiche Mergel ein kurzes Antiklinaltal eingegraben ist. Weiter links sind dicht beieinander zwei Gewölbeanschnitte als zwei kleine Kalkbogen sichtbar. Über dem linken zieht ein bewaldeter Rücken zum Hintergrunde hinauf, ein Doggergewölbe, dessen Achse stark (etwa 15—16^{0}) ansteigt.

Sehen wir ab von kleineren Unregelmäßigkeiten und Faltenausbuchtungen, über die eine genauere Prüfung wohl noch Näheres feststellen könnte, so scheint demnach festzustehen, daß wir es in dem vor uns liegenden, westlichen Teil des Raimeux mit zwei Hauptdoggergewölben zu tun haben, von denen das nördliche vom Birstal steil nach Osten ansteigt und auch im Hintergrunde vom Malm entblößt bleibt, während das südliche — dem westlich der Birs auch das Antiklinaltal des Münsterberges angehört — unter den südlichen Malmschenkel des Raimeux einschießt. Bei Betrachtung der Velleratkette werden wir uns an diese Verhältnisse erinnern. Jetzt aber gehen wir zum Raimeux hinüber, wo wir drei Punkte besuchen wollen, die von unserem jetzigen Standpunkt aus zu sehen sind. Zunächst gehen wir zu dem kleinen Doggergewölbe unten ganz links, dann auf den Malmnordschenkel, dort wo die höchsten weißen Felsen leuchten, um auf den Münsterberg zurückzublicken, und dann erst steigen wir zum Raimeuxgipfel auf, zu dem Felsenrand links unter den obersten Fichten, wo wir uns den ersten umfassenden Blick weiter nordwärts auf die Velleratkette verschaffen wollen.

Über das hübsche modellartige Doggergewölbe im Grunde (**Abb. 16**) ist nichts weiter zu sagen. Wir steigen hinauf auf den Malmgrat und sehen von der Felsenkanzel gerade in das eben verlassene Antiklinaltal hinein (**Abb. 17 und 30**). In der Silhouette des Hintergrundes kommt das äußere aufgebrochene Malmgewölbe und das flache, auf der Höhe des Münsterberges erhaltene, Doggergewölbe zum Ausdruck. Diesseits des bewaldeten Antiklinaltalschlusses ziehen sich die Matten und Felder auf den weichen, fruchtbaren Liasmergeln des ausgehöhlten Gewölbekerns hinunter in den Mittelgrund zum Quertal der Birs. Diesseits des Flusses erscheint ganz rechts ein Teil des Malmgrates, auf dem wir stehen, im tiefen Grunde die Oxfordkombe und links davon der großenteils bewaldete Doggerkern des Raimeux.

Der Berg rechts vor uns zeigt eine schöne runde Mulde in den Kalkfelsen seiner steilen Stirnseite. Es ist Malmkalk. Unterhalb davon zieht sich, etwa in den Matten, der Oxfordmergel hin. Diese Mulde ist nun nicht etwa die Synklinale, die den Münsterberg von der Velleratkette trennt — die zieht sich hinter diesem Berge rechts hinunter — vielmehr eine Unregelmäßigkeit innerhalb der Münsterbergkette. Doch überblicken wir die Verhältnisse noch vollständiger oben vom Gipfel des Raimeux, wo wir eine umfassende Aussicht genießen. Auf dem dort aufgenommenen Bilde (**Abb. 18**) sehen wir links noch etwas vom Münsterberg. Das Bild schneidet gerade an unserem früheren Standpunkt, Roche es Corbets ab. Rechts davon schließt sich die Mulde zwischen Münsterberg und Velleratkette an, die schon S. 93 bei Besprechung von Abb. 12 erwähnt worden ist. Wir sehen den höchstgelegenen Teil dieser Synklinale, eine 1040 m hoch gelegene Talwasserscheide in einem Längstal, das sich nach beiden Seiten hin rasch senkt. Im Hintergrunde erscheint die Mulde wegen dieser schnellen Senkung zum Tal von Soulce wie abgeschnitten. Der Boden ist zwar hier oben von Tertiär entblößt und wird von Malmkalk gebildet, aber die Tertiärdecke stellt sich schon 2 Kilometer westlich des höchsten Punktes in 800 m Höhe und 3 Kilometer östlich beim Schnitt mit dem Birstal ein. Rechts von der hohen Fichte im Vordergrunde, die uns diese Kreuzungsstelle einigermaßen verdeckt, sehen wir östlich des Birstals zwei Malmkalkgrate. Auf dem uns näher liegenden, dem Nordflügel des Raimeux, haben wir schon vorher gestanden, der hintere ist der Südschenkel der Velleratkette. Dementsprechend sehen wir auch westlich des Birstals den Malm in zwei Graten aufsteigen — eben zu beiden Seiten der besprochenen Mulde. Die uns näher liegende Malmmasse, die gleich links der erwähnten Fichte sichtbar ist, ist also der Nordschenkel des Münsterbergmalms. Wir sehen nun, wie dieser Malm oben nach Süden umgeknickt ist und hier die schon erwähnte runde Mulde bildet, deren weiße Felsbögen so schön sichtbar sind. Diese Mulde ist also als eine Störung innerhalb der Münsterberg-Raimeuxkette anzusehen. Deutlich ist zu erkennen, wie sie $1^1/_2$ Kilometer weiter westlich ihr Ende findet. Wir können auch sagen: Dort wird sie durch eine Abzweigung von der zwischen Münsterberg und Velleratkette hinziehenden Mulde angelegt. Östlich des Birstals ist nichts mehr von ihr zu sehen, da die entsprechenden Teile des Raimeux bis zum Dogger abgetragen sind. Es ist aber anzunehmen, daß sie einst noch ein ganzes Stück gegen den Raimeuxgipfel zu über den Dogger hingezogen ist. Jetzt ist auf dieser Seite des Birstals vom Malm nur der in tieferem Niveau befindliche, steil aufgerichtete Teil in Gestalt des von uns besuchten Grates erhalten.

Werfen wir nun einen Blick auf die Velleratkette! Besonders fällt mit seinen weißen Felsabbrüchen der nördliche Malmschenkel auf, der sich als dunkelbewaldete Platte nach Norden schräg zum weiten Becken von Delsberg senkt. Davor sehen wir auf den Doggerkern der Kette, der vorn auf ebenerer Fläche das Dorf Vellerat trägt, nach dem Hintergrunde zu als Rücken zwischen den beiden Malmschenkeln sichtbar wird.

Es bleibt uns noch übrig, diese Kette näher kennen zu lernen. Wir begeben uns zunächst ziemlich weit nach Westen, noch 2 Kilometer hinter den höchsten, links besonders deutlich hervortretenden Gipfel, stellen uns dort unmittelbar an das Gehöft Mont dessous (945 m) und wenden den Blick ostwärts den Rücken der Velleratkette entlang (**Abb. 19**).

Die soeben erwähnten Höhen haben wir nun rechts auf dem Bilde, wie gesagt etwa 2 km entfernt. Am Bildrande, über dem am Oxford stehenden Hofe Mont dessus, erblicken wir den 1119 m hohen Malmsüdschenkel links davon den Doggerkern. Dann folgt die nördliche viel tiefer ausgegrabene Oxfordkombe und dann der Malmnordschenkel. Er ist in einzelne Teile zerlegt, zwischen denen eine Reihe von Flankentälern zum Delsberger Becken hinunterziehen. Auf unserem Bilde sehen wir nur die östlichen der Malmkalkvorsprünge; der hinterste und höchste (1033 m) ist der, der uns vom Raimeux aus besonders auffiel. Bis dorthin, bis an den Fuß dieses letzten Felsens, wandern wir jetzt nach Osten auf der Höhe hin und haben dann das östliche Ende der Velleratkette vor uns (**Abb. 20 und 28**).

Ganz links zeigt sich noch eben die Malmkalkwand von Höhe 1033, zu ihren Füßen liegen vorn Oxfordmatten, und nach rechts steigt im Vordergrunde der Doggerkern des Velleratgewölbes an. Weiter hinten liegt auf Äcker tragendem Vorsprung das Dorf Vellerat, und dahinter zieht quer durch das Bild das Durchbruchstal der Birs, in dessen Grund das Eisenwerk von Choindez liegt. Dahinter schwingt sich das gewaltige Malmkalkgewölbe von Choindez herum. Während es westlich der Birs aufgebrochen ist, ist es hier östlich erhalten, da es sich nach Osten zu bedeutend senkt. Die Basis des Malmkalkes, die drüben an der Wand 700 m hoch liegt, würde bei unserem Standpunkt im Gewölbescheitel etwa 1200 m hoch liegen. Noch weiter nach Osten zu taucht das Gewölbe noch weiter unter. Das dunkle Waldstück im Hintergrunde liegt auf dem östlichen Ende der Velleratkette. Rechts davon sieht man die Tertiärmulde zwischen Velleratkette und Raimeux, links das Tertiärbecken von Delsberg, das sein östliches Ende vor den Bergen des Hintergrundes findet.

Das Gewölbe von Choindez werden wir uns gleich noch von einem näheren Standpunkt genauer ansehen; ehe wir aber unseren Platz hier oben verlassen, wenden wir unseren Blick nach links (**Abb. 21**), um die prächtige Felswand des kompakten Rauracienkalkes zu bewundern, die mit ihren glatten, gerundeten Nischen die Formen einer rein chemischen Abwitterung durch langsame Lösung des Kalkes zeigt. Da die den Felsen umsäumende Schutthalde links bis an die obere große Höhle reicht, können wir bequem hinaufsteigen und uns dort diese Formen aus der Nähe betrachten (**Abb. 22**). Diese Steilwand ist in ihrem weiteren Verlauf nach Nordwesten hin vielfach noch schöner mit sehr zahlreichen, meist kleineren und z. T. ziemlich tiefen Nischen bedeckt. Auch an vielen anderen Stellen treten sie in schöner Ausbildung auf, u. a. auf den Felswänden des Rauracien in den Birsklusen zwischen Münster und Delsberg (z. B. genau im Mittelpunkt von Abb. 8). Wenn nun diese Höhlungen auch eine gewisse Ähnlichkeit mit den von fließendem Wasser ausgestrudelten Kesseln haben, die sich an den Wänden der Klammen bis zu einer gewissen Höhe über dem heutigen Wasserspiegel noch wohl erhalten zeigen, so haben sie doch nichts mit ihnen zu tun.

Wir steigen nun gegen den Ort Vellerat hinunter, um links oberhalb des Dorfes den Blick noch einmal auf das Gewölbe von Choindez zu richten (**Abb. 23**). Ich wollte dem Leser diese zweite Ansicht nicht vorenthalten, bei der zwar die orographischen Verhältnisse im Osten durch das Gewölbe verdeckt sind, dafür aber die vorher nicht sichtbare Beziehung zum Raimeux hervortritt. Rechts erkennen wir die mit Tertiär gefüllte schmale Mulde, aus der auf beiden Seiten der Malmkalk in die Höhe steigt, im Raimeux oben abgeschnitten, in der Velleratkette zum wohlerhaltenen Gewölbe umbiegend, das oben nur aus Rauracien besteht. Im Gewölbe von Choindez ist das breite Oxfordband besonders deutlich, das die Matten vor der Kalkwand einnimmt, zu beiden Seiten zum Birstal hinunterzieht und so das harte

Doggergewölbe umschließt, dessen steile Kalkwände nur zum Teil durch Nadelwald verdeckt sind.

Der Nordschenkel des Malmgewölbes erregt noch unser Interesse. Buxtorf hat zuerst darauf aufmerksam gemacht,[1]) daß ein scharfer Knick vorhanden ist. Der obere Teil des Rauraciengewölbes ist weiter nach Norden übergeschoben, der untere zurückgeblieben. Ist dort östlich der Klus nun noch ein Zusammenhang des Rauracien vorhanden, so ist es dagegen diesseits ganz auseinandergerissen. Der untere Teil liegt dort, wo auf Abb. 23 der weiße Fleck den großen Kalksteinbruch des Eisenwerkes angibt. Ganz links sind im Walde die Felsklippen des oberen Teils sichtbar. Dazwischen zieht sich ein Band des Oxfords hin, der zusammen mit dem oberen Teile des Rauracien nach Norden versetzt worden ist. Auf der rechten Seite des auf dem Bilde sichtbaren Weges, der diesem Oxford folgt, ist der den Kalk bedeckende Mergel wegen der Steinbruchsarbeiten fortgeräumt worden, und es ist so der gewaltige Harnisch der Abscherungsfläche auf das prächtigste zu sehen, auf der der Kalk geglättet und von großen parallelen Riefen durchfurcht ist. Man sieht übrigens deutlich, daß sich diese Dislokationsfläche nach dem Vordergrunde zu senkt. Auf die Entfernung von $^3/_4$ km über die Birsschlucht hinüber sind es etwa 70 m. Die Überschiebung ist ja gering (nach Buxtorf 150 m), aber dafür deutlich in die Augen fallend. Sie bedeutet nur einen Anklang an die großen nordwärts gerichteten Überschiebungen, die etwas weiter im Osten eine sehr große Rolle im Bau des Juragebirges zu spielen beginnen.

Es ist auffallend, daß von dieser Störung im Malmkalkmantel der Doggerkern gar nicht berührt worden ist. Wir erinnern uns daran, daß der Dogger im Nordschenkel des Münsterberges am Birstal offensichtlich auch nicht die spitze, im Kern mit Oxford angefüllte Aufwölbung des Malms mitmacht, die vom Raimeux aus so deutlich ins Auge fällt (Abb. 18). Andererseits haben wir gesehen, daß das doppelte Doggergewölbe des Raimeux von einem mehr einheitlich gestalteten Malmmantel überdeckt wird. Daß diese Erscheinung häufiger auftritt, werden wir S. 101 sehen. Alles das erscheint uns nun weniger wunderbar, wenn wir bedenken, daß zwischen den spröden Kalkschichten die Mergel des Oxfords und des obersten Doggers als durchschnittlich mehr als 100 m mächtige plastische Schicht liegen. So hat jedes feste Kalkband für sich, bis zu einem gewissen Maße unabhängig

[1]) A. Buxtorf, Über den Gebirgsbau des Clos du Doubs und der Velleratkette im Berner Jura (Ber. über die 42. Versammlg. d. Oberrhein. geol. Vereins, 1909).

von den anderen, dem Faltungsprozeß unterworfen werden können. Der Oxford hat dabei die Zwischenräume ausgefüllt, ist hier mehr weggequetscht, dort mehr angehäuft worden. So erklärt sich die außerordentlich wechselnde Mächtigkeit dieses Horizonts.[1]) Eine ähnliche Rolle spielen auch die anderen mergeligen Zwischenlagen[1]). Es ergibt sich weiter, daß ohne diesen wiederholten Wechsel der Kalke mit plastischen Schichten eine so regelmäßige Faltung, wie wir sie im Jura vor uns haben, unmöglich gewesen wäre. Ein Vergleich wird dies ganz klar machen: Es bedarf sehr großer Kraft, um ein 2 cm dickes Stahlband von 1 m Länge zu biegen. Sehr bald wird auf der konkaven Seite die Stauchung, auf der konvexen die Spannung sehr groß und das Band wird bei weiterem Biegen bald zerspringen. Leicht ist das Biegen jedoch, wenn 20 je 1 mm dicke Bänder zusammengelegt sind. Wir sehen dabei, wie sich die Enden der inneren verschieben, die einzelnen Bänder gleiten aneinander hin. So ist es auch in den Falten des Jura. Ist z. B. die Mächtigkeit der Juraformation

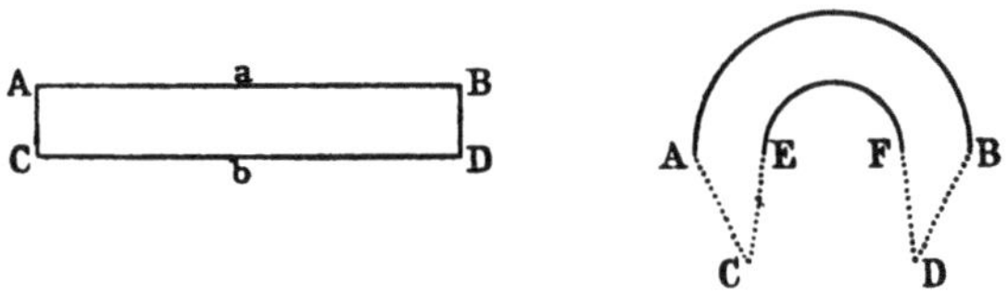

Fig. 1.

(Fig. 1) zwischen den Schichten a und b $^1/_2$ km uud wird das 3,1 km lange Stück zu einem halbkreisförmigen Gewölbe mit dem äußeren Radius von 1 km gefaltet, so ist das innere Gewölbe, das den halben Radius hat, auch nur halb so lang und die Punkte C und D liegen etwa 780 m unterhalb von E und F. In allen plastischen Zwischenschichten müssen also bei der Gebirgsfaltung Gleitbewegungen stattgefunden haben, diese Schichten dienten als Schmiermittel. In den Muldenteilen gleicht sich diese Verschiebung wieder aus.

Die mächtigeren plastischen Schichtkomplexe machen dabei, wie wir gesehen haben, die formgebenden Kalke einigermaßen unabhängig voneinander. In unserem Jurateil sind nur über den Oxford dahingehende Beobachtungen zu machen. In anderen Gebieten des Gebirges ist jedoch zu beobachten, daß auch ältere plastische Schichten eine ähnliche Rolle spielen. Ja hinsichtlich der ältesten dieser Schichten, der Anhydritgruppe des Muschelkalkes, hat Buxdorf die

[1]) Vgl. dazu Buxtorf, über den Gebirgsbau etc., und die von ihm dort gegebenen Hinweise auf ältere Bemerkungen von Mathey, Roby und Mühlberg.

von ihm näher begründete Hypothese aufgestellt, daß sie die vollständige Loslösung der Jurafalten von der (allerdings nirgends zu beobachtenden) Unterlage gestattet hat.[1]) Er hat den Jura als „gefaltete Abscherungsdecke“ bezeichnet und dementsprechende interessante Profile entworfen.

Wir queren jetzt die Birsklus und steigen auf dem Oxford hinan, um drüben am Waldrand unterhalb der Malmkalkklippen den Blick rückwärts auf den diesseitigen Teil der Velleratkette zu wenden (**Abb. 24** und **Abb. 29**). Im Vordergrunde haben wir die Matten des Oxfords, auf denen Rinder weiden, aus der Tiefe des Birstals steigt der Rauch des Hochofens auf, von Bäumen umgeben liegt drüben das Dorf Vellerat auf dem Doggergewölbe. Der Bergumriß des Hintergrundes zeigt drei Höhen, in der Mitte den Doggerkern der Kette, zu beiden Seiten die Malmschenkel, die von ihm durch die Isoklinalkomben des Oxfords getrennt sind.

Zwischen diesem Doggergewölbe im Hintergrunde und dem, auf dem das Dorf Vellerat liegt, ist kein rechter Zusammenhang. Auch darauf hat Buxdorf zuerst hingewiesen,[2]) daß hier die Auswechselung eines Doggersattels durch einen zweiten stattfindet. Das Gewölbe, auf dem wir stehen und das hinüber nach Vellerat zieht, taucht, sich verflachend, unter den Nordschenkel des Malms unter. Aus dem Birstal zieht links davon eine Runse herauf, und links von dieser entwickelt sich aus der Tiefe ein zweites Gewölbe, das rasch ansteigend im Hintergrunde das erstgenannte vollkommen ersetzt hat. Eine solche Auswechselung zweier Doggerkerne in der Weißensteinkette hat Buxdorf näher beschrieben und in einer bekannten Profilserie anschaulich dargestellt.[3])

Nachdem die Birs die Klus von Choindez durchflossen hat, tritt sie hinaus in das weite Delsberger Becken, das hier 5 Kilometer breit ist. Der Fluß macht aber nicht die geringste Anstalt, dieser Synklinale nach links oder rechts zu folgen, sondern fließt gerade quer hindurch, um in die Klus von Soyhières und damit in die Rangierskette einzudringen und sich dann weiter in Quer- und Längstälern durch die nördlichsten, niedrigeren Rücken des Jura nach Basel hindurchzuarbeiten. In diesem nördlichen Juraabschnitt fehlt aber

---

[1]) A. Buxtorf, Zur Tektonik des Kettenjura, Ber. über die 40. Versammlung des Oberrheinischen geologischen Vereins zu Lindau. 1907.

[2]) Buxtorf A., Über den Gebirgsbau etc..

[3]) Buxtorf A., Geologische Beschreibung des Weißenstein-Tunnels und seiner Umgebung, Bern 1907.

der großartige, weiträumige und übersichtliche Faltenbau der von uns gequerten südlichen Ketten, und so wollen wir unsere Wanderung nicht weiter nordwärts fortsetzen und nur noch vom Delsberger Becken aus eine Übersicht über die Velleratkette zu gewinnen suchen.

Wir gehen znnächst in den westlichen Teil des Beckens, wo uns die Tertiärhöhen nördlich von Bassecourt einen guten Überblick gewähren (**Abb. 25**). Es ist allerdings nicht leicht, ihn auch in der Photographie festzuhalten, vielmehr ist es nur im Sommer während kurzer Zeit gegen Abend bei klarer Luft gut möglich, eine brauchbare Aufnahme von diesem 5—10 km entfernten, dunkelbewaldeten Nordabhang der Kette und seiner Gliederung zu erhalten. Ganz links ist noch das Gewölbe der Klus von Choindez zu erkennen, von dem wir 11 km entfernt sind. Der Einschnitt am rechten Bildrand ist eine jetzt wasserlose, übrigens auch tektonisch durch eine beträchtliche Senkung der Gewölbeachse angelegte Kerbe, mit einem nur 793 m hohen Paß über die Kette. Zwischen diesem und der Klus ist nun der Nordhang durch eine Reihe von 5 Flankentälern in 6 Abschnitte zerlegt, die Malmplatte, die diesen Hang bildet, in 6 Stücke zerschnitten worden. Die Stirnseiten der drei östlichsten Malmkalkplatten haben wir ja schon gesehen, als wir auf den Matten standen, die oben, rechts von der Bildmitte wahrzunehmen sind (vgl. Abb. 19).

Um diese Weiden dort oben schwingt sich im Westen der Malm im Bogen herum, von der bewaldeten Nordflanke auf die bewaldete Südkante, die als schmaler Waldstreifen in der Bildmitte erkennbar ist. Aus den so umrahmten Matten erhebt sich allmählich nach Osten hin der Doggerkern immer höher, um dann weiterhin wieder gegen die Klus von Choindez zu sinken. In der Gegend der stärksten Aufwölbung haben erklärlicherweise die beiden östlichsten Flankentäler auch am kräftigsten in die Kette hineingenagt. Von dem vorletzten ist der Doggerkern durchgesägt worden, und ein Bach fließt hindurch, der im südlichen Oxfordstreifen entspringt. Die hier angefangene Ausräumung des Oxfords im Südschenkel ist im letzten Tal aber noch bedeutend weiter gediehen. Auch der südliche Malmschenkel wird (wie auch unsere orographische Karte, Taf. 21 zeigt), schon untergraben. Der Grat ist hier am weitesten zurückgelegt und fällt auch nach diesem Quellkessel hin viel schroffer ab als irgend wo anders. Südlich hinter diesem Grat liegt in 1000 und 1050 m Meereshöhe der Boden der Mulde, die Münsterberg- und Velleratkette trennt. Einst wird vielleicht der Grat hier zerstört sein, und der Bach unseres Flankentals wird das oberste Stückchen des Tales von Soulce an sich reißen, es nach Osten hin tiefer erodieren und so auch die auf Abb. 18 sichtbare Talwasserscheide dieser Mulde nach Osten hin verlegen. Sämtliche Flankentäler der Velleratkette aber geben in ihrer gradweise verschiedenen Ausbildung ein Musterbeispiel für die Etappen, mittels deren ein jenseits eines Gewölbes liegendes Muldental angeschnitten werden kann.

Ein Standpunkt weiter östlich soll uns nun auch den östlichen Teil der Velleratkette zeigen (**Abb. 26**). Wir stehen mitten im Delsberger Becken auf den Tertiärhügeln nordwestlich von Courtetelle. Auf unserer Abbildung ist rechts noch das östlichste der Flankentäler wahrzunehmen, links daneben die uns besonders bekannte Höhe 1033. Noch weiter links folgt die Klus von Choindez, hinter der sich der Raimeux hoch erhebt. Davor aber liegt mitten im Delsberger Becken ein einzelner bewaldeter Berg von rundlichem Umriß. Rings von Tertiär umgeben, trägt er oben eine Malmkalkplatte, die offenbar von Tertiär unterteuft wird. Nach Rollier haben wir anzunehmen, daß diese wurzellose Malmmasse von der Velleratkette hierher heruntergerutscht ist.[1]) Natürlich ist sie durch die Erosion schon stark verkleinert worden, und insbesondere ist erst nachträglich das Tal gebildet worden, das sie von der Velleratkette trennt. Wir haben damit hier im Jura ein modellartiges Beispiel für die „Klippen" des nördlichen schweizerischen Alpenlandes, die, wie die Mythen bei Schwyz, als wurzellose Klötze mesozoischer Gesteine von fremder, südalpiner Fazies auf jüngeren Sedimenten liegen. Wenn es sich dort auch um ungleich größere Massen und Transportentfernungen handelt, so ist die Ähnlichkeit des Vorgangs vielleicht doch größer als vielfach angenommen wird. Sicher hat zwar die Erosion ungeheure Massen der „Klippendecke" zerstört, fraglich bleibt aber immerhin, ob sie auch in der östlichen Schweiz in so zusammenhängender Form über die Alpen gekommen ist, wie die gewöhnliche Ansicht es will. Besonders aber ist zu erwägen, ob nicht neben dem Schub, oder mehr als dieser, das Abgleiten infolge der Schwerkraft, auf unter dem ungeheuren Drucke plastischer Unterlage, auch in den Alpen eine wichtige Rolle gespielt haben könnte. So meint auch C. Schmidt, daß die Sedimentärgesteine, die einst über den kristallinen Kernmassen von Montblanc, Finsteraarhorn und Gotthard gelegen haben, nicht wie allgemein angenommen werde, durch die Erosion allein entfernt seien, sondern nordwärts abgeglitten seien, sich hineinsetzend in vorgebildete De-

[1]) Ob es sich ebenso mit dem Malm von Chaluet bei Court verhält, ist, wie wir S. 88 gesehen haben, bisher recht zweifelhaft.

pressionen.[1]) Anders liegt es allerdings, wenn neuere Anschauungen wirklich zutreffen, nach denen die Überschiebungsdecken im Innern der Erde unter weniger gestörten Schichten gebildet sind.

Nach Beendigung unserer Wanderung mag ich es nicht unterlassen, den Leser in Hinblick auf die besprochenen Flankentäler der Velleratkette noch zu einer Stelle zu führen, die etwas abseits unseres Weges lag (**Abb. 27**). Auf der orographischen und der geologischen Karte fällt außerordentlich eine nach Süden geöffnete große Aushöhlung im Kern des Münsterberges auf, die Combe von le Coulou. Kein schöneres Beispiel gibt es im ganzen Berner Jura für ein Flankental, das zunächst von außen durch den Malmkalk durchgegriffen, dann den angeschnittenen Oxford auf beiden Seiten unter Schaffung von Isoklinaltälern ausgeräumt hat, hierauf auch das Doggergewölbe angegriffen hat und, nachdem es sich durchgefressen hat, aus dessen Kern den weichen Lias mächtig herausräumt. Denn so wie einmal der Doggermantel durchgenagt ist, fällt der weiche, undurchlässige Liaston der Fortspülung schnell zum Opfer, und die Höhlung wird durch Abstürzen der untergrabenen Kalkwände des Doggers stetig erweitert.

Unsere Wanderung ist beendigt, und sie hat, denke ich, gezeigt, daß der Berner Jura ein außerordentlich interessantes Faltengebirge ist, das eine große Anzahl tektonischer und morphologischer Phänomene in schulmäßig einfachen Beispielen aufweist. Auf die Erörterungen und allgemeinen Schlüsse, die sich anknüpfen lassen, sind wir schon vielfach bei der Besprechung der einzelnen Bilder eingegangen. So bleibt nicht mehr allzuviel nachzuholen. Doch möchte ich einigen Problemen der Abtragung und der Talbildung noch eine etwas nähere Betrachtung widmen.

Wie früher auseinandergesetzt worden ist, ist das Gebirge nach Ablagerung der mesozoischen und tertiären Sedimente gegen Ende der Tertiärzeit, im Pliozän, aufgefaltet worden. Wir haben gesehen, daß die Tertiärdecke überall von den Gewölben entfernt ist, daß die Abtragung weiter die Juragewölbe angegriffen hat, und zwar in recht verschiedenem Grade, im allgemeinen desto stärker, je höher sie aufgewölbt waren. Für die verschiedenen Typen von Ketten, die so entstanden, geben die drei geologisch kolorierten Abbildungen 28—30 Beispiele aus unserem Gebiet. Da den Bildern eine kurze, aber genügende Charakterisierung beigefügt ist, braucht hier nur darauf hin-

[1]) Bau und Bild der Schweizeralpen, S. 68.

gewiesen zu werden, daß diese Typen den Jurageologen schon früh aufgefallen sind. Thurmann, der 1832—56 die ersten eingehenden und zusammenfassenden Untersuchungen über den Aufbau des Jura veröffentlicht hat, teilt nach diesem Prinzip die „Erhebungen" des Jura in vier Ordnungen ein. Unsere drei Beispiele entsprechen seinen drei ersten Ordnungen; für die Ketten vierter Ordnung, bei denen auch der Muschelkalk entblößt ist, gibt es in unserem Gebiet kein Beispiel.

Thurmann stand auf dem Boden der Erhebungstheorie Elie de Beaumonts, dachte sich also die Ketten durch Auftreibung und Aufbrechen infolge einer senkrecht von unten wirkenden Kraft entstanden Mit dieser Anschauung hat die Faltungstheorie, die als Ursache einen seitlichen Zusammenschub annimmt, gründlich aufgeräumt. Sie sieht nun auch ganz von einem Aufbersten der Gewölbe ab, nimmt vielmehr an, daß in jedem Falle alles, was an Schichtteilen über den Gewölben fehlt, aus den noch zusammenhängend vorhandenen Decken allein durch die Abtragung entfernt ist. Doch muß man sich im Hinblick auf die Juraketten fragen, ob diese Anschauung vollauf berechtigt ist. Im Gegensatz zu ihr nimmt Kemmerling[1]) — im Anschluß an eine Diskussion seiner Funde von Vogesengeröllen auf dem unteren Malm der Kämme — an, daß die schon durch frühere Erosion angeschnittenen Malmdecken bei einer neu einsetzenden späteren Faltung aufgebrochen und die Malmschenkel dann am Doggerkern heruntergeglitten seien. Mir scheint das nun allerdings unwahrscheinlich. Denn einmal weisen die Beziehungen der Malmdecken zu den Lücken auf die ausschließliche Wirkung der Abtragung hin. Andererseits müßte auch dem Abrutschen von den Kämmen wohl eine entsprechende Stauchung und Faltung in den Synklinalen entsprechen (vgl. S. 100). Doch ist der Gedanke wohl nicht ganz von der Hand zu weisen, und er scheint mir bei weiteren Untersuchungen im Felde immerhin Berücksichtigung zu verdienen.

Wir haben eben die neuerdings verschiedentlich ausgesprochene Annahme einer z w e i m a l i g e n Auffaltung des Jura berührt. Sie stammt ursprünglich von Ed. Brückner, der der Ansicht Ausdruck gegeben hat,[2]) daß der Jura sich in einem z w e i t e n Erosionszyklus befände, daß er nach Ablagerung seiner tertiären Sedimente und nach der darauffolgenden Faltung im Pliozän schon einmal zu einer Fast-

---

[1]) G. Kemmerling, Geologische Beschreibung der Ketten von Vellerat und Moutier. Inaug.-Dissert., Freiburg 1911.

[2]) Penck und Brückner, Die Alpen im Eiszeitalter, Leipzig 1909, I, S. 476—480.

ebene eingeebnet worden sei. Diese Fastebene sei z. B. in den Franches Montagnes als Ganzes gehoben, im Berner Jura aber einer zweiten Faltung unterworfen worden, wodurch die heutigen Ketten entstanden seien. Dadurch soll es sich nämlich nun erklären, daß die heutigen Gewölbe vielfach schief geköpft sind, — wie dies z. B. schön der Raimeux auf unserer Abb. 31 zeigt. Die schief auf den Bergen liegenden Destruktionsflächen seien eben Teile der verbogenen alten Fastebene.

Mir erscheint es ganz überflüssig, zu einer solchen Hypothese Zuflucht zu nehmen. Denn die schiefe Kappung der Gewölbe erklärt sich einfach daraus, daß die Gewölbe eben nicht symmetrisch sondern schief sind. Abb. 9 zeigt uns ein Beispiel dafür, wie einem solchen schiefen Malmgewölbe die Durchnagung zunächst an der dem steilen Schenkel benachbarten Ecke droht. Ist die Durchnagung geschehen, so wird hier, wo die stärkere Neigung des Bodens vorhanden ist, die Erosion auch weiter am kräftigsten wirken, während die sanftgeneigte Malmdecke des anderen Schenkels länger erhalten bleibt. Wie am Raimeux, so erklären sich in dieser Weise naturgemäß auch die gleichen Verhältnisse am Moron, am Montoz, an der Hasenmatt usw. In zweiter Linie kommt auch die Höhe der Erosionsbasis in Betracht, die vielfach sehr verschieden auf den beiden Seiten einer Kette ist.

Brückners Hypothese ist schon mehrfach, insbesondere auch von hervorragenden Kennern des Juragebirges, wie de Margerie [1]) und Martin [2]) abgelehnt worden. Mag man sich nun zu Brückners — auch mir unwahrscheinlichen — Hypothese einer ehemaligen Jura-Fastebene stellen, wie man will, keineswegs können für diese, zunächst auf andere Teile unseres Gebirges zugeschnittene Annahme die schief gekappten Gewölbe des Berner Jura ins Feld geführt werden. Alle Destruktionsformen dieses Gebirgsteils stehen offensichtlich in Beziehung zur jetzigen Tektonik und den jetzigen Höhenverhältnissen und geben keinen Anlaß dazu, etwas anderes als eine einmalige Auffaltung anzunehmen.

Haben nun auch seit dieser Auffaltung in der Pliozänzeit die

---

[1]) E. de Margerie, la structure du Jura. Actes de la Soc. Helvetique des sciences nat. 92 me Session, Lausanne 1909, S. 67.

[2]) Revue de géographie annuelle IV. 1910. Bemerkenswert ist auch Hettner's Aufsatz „Aus dem Schweizer Jura“ in der Geographischen Zeitschrift 1912, S. 515 bis 521, in dem er unter Anzweifeln der Fastebene zur Erklärung der Formen auf die — sonst bisher für den Jura nicht genügend beachtete — besondere Art der Erosion im Kalkgebirge hinweist.

exogenen Kräfte tüchtig an der Abtragung des Gebirges gearbeitet, so hat es doch seinen jugendlichen Charakter noch voll bewahrt. Die orographische Gliederung entspricht im wesentlichen noch ganz dem tektonischen Aufbau, und mit der Orographie auch die Entwässerung. Die langen Synklinaltäler sind die Sammler des Wassers. Anders ist es in den viel älteren Alleghanies, in denen nach viel weiter gehender Zerstörung des Faltengebirges Hart und Weich die Lage der Talzüge bestimmen und Antiklinal- und Synklinaltäler vorherrschen. In unserem Gebiet sind die Oxfordkomben nur Keimanlagen von Isoklinaltälern, bei Roche haben wir auch ein kurzes Antiklinalta kennen gelernt. Das alles sind aber nur gewissermaßen Modelle für diese Arten von Tälern, übersichtliche lehrreiche Musterbeispiele im Kleinen. Erst wenn einst die Abtragung des Jura viel weiter gediehen sein wird, werden diese bisher noch oben in den Ketten liegenden sekundären Bildungen eine Rolle als Hauptentwässerungslinien neben den alten Muldentälern spielen.

Die Isoklinal- und Antiklinaltäler folgen wie die Synklinaltäler dem Streichen der Falten. An die allgemeine Entwässerung sind sie durch die quer zum Streichen laufenden Täler angeschlossen. Diese schneiden entweder ganz durch eine Kette hindurch und verbinden so zwei Muldentäler — dann nennen wir sie Durchbruchstäler — oder sie haben die Ketten nur von einer Seite angenagt und mehr oder weniger tief hineingeschnitten. Das sind die Flankentäler. Zunächst über diese noch ein Wort!

Durch zahlreiche Flankentäler ist, wie wir gesehen haben, der Nordabhang der Velleratkette besonders ausgezeichnet. In großem Gegensatz dazu steht ihr sehr wenig gefurchter Südhang. Dieser Unterschied von Nord- und Südabhang ist jedoch eine allgemeine Erscheinung. An einem — etwas über den Bereich der Karte auf Taf. 21 hinausgreifenden — etwa 25 km breiten Abschnitt der von uns betrachteten drei Ketten zähle ich auf den Nordhängen im ganzen 24 bedeutendere Anschnitte, dagegen auf den Südhängen nur 8, also ein Drittel davon. Machaček erklärt den Unterschied folgendermaßen: [1]) „Die Anzahl der ein Gehänge zerfressenden Abdachungsflüsse ist ein Maßstab für den Niederschlagsreichtum der betreffenden Gegend; sie finden sich an der Wetterseite einer Kette häufiger als an der Leeseite.“ Das scheint mir nicht der springende Punkt zu sein. Die betrachteten Kettenstücke streichen fast westöstlich, nur zum Teil etwas nordöstlicher. Bei der Häufigkeit südwestlicher Winde und ihrem Regenreichtum

[1]) Machaček, der Schweizer Jura, S. 83.

will es mir sogar zweifelhaft erscheinen, ob den Ketten eine größere Niederschlagsmenge durch südliche oder durch nördliche Winde zugeführt wird. Jedenfalls kann es sich nur um ziemlich irrelevante Unterschiede handeln. Der ausschlaggebende Faktor scheint mir der Unterschied in der Besonnung zu sein. Bei der Steilheit der Ketten besteht in dieser Hinsicht ein riesiger Gegensatz zwischen den gegen Süden exponierten Abhängen und den schattigen Nordhängen. Nicht das nach Niederschlägen oberflächlich abrinnende Wasser ist es ja, das in unserem Kalkgebirge hauptsächlich für diese Flankenerosion verantwortlich zu machen ist, sondern die unterirdische Arbeit des Wassers und die Quellbäche. Es kann keinem Zweifel unterliegen, daß auf den Südhängen ein viel größerer Teil des Niederschlags verdunstet als auf den nördlichen, auf diesen ein viel größerer Teil in den Boden gelangt. Man denke z. B. an die häufige längere Bedeckung der Nordflanken mit langsam schmelzendem Schnee. Das kohlensäurereiche Wasser dringt stetig in den Boden ein und sättigt sich dort mit kohlensaurem Kalk. Diese unterirdische Erosion, die der Bildung oberflächlicher Runsen vorarbeitet, ist nicht zu unterschätzen. Die Durchfeuchtung und stärkere Quellbildung im Boden gibt weiter vermehrten Anlaß zu Rutschungen und Nachstürzen. Schließlich wird das vielfach wieder in kleinen Quellen an die Oberfläche tretende Wasser an der Nordseite nicht wie auf den Südhängen von den durch die Sonne aufgetrockneten Oberflächenschichten aufgesogen, sondern kann sich zu stärkeren Wasserläufen vereinigen und seine erodierende Tätigkeit bis ins Haupttal hinunter entfalten.

In zweiter Linie ist auch die Höhe der Erosionsbasis nicht zu vernachlässigen. Der Boden der begleitenden Längstäler liegt bei unseren drei Ketten auf deren Südseite durchschnittlich höher als auf der Nordseite. Das Gegenbeispiel bildet die Montoz-Weißensteinkette, die südlichste am Aaretal hinziehende Kette. Während das Längstal von Tavannes und Gänsbrunnen westlich von Court etwa 700 m, östliich von diesem Ort großenteils viel höher liegt, fließt auf der Südseite die Aare in etwa 430 m Meereshöhe. Dementsprechend ist auch der bedeutend höhere Südhang viel mehr durch Flankentäler zerschnitten als die Nordflanke der Kette. Daß zudem im einzelnen die Tektonik und die Wechsellagerung der Schichten, die dem unterirdischen Wasser seinen Weg weisen, zu berücksichtigen sind, ist ohne weiteres klar.

Wie von den Flankentälern, so arbeitet auch von den Durchbruchstälern her die Erosion Isoklinal- und Antiklinaltäler aus. Das haben wir bei den durch die Raimeux- und die Velleratkette hindurchführenden Klusen von Roche und Choindez gesehen. Von diesen unterscheiden sich in der Form die geschlossenen, zirkusförmigen Klusen von Court und von Münster, die aber immerhin im Hinblick auf die Weitung in der Mitte als erste Anlagen von Antiklinaltälern angesehen werden können. Diese Ausweitung ist auf beiden Seiten nicht gleich groß, denn, wie die Karte 1 : 100000 auf Taf. 21 aufs deutlichste zeigt, treten die Gewölbe auf der Ostseite viel weiter zurück. Da die Gewölbe nach Westen absinken, könnte man diese Asymmetrie der größeren Höhe des Ostrandes zuschreiben. Das ist jedoch nur zum Teil der Fall. Die in Fig. 2 gegebenen Querprofile der beiden Klusen zeigen vielmehr, daß die Neigung des Hanges auf der Ostseite viel geringer ist. Und hierfür ist, wie ich glaube, die

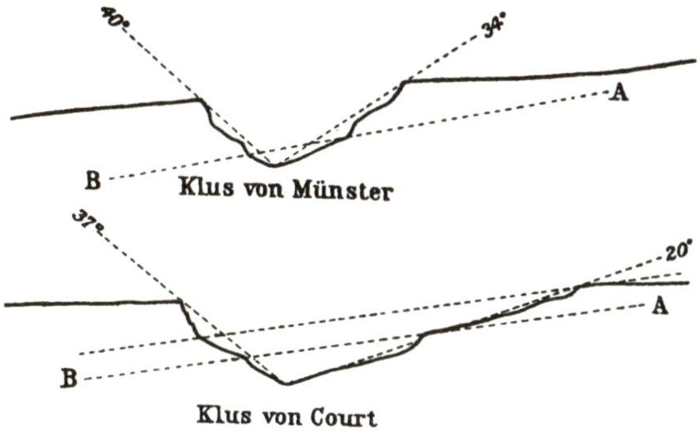

Fig. 2. Querschnitte durch die Klusen von Münster und Court im Maßstab 1 : 50000. AB Neigung der Schichten längs der Gewölbeachse.

Neigung der Schichten nach Westen die Hauptursache. Während die durch die Verwitterung gelösten Gesteinsstücke auf der Westseite der Klus ein Widerlager finden, ist das auf der Ostseite, wo die Schichtflächen nach der Klus hin einfallen, nicht der Fall. Hier bröckeln sie ab, umsomehr, da sie durch das Herausrutschen der mergeligen Zwischenlagen untergraben werden. Das alles wird durch die Arbeit des Wassers unterstützt, denn naturgemäß spielen hier Quellen oder wenigstens auf den Schichtflächen absickerndes, die Mergel erweichendes Wasser im Gegensatz zur Westseite, eine wichtige Rolle. Sollte man aber an den Einfluß der „Wetterseite“ denken, so ist dem entgegenzuhalten, daß wir in dem Doggergewölbe der Klus von Choindez, das nach Osten absinkt, auch das umgekehrte Verhältnis haben; hier ist der Osthang der Klus bedeutend steiler (ca. 57° zu 37°).

Das rätselhafteste und umstrittenste Problem der Juramorphologie ist die Frage nach der Entstehung dieser Klusen. Denn alle anderen besprochenen Arten von Tälern, Synklinal-, Isoklinal- und Antiklinaltäler sowie Flankentäler, sind ihrer Entstehung nach leicht zu erklären; besondere Rätsel gibt nur der Ursprung der Durchbruchstäler auf. Auch in anderen Teilen des Jura finden sie sich (wie in jedem Faltengebirge), nirgends aber so zahlreich und schön wie im Berner Jura, wo der Wechsel von Längs- und Quertalstücken der Flüsse eine ganz rostförmige Zertalung des Gebirges verursacht. Unsere Kartenskizze auf Taf. 21 zeigt, daß außer der Birs, die wir auf ihrem Laufe quer durch die Ketten verfolgt haben, auch ihre Nebenflüsse, die Rauß, die Sorne und die Gabiare durch dieselben Ketten an anderen Stellen hindurchbrechen.

Indem wir auf ältere Hypothesen (wie die Überlauftheorie und insbesondere die Spaltentheorie, die auf dem Boden der Erhebungstheorie der Gebirge erwachsen war) nicht weiter eingehen, wenden wir uns nur den Erklärungsmöglichkeiten zu, die zur Zeit ernstlich in Frage kommen. Seit langem geht der Streit zwischen der Regressionstheorie und der Antezedenztheorie. Nach der ersteren ist das Tal in die Flanke einer schon vorhandenen Kette eingeschnitten und durch rückschreitende Erosion bis zur nächsten Mulde hindurchgenagt worden, nach der zweiten war der Fluß zuerst da und hat das Tal in die sich langsam unter ihm emporwölbende Kette eingesägt.[1])

Zuletzt hat meines Wissens Fr. Machaček in seiner früher genannten geomorphologischen Monographie des Schweizer Jura das Problem in Hinsicht auf das Birstalsystem näher untersucht (S. 90—95). Er nimmt dabei einen mittleren Standpunkt an. Für die Klusen der Birs selbst schließt er sich der Lehre von der Antezedenz an. Mit Recht hebt er dabei hervor, daß sich anders die Talstrecke zwischen Münster und Delsberg, auf der die Birs in einem Quertal drei Gewölbe hintereinander durchbricht, gar nicht erklären lasse. Dagegen glaubt Machaček, daß die Klusen ihrer drei genannten Nebenflüsse, Rauß, Sorne und Gabiare, durch rückschreitende Erosion gebildet

---

[1]) Abgesehen von vielen Erörterungen, die die Frage allgemein fassen, sind gerade den Klusen unseres Gebiets im besonderen schon mehrere Abhandlungen gewidmet worden:

a) Foerste, A., the drainage of the Bernese Jura, Proceed. of the Boston Soc. of. Nat. Hist. XXV, 1892. Der Verfasser gibt eine gute Diskussion aller bisherigen Theorien und stellt sich auf den Boden der Antezedenztheorie.

b) Jenny, F., Das Birstal, ein Beitrag zur Kenntnis der Talbildung im Faltengebirge. Progr. d. Realsch. zu Basel 1897. Die Stellung des Verfassers ist nicht ganz klar, doch will er der rückschreitenden Erosion und tektonischen Störungen in den Ketten einen großen Einfluß bei der Ausbildung des Birslaufes zuschreiben.

seien. Den Gründen, die für diese Verschiedenheit in der Entstehung angeführt werden, vermag ich mich jedoch nicht anzuschließen. Denn so beträchtlich wie Machaček die Unterschiede in der Lage und Gestalt der Klusen hinstellt, scheinen sie mir keineswegs zu sein. Auch die Klusen der Sorne sind gerade hintereinander angeordnet. Für Antezedenz spricht nach Machaček auch „der Umstand, daß in den Birsklusen in keiner Richtung eine einseitige Verengung zu erkennen ist, wie es bei einem allmählichen Rückschreiten der Talbildung zu erwarten sein müßte". Ich kann nicht finden, daß sich die anderen Klusen bis auf die Raußklus bei Gänsbrunnen, in der offenbar tektonische Ursachen für die weite untere Öffnung vorhanden sind, anders verhalten. Alle haben einen engen Eingang und Ausgang. Den engen Ausgang haben übrigens auch Flankentäler, wenn sie, wie z. B. die der Vellerat-kette, eine harte Kalkplatte durchbrechen. Und so würde wohl auch in der Beziehung kein Unterschied zwischen antezedenten und subsequenten Durchbruchstälern zu konstatieren sein. Mir scheint aber, daß Machaček besonders die beiden Sorneklusen vor Augen hat, die wirklich im oberen Teil eine längere enge Felsschlucht zeigen. Aber die Ursache ist ganz klar: Wie Rolliers Blatt Bellelay 1:25000 auch aufs deutlichste zeigt, wird in diesem südlichen, deutlich abgesetzten Teil bei beiden Klusen noch ein vom Hauptgewölbe abgezweigtes niedrigeres Gewölbe durchbrochen, in dem die harten Malmkalke nicht oder kaum bis auf den weicheren Kern durchschnitten worden sind.

Ferner glaube ich, daß Machaček den Unterschieden im Gefälle wohl eine zu große Bedeutung beilegt. Ausgeglichenes mäßiges Gefälle soll für die Antezedenz der Birsklusen sprechen. Doch finde ich, daß es in der, nach Machaček subsequenten, Raußklus von Gänsbrunnen nur wenig größer ist als in der dieselbe Kette durchbrechenden Birsklus von Court. Dort beträgt es auf 2,5 km 90 m, hier auf 2,6 km 80 m; das macht auf 100 m Entfernung 3,6 bei der Rauß, bei der Birs 3,1 m. Aber was will dieser Unterschied sagen! Haben wir doch in der unteren Sorneklus, der von Undervelier, die Machaček als subsequent ansieht, das allergeringste Gefälle, nur 1,3 m auf 100 m.

Da die obere Sorneklus ein viel größeres Gefälle habe, viel enger und wilder sei als die untere, also viel jugendlichere Formen besitze, so sei sie, meint Machaček, bedeutend jünger. Ist ein größerer Altersunterschied der beiden Sorneklusen wirklich zu begründen, so würde natürlich zunächst für die obere Klus Antezedenz ausgeschlossen sein. Mir scheinen aber die Formen gar nicht so verschieden zu sein. Wenn Machaček schreibt, daß im Gegensatz zur unteren Klus die obere keine auffallende Erweiterung habe, so ist dazu zunächst zu sagen, daß — während die Halbkreise des Malmgewölbes in der unteren Klus beinahe $2^1/_2$ km auseinandertreten — ihr Abstand in der oberen Klus doch auch 2 km beträgt. Es scheint jedoch, daß Machaček den im Innern der unteren Klus vorhandenen, etwa 200 m breiten, ebenen Talboden im Auge hat. Dieser aber erklärt sich einfach daraus, daß hier die Erosion durch den Doggerkalk hindurch bis auf die darunterliegenden weichen Mergel gegangen ist. Weshalb sich an die Erweiterung südlich noch ein enges Klusstück bei beiden Durchbrüchen ansetzt, haben wir schon vorher berührt.

Daß die obere Klus, namentlich in diesem oberen Stück, doch bedeutend wilder und enger ist, soll dabei keineswegs in Abrede gestellt werden. Gewiß hängt das mit dem größeren Gefälle zusammen, das in der oberen Sorneklus mit 7,4 m auf 100 m beträchtlich größer ist als in irgend einer der anderen Klusen. Ich meine aber, man kann das nicht gegen die Antezedenz ins Feld führen, glaube vielmehr, daß die verschiedene Größe des Gefälles in den Klusen eben durch den verschiedenen Niveauunterschied der verbundenen Muldentäler seine Erklärung findet. Der tertiäre Talboden von Undervelier liegt nur etwa 40 m höher als die entsprechenden Tertiärschichten des Delsberger Beckens, das Tal von Sornetan liegt aber gut 200 m über dem von Undervelier. Dieser primäre Unterschied verursacht den Unterschied im Gefälle der Quertalstücke. Sollte man nun meinen, bei dem großen Gefälle in der Klus hätte doch wohl das Tertiär des Sornetantals weiter ausgeräumt werden können, so ist dem entgegenzuhalten, daß die mächtigen Malmkalkmassen des niedrigen Zweiggewölbes, durch das die Sorne im oberen Klusabschnitt fließt, die Tieferlegung des Kluseinganges offenbar haben verzögern müssen.

Ich komme zu dem Schluß, daß alle Formverschiedenheiten der Klusen nicht auf eine verschiedene Entstehungsart hindeuten, sondern durch die Struktur des Gebirges zu erklären sind. Im Folgenden wird sich nun zeigen, daß wie die Regressionstheorie so auch die Antezedenztheorie in ihrer landläufigen Form den Verhältnissen nicht gerecht wird.

De la Noë und de Margerie haben schon 1888 gezeigt,[1]) daß die Klusen des Jura ganz auffällig an die Einsenkungen der Gewölbeachsen gebunden seien. Wie in der Längsrichtung der Muldentäler so haben wir nämlich auch in den lang dahinstreichenden Gewölben ein Auf- und Abschweben der Schichten. Ein und dieselbe Falte

[1]) de la Noë et de Margerie, les formes du terrain, Paris 1888 S. 141—152.

senkt sich und steigt wieder auf. Tritt das schon in der Orographie hervor, so kommt es doch deutlicher und exakter zum Vorschein, wenn man die Höhenlage eines bestimmten geologischen Horizonts untersucht. De la Noë hat 1893 eine Karte im Maßstab 1 : 400000 angefertigt, die einen großen Teil des Juragebirges umfaßt, und auf der mittels Isohypsen die Höhenlage der obersten Jurastufe (Portland) dargestellt ist, wie sie sein würde, wenn diese Schicht noch überall erhalten wäre. So bekommt man nach dem von den genannten französischen Forschern geschaffenen Ausdruck eine „Strukturoberfläche" (surface structurale). Ein auch den Berner Jura umfassender Ausschnitt dieser Karte ist in 1 : 600000 von de Martonne in seiner ausgezeichneten Géographie physique reproduziert worden[1]) und zeigt deutlich die erwähnte Beziehung. Aber lange nicht so exakt und so stark ausgeprägt, wie sie sich heute feststellen läßt. Denn seit de la Noë nach der ersten Ausgabe der geolog. Karte in 1 : 100000 seine Konstruktionen ausgeführt hat, haben die von Rollier veröffentlichten Blätter in 1 : 25000 eine außerordentlich viel genauere Unterlage gegeben. Hat man es zudem wie wir, nur mit dem Berner Jura zu tun, so ist wohl für diese Bestimmung statt der Portlandstufe (die ja fast überall hoch über dem jetzigen Scheitel der Gewölbe zu denken ist) die Grenze zwischen Dogger und Malm geeigneter. Sie schneidet recht oft die Oberfläche, so daß die Höhenlage an diesen Stellen unmittelbar aus der Karte abzulesen ist. Für Zwischenpunkte auf den Gewölbeachsen, wo die Grenze ja auch nur verhältnismäßig wenig über oder unter der heutigen Oberfläche liegt, läßt sich die Höhe aus der ziemlich genau bekannten Mächtigkeit der einzelnen geologischen Stufen in guter Annäherung bestimmen. So hat Kemmerling die Höhenlage des obersten Doggers in den von ihm untersuchten Abschnitt der Velleratkette und der Münsterberg-Raimeuxkette bestimmt und gibt 11 Zahlen für die erste, 12 für die letztgenannte Kette.[2]) Darnach liegen die Birs- und Sorneklusen auf oder nahe bei Höhenminima. Ich habe nun nach Rolliers Karten nicht nur für dieselben Kettenabschnitte die Höhe der Doggeroberkante noch einmal bestimmt (kleinere Abweichungen von Kemmerlings Ergebnissen tun nichts zur Sache), sondern die Untersuchung auch weiter nach Westen und Osten ausgedehnt und dazu auch die Moron-Graiterykette hinzugefügt. Auf der Übersichtskarte des oberen Birsgebietes in 1 : 250000 auf Tafel 21 sind die untersuchten Punkte angegeben. Die darunter

[1]) de Martonne, Traité de géogr. phys. Paris 1909 S. 493.

[2]) a. a. O. S. 38.

befindlichen Zeichnungen geben in Schnitten längs der Gewölbeachsen die Lage der Doggeroberkante an (wobei die Schnitte allerdings zwecks Vergleichs mit der Karte auf eine Westostlinie projiziert sind).

Am deutlichsten zeigt die mittlere, die Raimeuxkette, daß die Klusen mit den Depressionen des Gewölbes zusammenfallen. Ganz im Osten mag die Doggeroberkante an 1200 m hoch liegen, in der Klus von Envelier ist sie auf knapp 900 m gefallen, steigt im Raimeux wieder auf 1150, liegt in der Klus von Roche bei 750, steigt im Münsterberg jedenfalls bis über 1250, ist in der Sorneklus sicherlich wieder auf etwa 700 m gesunken (da im Klusgrunde bei 560 m nach Rolliers Karte noch nicht der Hauptrogenstein durchgenagt ist) und steigt dann wieder auf etwa 1000 m. Ja auch der vierten, bis auf etwa 830 m hinuntergehenden Senke entspricht ein Bachgrund. Nur ist es hier nicht zur Bildung einer engen Klus gekommen, da südlich dahinter eine Tertiärmulde fehlt, wir vielmehr hier, so weit im Westen schon auf der Kalkhochfläche der Franches Montagnes angelangt sind.

Auch in der Graiterykette entspricht die Klus von Gänsbrunnen genau einem Minimum (etwa 800 m zwischen mehr als 1200 im Osten und über 1100 im Westen). Die Klus von Court liegt an einer Stelle, wo im Zusammenhang mit der Auswechselung von Graitery- und Morongewölbe die Achsen beider recht niedrig liegen. Zwar hat die Birs hier nicht die niedrigste Verbindung der Muldentäler über den Sattel von Champoz gewählt, doch ist zu beachten, daß der Doggergewölbescheitel des Graitery bis zur Klus schon um volle 600 m gesunken ist, von etwa 1140 auf etwa 620 m. Im Moron steigt der Dogger bis auf etwa 1340 m wieder auf, und weiter westlich fällt dann der Bergrücken zu einem nur 942 m hohem Paß ab, in dem der Doggerfirst bei etwa 600 m anzunehmen ist. An der Oberfläche liegt hier der durchlässige Kalk des Portland und darunter Kimmeridge, und die dahinter fast in der Höhe des Passes liegende kleine vermoorte Tertiärmulde von Bellelay wird unterirdisch entwässert.

Was schließlich die Velleratkette betrifft, so gilt ähnliches wie von der Klus von Court auch von der Klus von Choindez. Sie liegt gleicherweise zwar nicht in einem Wendepunkt unserer Kurve, doch ist das weiter im Westen wohl an 1150 m hoch liegende Doggergewölbe schon bis auf etwa 700 m abgesunken. Der Sorneklus von Undervelier entspricht eine allerdings ziemlich seichte aber doch ganz deutliche Einsenkung (um rund 200 m). Ganz im Westen wird die Kette in schräger Richtung durch das Tal des Tabeillon-Rivière gekreuzt. Auch ihm entspricht eine Einsenkung der Gewölbeachse um etwa 100 m.

Von der hiernach durch neun Fälle belegten Regel, daß die Quertäler zu zweifellos festgestellten Depressionen der Gewölbeachsen in Beziehung stehen, macht, wie Taf. 21 zeigt, nur die Tiergartenklus der Gabiare eine Ausnahme. Doch wiegt diese Ausnahme deshalb nicht schwer, weil im ganzen östlichen, auch orographisch so niedrigen Teil der Velleratkette der Dogger in tiefem Niveau liegt. Trotzdem in der Tiergartenklus keine Gewölbesenkung vorhanden zu sein scheint, liegt daher hier doch der Dogger niedriger als in jeder der anderen Klusen (nicht über 500 m). Die niedrigste Stelle des Doggergewölbes liegt 3 km weiter westlich. Hier führt eine Schlucht durch die Kette nach Rebeuvelier hinauf; doch findet sich nur im nördlichen Teil an der Oberfläche fließendes Wasser. Von besonderem Interesse ist schließlich eine ganz trockene Kerbe im westlichen Teil der Velleratkette (rechts auf Abb. 25), la Chenal, in der der Dogger etwa bei 630 m und damit niedriger als in der benachbarten Sorneklus liegt.

Außerhalb der drei untersuchten Ketten ist auf unserer Kartenskizze noch ein Klus vorhanden, die Klus von Soyhières, in der die Birs durch die Rangierskette aus dem Delsberger Becken hinausgelangt. Auch sie schließt sich der Regel an, denn auch hier ist eine beträchtliche Gewölbedepression festzustellen.

Die deutliche Beziehung der Durchbruchstäler zu den Höhenminima der Gewölbeachsen scheint folgendermaßen erklärlich zu sein: Als nach Ablagerung der Meeres- und Süßwasserbildungen des Miozäns die Faltung langsam einsetzte, befand sich jedenfalls in unserem Gebiet ein sehr wenig modelliertes Flachland. Den neu entstehenden orographischen Verhältnissen entsprechend, bildete sich nun auf dem ziemlich undurchlässigen Tertiärboden ein System von Entwässerungsadern aus. Das Wasser sammelte sich in Bächen, die in den langen zunächst noch ganz flachen Synklinalen dahinflossen, und gelangte von einer Mulde zur anderen durch Senken, die sich noch zwischen den länglichen sich allmählich erhebenden Buckeln fanden. Es ist nun ganz natürlich und sehr wahrscheinlich, daß an den Stellen, wo die Aufwölbung zuerst am stärksten war, auch späterhin die zusammenschiebende Kraft den geringsten Widerstand fand, und daß daher die heute zu beobachtenden Senken in den Gewölbeachsen im wesentlichen noch immer an der Stelle jener ersten Depressionen liegen. Als sich nun aber die Gewölbe weiter hoben, kamen auch ihre niedrigsten Stellen viel höher zu liegen als die Mulden, und nachdem zunächst die Tertiärdecke der Antiklinalen durchschnitten war, mußten die Flüsse allmählich in den aufsteigenden Jurakalk hineinsägen.

Auch die Besonderheiten in der Klusenlage, die wir bei den Klusen von Court, Münster und Choindez gefunden haben, scheinen mir nun ihre Erklärung zu finden. Was die Klus von Court betrifft, so können wir uns vorstellen, daß zunächst der mittlere Teil des Moron und des Graitery sich merklich aufwölbte, und daß sie eine breite querlaufende Synklinale zwischen sich ließen, in dem die Birs vom Tal von Court in das von Münster floß. Erst bei weiterer Faltung stiegen auch die heutigen Enden der Gewölbe aus der Tiefe und überschnitten sich gegenseitig. Die Birs nagte nun das unter ihr aufsteigende Ende des Graiterygewölbes durch. Zwischen Münster und Delsberg durchschnitt die Birs die beiderseits sich hochaufwölbende Raimeuxantiklinale an der Stelle ihrer tiefsten Depression. Die sich von Osten und Westen davorlegenden absteigenden Gewölbe der Basses Montagnes de Moutier und der Velleratkette werden nicht umgangen sondern durchgenagt, weil sie erst nachträglich über die Quermulde hinübergewachsen sind. Anders ist es, wenn die Kette eine Depression z w i s c h e n z w e i hohen Aufwölbungen besetzt! Es ist sehr bemerkenswert, wie genau dann die Klus an das Höhenminimum gebunden ist.

Gewiß ist nicht in jedem Quertal die Wasserführung bestehen geblieben sondern nur dort, wo ein genügender Zufluß aus der Tertiärmulde andauerte. Wo der Zufluß zur Klus aber versiegte, indem das Wasser anderen, tieferen Stellen der Mulde zustrebte, da wurde die Senke zum trockenen Paß. Ich glaube, daß es in der Velleratkette so dem Passe la Chenal und der nach Rebeuvelier hinaufführenden Schlucht gegangen ist. Dafür spricht, daß in ihnen, trotzdem hier doch Gewölbedepressionen vorhanden sind, die Abtragung mehr gewirkt hat als rechts und links, was sich in der Bloßlegung älterer Horizonte zeigt. Der bequemste niedrige Durchgang wird also nicht benutzt, wenn die Struktur der Mulde nicht mehr auf ihn hinweist. So fällt besonderes Licht auf den Umstand, daß die noch heute durchflossenen Durchbruchstäler im allgemeinen auch an tektonisch besondere niedrige Stellen der S y n k l i n a l e n anknüpfen. Das ist z. B. besonders auffällig beim Becken von Münster, sowie bei den von der Sorne entwässerten Mulden von Sornetan und Undervelier.

Wenn nun die hier erörterte Theorie im Gegensatz zur Regressionshypothese sagt, die Querflüsse waren da, e h e die hohen Ketten entstanden waren, so sieht man doch, daß es sich eigentlich nicht mehr um die alte Antecedenzhypothese handelt. Es ist eine neuere

Anschauung, die sagt: Nicht wirklich antezedent und unabhängig von den Ketten haben diese Flußstücke bestanden, aber mit der ersten Anlage der Synklinalen sind mit den Muldenflüssen zugleich auch die sie entwässernden Querflußstücke in den entstehenden quergerichteten Depressionen entstanden. [1]) Zu dieser Anschauung haben de la Noë und de Margerie insbesondere für den Jura den Grund gelegt. Rollier, der beste Kenner unseres Gebietes, hat sich zwar, soweit ich sehe, nicht sehr eingehend darüber ausgesprochen, aber man sieht doch, daß er schon vor 1893 ähnliche Anschauungen gewonnen hat, da er schon damals sagt: [2]) „Les cluses ont reçu leur ébauche en même temps que les voussures; autrement rien ne pourrait expliquer leur position en des points intermédiaires entre les sommets des voussures et les noeuds confluents.“ Noeuds confluents sind die Vereinigungspunkte der Ketten, d. h. die Punkte, wo sie dicht zusammentreten, die Muldentäler eng sind und hoch liegen, ihre Talwasserscheiden haben. So drückt Rollier etwas anders die oben auseinandergesetzten Bedingungen für persistente Klusbildung aus: Einmal ist tiefe Lage der Gewölbeachse erforderlich, zweitens aber ist eine nicht zu hohe Lage der entwässerten Synklinale an der Klus Bedingung. Zu einer neuen, allgemein auf die Durchbruchstäler der Faltengebirge anzuwendenden Theorie hat insbesondere Lugeon [3]) diese Gedanken ausgebaut: Die Durchbruchstäler, wie wir sie überall in Faltengebirgen finden, schließen sich an transversale Synklinalen an.

Manche Änderung im Entwässerungsystem des Jura hat sich gewiß seit dem Beginn seiner Auffaltung ereignet, einmal infolge der Bodenbewegungen, andererseits infolge der Entfernung undurchlässiger Schichten, auch infolge des Einflusses der Eiszeit. [4]) Auch Anzapfungen durch rückschreitende Erosion sind unter günstigen Umständen nicht ausgeschlossen. Ja man könnte versucht sein, das Gebundensein der Klusen an die Gewölbesenkungen für die Regressionstheorie aus-

[1]) Also weder antezedent noch subsequent, sondern in der Anlage zunächst ebenso „konsequent“ wie die Muldenflüsse.

[2]) 1. Suppl. S. 248.

[3]) Lugeon, M., Recherches sur l'origine des vallées des Alpes occidentales, Ann. de géogr., Bd. X, 1910.

[4]) So hat z. B. das Flußsystem der Birs einmal bedeutend weiter nach SW gereicht; denn vor der letzten Vereisung des Gebiets ist ein Fluß aus dem St. Immertal, das jetzt durch die Suze nach Süden zur Aare entwässert wird, nach Norden durch die heute tote Klus von Pierre Pertuis bei Tavannes der oberen Birs zugeströmt (Rollier, 1. Suppl. S. 160 und Nouvelles études sur les terrains tertiaires et quaternaires du Haut-Jura, Actes de la Soc. jurassienne d'émulation 1910—11).

zunutzen. Denn es ist plausibel, daß das Wasser sich in diesen tektonischen Senken von rechts und links auf undurchlässigen Horizonten sammelt und daher hier die Erosion ober- und unterirdisch ganz besonders wirksam ist. Aber ein Durchgreifen bis zur jenseits liegenden Talsohle, durch die zur Mulde hin einfallenden steil aufgerichteten mächtigen Kalke des Malm und dann bis zur Muldenmitte, ohne sehr bedeutende Niveaudifferenz scheint mir mit Rücksicht auf die im übrigen so jugendlichen Formen des Gebirges doch recht schwer erklärlich. Selbst für die Klus von Gänsbrunnen, für die rückschreitende Erosion mehrfach als Ursache in Anspruch genommen worden ist, halte ich die Hypothese für recht unwahrscheinlich. Für andere Klusen, wie für die Birsklusen zwischen Münster und Delsberg ist sie aber absolut ausgeschlossen. Das Natürliche ist aber nun, nicht für jede Klus nach einer besonderen Ursache zu suchen. Dazu zeigen sie doch zu viel Familienähnlichkeit. Klusen sind auch überall verbreitet im Faltengebirge. Für eine so charakteristische Eigenschaft der Faltengebirge brauchen wir eine allgemeingültige Hypothese. Es scheint, daß die im vorhergehenden näher entwickelte Anschauung, die Supan die „tektonische“ Theorie genannt hat, einen Weg zur richtigen Deutung der Durchbruchstäler öffnet.

Physiogeographie und Vergleichende Landschaftsgeographie[1]

von

S. Passarge

Mit 11 Textfiguren

---

[1]) Vorliegender Aufsatz ist der auf dem X. Internationalen Geographenkongreß in Rom gehaltene Vortrag in erweiterter Form.

In der Einteilung seines Lehrbuches „Grundzüge der Physiogeographie“ erörtert Davis die Frage, was Physiogeographie oder Physische Geographie sei. Er sagt wörtlich: „Die Physiogeographie oder Physische Geographie hat die Aufgabe, die verschiedenen Formen und Vorgänge auf dem Erdball zu beschreiben, die auf das Leben überhaupt und besonders auf den Menschen Einfluß haben.“ Man müsse demnach die Erde als Weltkörper ins Auge fassen, müsse Klima, Meere, das durch endogene und exogene Kräfte entstandene Relief der festen Erde betrachten; dann erwachse das Verständnis für die Einwirkung, die Klima, Landformen und die ganze Umgebung auf das Leben des Menschen ausüben. Als Beispiele für den Einfluß des Landes weist er u. a. auf die Zwerge der afrikanischen Urwälder und auf die Grönländer hin. Betrachten wir nun den Inhalt seines Lehrbuches näher!

Auf 9 Seiten wird einiges aus der astronomischen Geographie, was für das Kulturleben des Menschen bedeutungsvoll ist, herausgehoben. Es folgt auf 27 Seiten eine überaus dürftige Klimatologie, die ebenfalls auf den Menschen und seine Kultur hinzielt. Dann kommt ein gleich langer Abschnitt über Meereskunde mit dem gleichen Endziel. Einen viel breiteren Raum nimmt die Gestaltung des Landes ein und, wenn auch hier immer und immer wieder auf den Menschen und seine Abhängigkeit vom Relief hingewiesen wird, so ist dieser Abschnitt doch in viel höherem Grade Selbstzweck als die vorigen. Daß aber die Darstellung nicht nach einheitlichen Gesichtspunkten durchgeführt worden ist, zeigt ein Blick auf die Überschriften der einzelnen Abschnitte. Morphologische, orographische, klimatische, anthropogeographische Begriffe gehen durcheinander. Der Pflanzen- und Tierwelt werden keine Abschnitte gewidmet.

Aus allem geht klar hervor, daß es nicht Davis Absicht war eine wissenschaftliche astronomische Geographie, Meteorologie oder Ozeanographie zu verfassen, daß er vielmehr mit vollem Bewußtsein nur das herausgesucht hat, was seiner Ansicht nach zur „Physiogeographie“ gehört. Faßt man aber den Hauptteil ins Auge, so treten auch hier drei Punkte klar hervor.

Einmal werden die Grundlagen der Morphologie, die in geologischen Lehrbüchern als Dynamische Geologie zusammengefaßt werden, nämlich also die Kraftwirkungen des Vulkanismus, der Krustenbewegungen, des Windes, des Wassers, des Eises, der Verwitterung u. a. m. sehr kurz behandelt; sie werden z. T. einfach als bekannt vorausgesetzt. Selbst Davis' Spezialität, der „Zyklus" der Abtragung durch verschiedene Kräfte, wird nur ganz kurz geschildert. Dieser ganze, die Grundlage der Morphologie der Erdoberfläche bildende Teil, der den Kräften und ihren Wirkungen gewidmet ist, wird also von Davis ganz augenscheinlich auch nur als Hülfsmittel zur Einführung in seine „Physiogeographie" betrachtet.

Der zweite Punkt ist der, daß der weitaus wichtigste und wertvollste Teil des Davis'schen Buches, der wohl seine eigentliche „Physiogeographie" vorstellen soll, eine zusammenfassende Beschreibung morphologischer Landschaftstypen enthält. Eine Anzahl von in morphologischer Hinsicht besonders charakteristischen Landschaftstypen wird als Einheit aufgefaßt und die in ihnen auftretenden Oberflächenformen werden in ursächlichem Zusammenhang dargestellt.

Der dritte Punkt ist der, daß die Davis'sche Physiogeographie in ganz ungenügender Weise dem Bedürfnis der Anthropogeographen entgegenkommt, die die Frage beantworten wollen, wie die umgebende Landschaft auf den Menschen eingewirkt habe, inwieweit er von ihr abhängig ist, und sie für seine Kulturbedürfnisse ausgenützt hat. Denn er berücksichtigt nur die morphologischen, nicht aber die anderen, wichtigeren Faktoren.

Das Endergebnis der Betrachtung ist, daß Davis' Definition der „Physiogeographie" und der Inhalt seiner Ausführungen sich nicht decken. Sie ist durchaus keine „Physische Geographie", da sie nicht voll und ganz die Meteorologie, Ozeanographie, Geomorphologie umfaßt — nach manchem wäre auch Pflanzen- und Tierwelt notwendig. Sie ist aber auch keine Allgemeine Geomorphologie, da sie den dynamischen Teil derselben nur kurz andeutet, und kann in der von Davis gegebenen Form auch nicht als Grundlage der Anthropologie dienen. Wohl aber kann man sie definieren als eine vergleichende Lehre der geomorphologischen Landschaftstypen und zwar mit besonderer Betonung des physiologisch-morphologischen Teils der Geomorphologie nebst Hinweisen auf die anthropogeographische Bedeutung solcher Landschaftstypen.

Es kann kein Zweifel darüber bestehen, daß sich Davis auf dem richtigen Wege befindet, wenn er danach strebt, die Landschaft als Einheit aufzufassen und darzustellen, wenn er auch keineswegs der einzige ist, der solches erstrebt hat. Bereits v. Richthofen hat im Führer für Forschungsreisende, nachdem er den analytischen Teil der Geomorphologie ausführlich dargestellt hat, auch auf die morphologischen Landschaftstypen hingewiesen. Ganz ausführlich behandeln — um nur einige zu nennen — Herm. Wagner und Supan in ihren bekannten Lehrbüchern derartige Landschaftstypen. Allein immerhin hat Davis mit ganz besonderem Nachdruck das verschiedene Aussehen der Landschaften in verschiedenen Klimazonen betont und — was die Hauptsache ist — er will im Grunde genommen gar nicht bei den morphologischen Landschaftstypen stehen bleiben, will vielmehr weitergehn und unter Berücksichtigung von Klima, Vegetation, kurz der Natur des Landes die Grundlagen für die Anthropogeographie schaffen. Will er doch die Landschaft von dem Gesichtspunkt aus betrachten: Wie wirkt sie auf dem Menschen und seine Kultur ein?

Wenn man also auch dieses Ziel, das sich Davis in seiner Physiogeographie gesteckt hat, als richtig anerkennen will, so ist es doch fraglich, ob der von ihm eingeschlagene Weg der richtige war. Dazu könnte man folgendes sagen.

Einmal ist es überhaupt bedenklich, eine Wissenschaft zur Dienerin einer anderen machen zu wollen; denn das wäre die Physiogeographie nach Davis Definition. Sie wäre, wenn sie wirklich hauptsächlich die Aufgabe hätte, die ihr Davis zuerteilt, bloß eine Dienerin der Anthropogeographie. Sodann aber ist letztere entsprechend der von Davis benutzten Darstellungsweise gar nicht einmal geeignet, die Grundlage der Anthropogeographie zu bilden. Hängen doch die Kulturbedingungen, die ein Land dem Menschen darbietet, von ganz anderen Faktoren als von dem geomorphologischen Landschaftstypus ab. Die detaillierten Oberflächenformen, um die es sich bei Davis in erster Linie dreht, sind oft genug für den Menschen bedeutungslos. Ein tropisches mit Urwald bedecktes Küstentiefland wird bestimmte Bedingungen für die menschliche Kultur bieten, gleichgültig, ob es gehobener Meeresboden oder eine abgesunkene Scholle oder eine Sumpffläche oder eine Abrasionsfläche ist, ob die Abtragung erst begonnen hat oder schon beendet ist, ob die Talformen diese oder jene sind. Viel wichtiger als die für die geomorphologischen Landschaften maßgebenden Faktoren sind Orographie und Klima, Boden- und Pflanzendecke, Weltlage, Verteilung von Wasser und Land u. a. m.

Nun ist aber der Gedanke, der Anthropogeographie eine Grundlage zu schaffen, auf der sie sich aufbauen kann, zweifellos richtig. Schon Karl Ritter hat dieses Ziel erstrebt. Völlig unabhängig von Davis besteht schon seit längerer Zeit das Bestreben, bei landeskundlichen Darstellungen Natürliche Landschaften herauszuarbeiten. Namentlich für die deutsche Literatur gilt diese Behauptung. So hat z. B. Hans Meyer mit Recht von den Mitarbeitern im „Deutschen Kolonialreich" gewünscht, die natürlichen Landschaften zur Grundlage der landeskundlichen Darstellung zu machen. Denn die Lehre von den Natürlichen Landschaften oder kurz die Landschaftsgeographie dürfte zu dem Ziel führen, das Davis mit seiner Physiogeographie anscheinend zu erreichen sucht.

I. Allgemeine Gesichtspunkte für die Aufstellung Natürlicher Landschaften.

Was will die Landschaftsgeographie? Gehen wir bei der Beantwortung dieser Frage von der Landeskunde aus. Bei der Darstellung eines Gebietes hat man zunächst die Natur des Landes zu schildern — Orographie, Geologie, Geomorphologie, Klima, Bewässerung, Pflanzen- und Tierwelt. Gebiete, die bezüglich dieser Faktoren in allen wesentlichen Punkten Übereinstimmung zeigen, sind die „Natürlichen Landschaften" des betreffenden Gebiets. Der zweite Teil der Landeskunde schildert den Menschen und seine Kultur in Abhängigkeit von der Natur oder als ihr Bezwinger. Allein zwischen beide Teile schiebt sich naturgemäß noch ein dritter, nämlich eine Darstellung der Grundlagen der Kultur des Menschen, die sich aus der Beschaffenheit der natürlichen Landschaften ergeben.

Der vorliegende Vortrag hat nun den Zweck, die wichtigsten Gesichtspunkte aufzustellen, von denen man bei der Aufstellung der Natürlichen Landschaften ausgehen sollte. Dabei soll der Weg angegeben werden, wie man die ganze Erde in Natürliche Landschaften einteilen könnte.

Die Faktoren, von denen man ausgehen muß, sind, wie wir sahen, Orographie und Geologischer Aufbau, Geomorphologie und Klima, Hydrographie, Pflanzen- und Tierwelt. Nach jedem einzelnen Faktor läßt sich die Erdoberfläche leicht einteilen. Orographische Regionen, tektonische Gebiete von bestimmtem geologischen Bau, physiologisch-morphologische Gebiete, wo die abtragenden Kräfte in ähnlicher Zahl und Wirksamkeit wirken, Klimaprovinzen, pflanzen- und tiergeographische Regionen u. a. m. lassen sich wohl aufstellen, wie aber kann man durch Zusammenfassen aller dieser die Natürlichen Landschaften entstehen lassen? Man wird von den räumlich allgemeinsten und wirksamsten Faktoren ausgehen und zu den lokalisierteren gelangen. Man wird also zuerst die denkbar größten Regionen aufstellen und diese in immer kleinere Gebiete einteilen.

Derjenige Faktor, der am allgemeinsten verbreitet ist und auf die ganze Erde einwirkt, ist die Sonnenstrahlung und das von ihr abhängige Klima. Wäre die Erde eine homogene Wasserkugel, so hätte man das von dem Äquator nach den Polen gleichmäßig abgestufte solare Klima, das man in Zonen mit künstlichen Grenzen, die sich mit den Jahreszeiten verschieben, zerlegen könnte. Diese großen idealen Klimazonen wären die Äquatorialzone, die beiden Subtropen, die gemäßigten und polaren Zonen. Diese können den idealen Ausgang für die Einteilung der Erde in Natürliche Landschaften abgeben.

Nun wird die Wasserkugel aber durch die Landmassen zerlegt. Die großen Kontinente sowie die isolierten großen Inseln und die Inselfluren führen zu einer Differenzierung der Erdoberfläche in Land- und Wassermassen. Nun wirken aber die Landmassen auf das Klima; sie zerstören die Entwicklung der idealen, solaren Klimazonen und lassen die tatsächlich vorhandenen Klimazonen entstehen. Die Kontinente ihrerseits lassen sich in große orographische Regionen einteilen, entsprechend der Ausbildung der großen Kettengebirge, Hochländer, Becken, Tiefländer, Küstenländer usw. Diese großen orographischen Regionen beeinflussen ihrerseits die großen Klimazonen und geben zu der Entstehung der Klimaprovinzen Veranlassung. Orographische Regionen und Klimaprovinzen fallen nicht zusammen, weil einerseits innerhalb großer, orographisch einheitlicher Landflächen ein Übergang von einer Klimaprovinz in eine andere erfolgen kann, z. B. in Sibirien, und weil trotz manchmal erheblicher Höhenunterschiede die Klimaprovinz sich über mehrere orographische Regionen hinweg erstreckt. Man denke an die australisch-ostindische Monsunprovinz, die von Vorderindien bis Nordaustralien und Neuguinea reicht. Deshalb ist es möglich, durch Kombination der orographischen und klimatischen Provinzen bestimmte Landschaften von gleicher Orographie und gleichem Klima auszuscheiden. Diese Landschaften seien orographisch-klimatische Landschaften genannt. Ihre Aufstellung hat nur einen provisorischen Charakter und sie sind oft nicht scharf abzugrenzen, als Hilfskonstruktionen aber wertvoll.

Bei der Abgrenzung dieser orographisch-klimatischen Landschaften wird man zwar den großen Klimazonen folgen können, allein da ihre Grenzen künstliche sind, kann es vorkommen, daß sie Übergangsgebiete durchschneiden, wie z. B. die zwischen den Tropen und Subtropen gelegenen Trockenzonen. Solche Übergangsgebiete wird man dann natürlich als Einheiten auffassen und sich nicht schematisch an die ideale Grenzlinie halten.

Diese orographisch-klimatischen Landschaften lassen sich aber auch weiterhin gliedern. Die orographischen Landschaften bestehen nämlich aus verschiedenen Gesteinen und geologischen Formationen von verschiedener Lagerung, und diese Faktoren bedingen ihrerseits oft eine Differenzierung der Erdoberfläche. Damit werden die orographischen Regionen oft in petrographisch-tektonische Unterregionen zerlegt. Maßgebend für ihre Aufstellung wird einmal das Auftreten ausgedehnter einheitlicher Gesteinsmassen — vulkanische Gebiete, Sandfelder, Lößgebiete, Kalksteingebiete — oder einheitlicher tektonischer Regionen — Faltungsländer, Schollengebiete u. a. m. Die so entstandenen petrographisch-tektonischen Regionen geben lediglich für große Gebiete den allgemeinen Charakter an und können, wie das später gezeigt werden soll, noch in kleinere morphologische, aus denselben Formationen mit ähnlicher Tektonik bestehende Unterregionen zerlegt werden.

In derselben Weise, wie von der festen Erdrinde gehen nun auch von dem Klima für die Landschaft wichtige Folgeerscheinungen aus.

Die Klimaprovinzen nämlich geben zu der Ausbildung bestimmter Vegetationsformationen Veranlassung, auch hängen Bodenbeschaffenheit, Verteilung und Charakter der Flußläufe, Charakter und Intensität der zerstörenden, abtragenden und aufschüttenden Faktoren im wesentlichen vom Klima ab. Vergleicht man nun die verschiedenen Regionen, die nach obigen Faktoren aufgestellt worden sind — also die petrographisch-tektonischen Regionen, die der Pflanzenformationen, die hydrographischen und physiologisch-morphologischen Regionen (d. h. die Zonen mit ähnlichen exogenen Kraftwirkungen) untereinander und mit den orographisch-klimatischen Landschaften, so kann man letztere schärfer abgrenzen und nach ihrer natürlichen Beschaffenheit besser charakterisieren. Damit erhält man aber die großen Natürlichen Landschaften der Erde, d. h. diejenigen Regionen, in denen die orographische Gestaltung nach Höhe und allgemeinen Böschungsverhältnissen, in denen Klima, Hydrographie, Vegetation, physiologisch-morphologischen Kraftwirkungen im wesentlichen überstimmen. Solche Natürliche Landschaften werden im allgemeinen auch bestimmte Bedingungen für die Entwicklung der menschlichen Kultur darbieten und können daher als Grundlagen für die Anthropogeographie benutzt werden.

Vergleichende Landschaftsgeographie. Hat man nun die ganze Erde in solche große Natürliche Landschaften eingeteilt, dann ist es nicht schwer, die in jeder großen Klimazone gelegenen Natürlichen Landschaften unter einander zu vergleichen und bestimmte Landschaftstypen herauszuschälen, in denen im wesentlichen die oben genannten Faktoren gleich und daher auch die Kulturbedingungen gleich sind. Solche Landschaftstypen sind zweifellos weit mehr geeignet, die Grundlage der Anthropogeographie zu bilden als die der Hauptsache nach morphologischen Landschaftstypen von Davis.

Allein der Vorzug des Natürlichen Landschaftssystems geht noch weiter. Von ihm ausgehend, kann man leicht zur Aufstellung auch von morphologischen Landschaften gelangen.

Wie hervorgehoben, besitzen die Natürlichen Landschaften wohl in großen Zügen den gleichen Charakter des geologischen Baus. Allein sie lassen sich gewöhnlich noch in Unterregionen zerlegen, entsprechend der geologisehen Beschaffenheit im einzelnen. Von dieser hängt aber die feinere Oberflächengestaltung, die oft auf Vegetation und Klima, auf Siedlung und Verkehr einwirkt, ab. So kann man also die großen Natürlichen Landschaften noch in Morphologische Unterregionen einteilen und gelangt damit zu einem tieferen Verständnis des Charakters der Landschaft und der Abhängigkeit des Menschen von ihr. Ausgehend von den früher gefundenen großen Landschaftstypen, z. B. dem Typus: tropisches Savannenplateau, kann man jene nach morphologischen Regionen gliedern und Begriffe wie z. B. Savannenschichttafel, kristallenes Inselberg-Savannenplateau u. a. m. aufstellen, an die sich auch bestimmte kulturgeographische Vorstellungen knüpfen.

Bei der Aufstellung bestimmter Landschaftstypen, sowohl aus den allgemeinen Natürlichen Landschaften, als auch aus den morphologischen Landschaften muß man stets die allgemeinen, einem bestimmten Typus angehörenden Landschaftsformen von den individuellen Charaktereigentümlichkeiten jedes einzelnen Gebietes unterscheiden. Das ist ein Punkt von großer Wichtigkeit, und er macht das Studium der vergleichenden Landschaftsgeographie erst interessant. Individuelle Merkmale können bestehen in Besonderheiten des geologischen Baus, der Anordnung und Lagerungsverhältnisse der Gesteine, in Besonderheiten des Klimas, der Vegetation, der Anordnung und Ausbildung der Flußläufe und namentlich auch in dem Auftreten verschiedenartiger dissonanter und disharmonischer Erscheinungen. Namentlich die Einwirkungen, die aus einer anderen Region gleicher Kraftwirkungen kommen und damit dissonante Erscheinungen entstehen lassen, sind, weil unabhängig von dem allgemeinen Charakter der Natürlichen Landschaft, geeignet, besondere Formen und Kulturbedingungen zu schaffen. Unter Umständen sind solche dissonante Erscheinungen so ausgedehnt und einflußreich, daß sie zu der Aufstellung selbständiger Landschaften führen. Das Niltal in der Sahara ist ein Beispiel hierfür.

Auf diese Weise gelingt es, einerseits große Natürliche Landschaften, die in großen Zügen den gleichen Charakter hinsichtlich der Oberflächengestaltung und des Aufbaus, des Klimas, der Hydrographie, des Vegetationscharakters und der physiologisch-morphologischen Bedingungen aufweisen, und andererseits Morphologische Unterregionen, die die feinere Ausgestaltung der Erdoberfläche berücksichtigen, herauszuschälen und, indem man die gefundenen Landschaften unter einander vergleicht, zu bestimmten Landschaftstypen und einer Vergleichenden Landschaftsgeographie zu gelangen.

Auf einen Punkt muß noch aufmerksam gemacht werden, nämlich auf das Bedürfnis, die Höhenverhältnisse kurz und klar auszudrücken, da diese auf Klima und Vegetation so stark einwirken. Manchmal drückt die Vegetationsformation in genügender Weise die Höhenlage aus. So kann z. B. tropischer Urwald eine bestimmte Höhe nicht überschreiten. Allein meist genügt das nicht. So sei im Nachfolgenden unter „Tiefland“ oder „niedrig“ eine Höhenlage von 0—500 m, unter „Mittelland“ oder „mittelhoch“ ein Gebiet von 500 bis 1500 m, unter „Hochland“ oder „hoch“ ein solches von 1500 bis 3000 m Höhe bezeichnet, während Worte wie „alpin“ oder „Alpenland“ Höhen über 3000 m ausdrücken. Oft kann man auch mit der Bezeichnung „gelegen“ eine genügende Charakteristik erzielen. So hat z. B. eine „alpin gelegene Ebene“ oder ein „alpin gelegenes Hügelland“ über 3000 m Meereshöhe.

Kulturgeographische Regionen. Die Vergleichende Landschaftsgeographie ist eine selbständige Wissenschaft, die um ihrer willen da ist und ein tieferes Verständnis der Landschaft erstrebt. Obwohl sie recht wohl als Grundlage der Anthropogeographie dienen kann, obwohl sich bei der Aufstellung der Natürlichen Landschaften ganz von selbst bestimmte Vorstellungen über den allgemeinen Kulturwert der betreffenden Gebiete ergeben, ist sie doch keine Dienerin der Anthropogeographie, sondern ist um ihrer selbst willen da. Außerdem aber lassen sich aus den Natürlichen Landschaften leicht die kulturgeographischen Regionen ableiten. Bei der Aufstellung dieser muß man, ganz im Gegensatz zu der Landschaftsgeographie, von den Bedürfnissen und Wünschen des Menschen ausgehen. Diese sind aber auf den verschiedenen Kulturstufen durchaus verschieden. Jäger und Sammler haben z. B. andere Bedürfnisse als der Hackbauer und Viehzüchter oder gar die Vertreter der Hochkultur. Schon darin zeigt sich so recht der grundlegende Unterschied gegenüber den Natürlichen Landschaften.

Was nun die Gesichtspunkte für die Aufstellung bestimmter kulturgeographischer Landschaften betrifft, so müssen Verkehrs- und Siedlungsmöglichkeiten in den Vordergrund gestellt werden. Namentlich kommt es an auf Verkehrshindernisse, wie Gebirge, Sümpfe, Flüsse, Wassermangel, Dornbusch u. a. m., sowie auf Häfen, Wasserstraßen, Weltlage, ferner sind die Siedlungsbedingungen wichtig, wie dauernde und periodische Bewohnbarkeit bezw. Unbewohnbarkeit wegen der Wasserverhältnisse, der Höhenlage, des Klimas, der Krankheiten, schließlich die wirtschaftlichen Grundlagen, wie Jagd, Fischfang, Sammeln, Ackerbau, Viehzucht, Industrie, Bergbau, Wasserkräfte u. a. m. Je nachdem man diesen oder jenen Kulturzustand ins Auge faßt, sind solche Regionen ganz verschieden aufzustellen. Wie ganz anders würden z. B. die kulturgeographischen Regionen ausfallen, je nachdem man in Südafrika die Bedürfnisse des Buschmannes, des Hackbau-Viehzüchters und des Europäers berücksichtigt!

Faßt man die verschiedenen kulturgeographischen Regionen zusammen, so kommt man zu bestimmten Begriffen, wie:

Bevorzugte Gebiete und zwar bevorzugt für Sammler, Viehzüchter, Ackerbauer, Militär-, Industrie- oder Handelsvölker, ferner gebirgige, sumpfige, waldige, kalte Rückzugsgebiete, ferner Festungsgebiete, in denen verdrängte Völker erstarken und aus denen sie später erobernd vordringen, Durchgangsgebiete, durch die die Völkerstraßen führen. Viehkrankheiten können den Charakter eines Landes in kulturgeographischer Hinsicht bestimmen u. a. m. Mit solchen kulturgeographischen Regionen aber gewinnt man erst die richtige Grundlage für die Beurteilung der Bewohner eines Landes, der Abhängigkeit ihrer Kultur von der Natur, ihrer Leistungen, ihrer verflossenen und kommenden Entwicklung.

II. Landschaftsgeographie.

Um die obigen Ausführungen klarer zu machen und um die Ausführbarkeit der Vorschläge nachzuweisen, seien die Natürlichen

Landschaften Südafrikas kurz dargestellt. Es kann sich hier freilich nur darum handeln, die Hauptsachen herauszuheben.

A. Das Herausarbeiten der Natürlichen Landschaften.

I. Die großen Klimazonen (Fig. 3). Südafrika gehört dreien von den großen Klimazonen an, einmal der tropischen Sommerregenzone, sodann der subtropischen Winterregenzone und schließlich der heißen, wüstenhaften Trockenzone (Fig. 3). Scharfe Grenzen existieren nicht und ist namentlich zwischen den Sommer- und Winterregengebieten eine Übergangszone entwickelt.

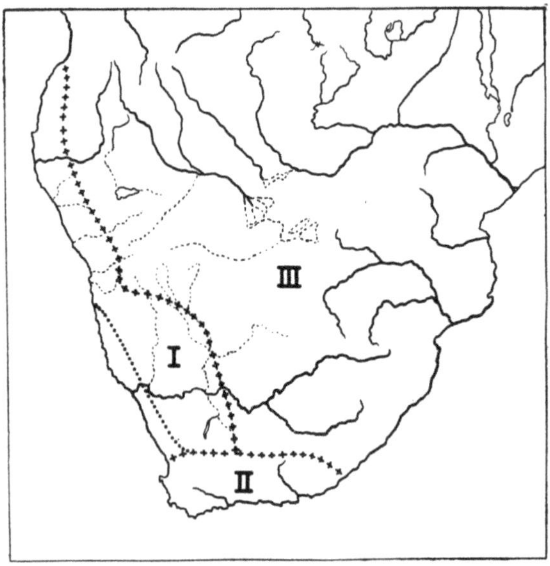

I = Trockengebiet mit weniger als 200 cm Regen. (Die punktierte Linie ist die Grenze zwischen überwiegenden Sommerregen im N und Winterregen im S).
II = Subtropisches Winterregengebiet.
III = Tropisches Sommerregengebiet.

Fig. 3. Die großen Klimazonen.

II. Die orographischen Landschaften (Fig. 4). Südafrika besteht aus einem zentralen mittelhohen Becken, das nach allen Seiten in gebirgige Randhochländer übergeht. Aus diesen entwickelt sich ein zur Küste abfallendes Stufenland. Allein auf der Südseite ist diesem Stufenland ein Kettengebirge angefügt, während auf der Westseite ein meist schmales, auf der Ostseite dagegen ein ziemlich breites Küstentiefland entwickelt ist. Im Norden endet das Becken mit einer flachen mittelhohen Schwelle, die es von dem Tiefland des Kongobeckens trennt.

Das Becken ist nicht ganz einheitlich, sondern durch flache Schwellen in drei, durch die Flußsysteme gekennzeichnete, flache Senken zerlegt, die der nördlichen, mittleren und südlichen Kalahari.

Die Randhochländer zerfallen nun infolge der Ausbildung einiger Senken, durch die die Flüsse entweichen, in einzelne Hochländer, das Angola-, das südwestafrikanische-, Buren- und Matebele-Hochland. Im Nordosten des Kalaharibeckens erhebt sich das Nordrhodesische Hochland, das in das große Ostafrikanische Hochland übergeht und mit dem Batokaplateau nach Südwesten in das zentrale Becken vorspringt.

Das Kalaharibecken ist eine mittelhohe Beckensenke, die Randhochländer (1500—3000) sind ausgesprochene Plateaus mit aufragenden Gebirgszügen und Massiven, die im Bassutoland alpine Höhe erreichen.

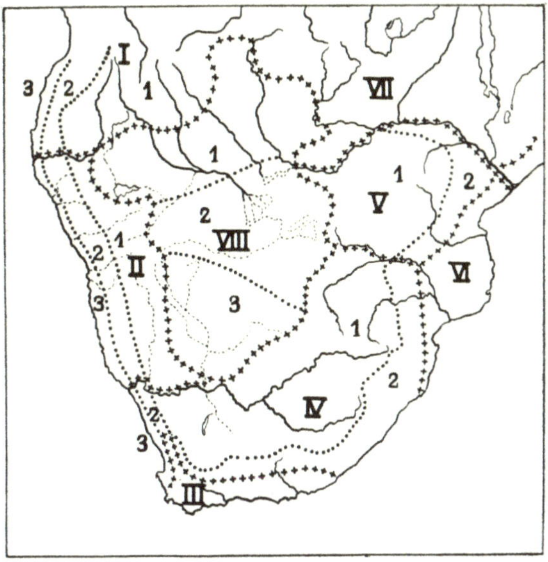

Fig. 4. Orographische Landschaften.

I = Hochland von Angola.
1 = Hochplateau.
2 = Stufenland.
3 = Küstentiefland.
II = Südwestafrikanisches Hochland.
1 = Hochplateau.
2 = Stufenland.
3 = Küstentiefland.
III = Kapländisches Faltengebirge.
IV = Burenhochland.
1 = Hochplateau.
2 = Stufenland.
3 = Tieflandstreifen. an der Westküste.
V = Matabele-Hochland.
1 = Hochland.
2 = Stufenland.
VI = Ostküstentiefland.
VII = Nordrhodesisches Hochland.
VIII = Kalaharibecken.
1 = Nord-Kalahari.
2 = Mittel-Kalahari.
3 = Süd-Kalahari.

Die Stufenländer fallen zum Teil sehr schroff ab (z.B. in Angola), zum Teil ist die Senkung allmählicher (Großnamaland). Während das westliche Küstentiefland nur etwa 20—30 km breit wird und zum Teil recht schmal ist, erreicht das östliche bis 400 km Breite (Gasaland). An der Südküste ist es kaum entwickelt.

Ganz abweichend ist die Gestaltung des Kapländischen Faltengebirges, eines langen hohen Kettengebirges.

Die orographischen Regionen sind also folgende. (Fig. 4):

1. das Angolahochland mit Hochplateau, Stufenland und schmalem Küstentiefland;

2. das Südwestafrikanische Hochland aus den gleichen Bestandteilen;

3. das Kapländische Faltengebirge mit schmalem Küstentiefland auf der Westseite;

4. das Burenhochland mit Stufenland nach Westen, Süden und Osten und mit einem Küstenstreif im Westen;

5. das Matebelehochland mit Stufenland nach Osten und Nordosten zum Sambesi;

6. das östliche Küstentiefland;

7. das Nordrhodesische Hochland, das in das Ostafrikanische Hochland übergeht;

Fig. 5. Klimaprovinzen.

8. das Kalaharibecken mit der Senke der Nördlichen, Mittleren und Südlichen Kalahari.

III. Die Klimaprovinzen (Fig. 5). Teilt man Südafrika lediglich nach dem Klima in Regionen ein, so kann man folgende Gebiete unterscheiden:

1. Das subtropische Winterregengebiet mit abnehmendem Niederschlag nach N. hin.

2. Das heiße Trockengebiet zerfällt a) in das fast regenlose, kühle, an Nebeln reiche Wüstenklima der Küste und b) in das regenarme (bis 200 mm), im Sommer heiße, im Winter mäßig kalte Klima des Innern.

3. Das Sommerregengebiet besteht a) aus dem regenreichen (über 800 mm), im Winter milden Küstenklima der Ostküste,

b) aus der mit mäßig- bis regenreichen Hochlandprovinz (500 bis 800 mm) mit heißen, durch die Höhenlage gemäßigten Sommern und relativ kalten Wintern, c) aus der regenarmen, im Winter ziemlich kalten, im Sommer heißen Hochlandprovinz (200—500 mm).

IV. Die orographisch-klimatischen Landschaften (Fig. 6). Beim Vergleich von Fig. 4 und 5 treten einige klimatisch und orographisch gut definierte Landschaften sofort ins Auge, nämlich einmal, das mit reichlichen bis mäßigen Winterregen versehene Kapländische Faltengebirge und das regenarme Stufenland nördlich davon;

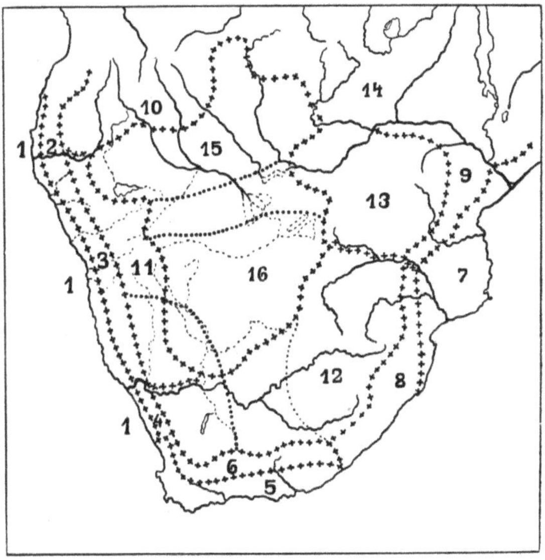

Fig. 6. Orographisch-klimatische Landschaften.

1 = Küstentiefland der Namib.
2 = Stufenland von Angola.
3 = Südwestafrikanisches Stufenland.
4 = Klein-Nama-Stufenland.
5 = Kapländisches Faltengebirge.
6 = Stufenland der großen Karru.
7 = Östliches Küstentiefland.
8 = Östliches Stufenland des Burenhochlandes.
9 = Matabele-Stufenland.
10 = Angolaplateau.
11 = Südwestafrikanisches Plateau.
12 = Burenplateau.
13 = Matabeleplateau.
14 = Nordrhodesisches Plateau.
15 = Mittelhohes Becken der Nordkalahari.
16 = Mittelhohes Becken der Mittel- und Südkalahari.

ferner das östliche meist regenreiche Küstentiefland und das östliche Stufenland. Deutlich sind auch das wüstenhafte westliche Küstentiefland, das regenarme Stufenland von Angola und die meist regenreiche Hochfläche erkennbar.

Zweifelhaft wird die Abgrenzung auf den inneren Hochländern. In der nördlichen Hälfte des südwestafrikanischen Hochlandes ist der Gegensatz zwischen dem regenarmen Stufenland und dem mit mäßigen Regen versehenen Plateau wohl deutlich, dann aber dringt die Grenze in das Innere vor. Soll man, letzterer folgend, zwischen dem südlichen und nördlichen Teil des Plateaus von Südwest-Afrika eine Landschaftsgrenze ziehn? Wir wollen vorläufig das Stufenland abtrennen und auf der Hochfläche punktiert die Linie von 200 mm

Niederschlag provisorisch eintragen. Dasselbe soll im Kleinnamaland geschehen.

Auch weiter östlich ist auf der Hochfläche des Burenhochlandes mit der Grenze zwischen den Klimaprovinzen mit mäßigem und reichlichem Regen nicht viel anzufangen, wohl aber fällt diese Linie annähernd mit der Ostgrenze der südlichen und mittleren Kalahari zusammen. Ob man zur Abgrenzung der letzteren von der nördlichen Kalahari die orographische oder die klimatische (übrigens vorläufig noch recht unsichere) Grenze wählen soll, darüber kann man verschiedener Ansicht sein. Beide Linien seien daher punktiert eingetragen.

Wir erhalten also 16 orographisch-klimatische Landschaften.

1. Das wüstenhafte Küstentiefland der Namib im N. mit seltenem Sommer-, im Süden mit seltenem Winterregen.
2. Das Stufenland von Angola mit spärlichem Sommerregen.
3. Das südwest-afrikanische Stufenland mit spärlichem Sommer- oder Winterregen.
4. Das Stufenland des Klein-Namalandes mit spärlichem Winterregen.
5. Das Kapländische Faltengebirge mit mäßigen bis reichlichen Winterregen.
6. Das Stufenland der Großen Karru mit mäßigem bis geringen Winterregen.
7. Das östliche Küstentiefland mit mäßigem bis reichlichem Sommerregen.
8. Das östliche Stufenland des Burenhochlandes mit reichlichem Sommerregen.
9. Das Stufenland des Matabelehochlandes mit reichlichem Sommerregen.
10. Das Angolaplateau mit mäßigem bis reichlichem Sommerregen.
11. Das südwest-afrikanische Plateau mit mäßigem bis spärlichem Sommerregen; zweifelhafte Grenzlinie im Süden.
12. Das Burenplateau, im Westen mit spärlichen, im Nordosten mit reichlichen Sommerregen.
13. Das Matabeleplateau mit reichlichem Sommerregen.
14. Das Nordrhodesische Plateau mit reichlichem Sommerregen.
15. Das mittelhohe Becken der Nordkalahari mit reichlichem Sommerregen.
16. Das mittelhohe Becken der Mittel- und Südkalahari mit mäßigen bis spärlichen, sommerlichen Niederschlägen.

Die nächste Aufgabe ist nunmehr, die petrographisch-tektonischen Landschaften, die Vegetationsformationen, die hydrographischen und physiologisch-morphologischen Regionen festzustellen, um damit zu einer schärferen Abgrenzung und Charakterisierung der Natürlichen Landschaften zu gelangen.

V. Die petrographisch-tektonischen Landschaften (Fig. 7). Es kann sich hier nur darum handeln, in großen Zügen nach Gesteinsbeschaffenheit und Tektonik einige bestimmte Regionen auszuscheiden.

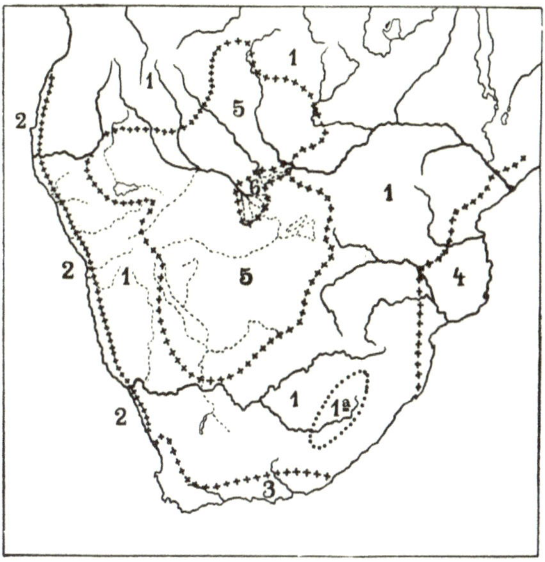

1 = Archaisches und präkambrisches Grundgebirge mit paläozoisch-mesozoischen Auflagerungen.
1a = Lavadecken des Basutohochlandes.
2 = Region der Dünen und des Trockenschutts.
3 = Archaisch-präkambrisch-paläozoisches Faltengebirge.
4 = Tiefland mit jungmesozoischen bis rezenten, marinen Ablagerungen und alluvialen Aufschüttungen.
5 = Sandfelder.
6 Sumpf- und Flußablagerungen.

Fig. 7. Petrographisch-tektonische Landschaften.

1. Die Plateaus und Stufenländer der Randzone sind durch ein aus archaischen bis präkambrischen Gesteinen bestehendes, gefaltetes und zerbrochenes Fundament mit Auflagerungen präpaläozoischer bis mesozoischer Schichttafeln, die von vulkanischen Gesteinen stellenweise reichlich durchbrochen werden. Besonders bemerkenswert sind die Lavadecken des Basutohochlandes.

2. Die Namibregion ist ein Gebiet, in welchem Dünensande, Trockenschutt und z. T. auch marine, wohl tertiäre Ablagerungen, ein altes, meist kristallines Fundament überlagern.

3. Das Kapländische Faltengebirge ist eine aus archaischen bis paläozoischen Ablagerungen bestehende, gefaltete und von Verwerfungen durchzogene Region.

4. Das **östliche Küstentiefland** ist ausgezeichnet durch jungmesozoische bis quartäre, marine Ablagerungen und alluviale Aufschüttungen.

5. Die Kalahariregion ist ein Sandfeld, unter dem quartäre bis höchstens tertiäre Kalktuffe und Sandsteine über dem älteren Grundgestein liegen.

VI. **Die Vegetationsformationen** (Fig. 8). Der Einfluß des Klimas tritt uns aufs schärfste in der Ausbildung der Vegetationsformationen entgegen.

1 = Immergrüner subtropischer Wald und Busch.
2 = Wüstenflora der Namib.
3 = Trockene Steppenregion.
4 = Baobab-Savannenregion.

Fig. 8. Vegetationsformationen.

1. Das Kapländische Faltengebirge mit mäßigen bis reichlichen Winterregen ist das Gebiet des subtropischen immergrünen Waldes und Busches.

2. Die **Namibregion** hat eine ausgesprochene Wüstenflora von auffallendem Charakter.

3. Das ganze **mittlere und südliche Becken** mit den westlichen, südlichen und südöstlichen Randplateaus mit spärlichen bis mäßigen Winterregen und kalten Wintern ist eine einförmige **Steppenregion**. Von Südwesten nach Nordosten folgen sich aufeinander ohne bestimmte Grenzen, und oft inselförmig ineinander greifend: Zwergstrauchsteppe, Grasland, Dornbuschwald, Laubbuschwald.

Das Angolahochland gehört mit seinen höchsten Flächen und Gebirgen der letzteren Region an.

4. Die nördliche Kalaharisenke und die umliegenden Hochflächen, das Matabelehochland, sowie ein breiter Streif auf der Ostseite des Kontinents gehören einer Region der hochstämmigen tropischen Trockenwälder und Savannen mit Palmen und Baobabs an. Gute Sommerregen und mäßige Winterkälte sind maßgebend.

VII. Wasserführung der Flüsse (Fig. 9). Entsprechend der Höhe der Niederschläge, der Durchlässigkeit des Bodens und der Dichte der Vegetationsdecke ist die Entwicklung des Flußnetzes eine recht verschiedene.

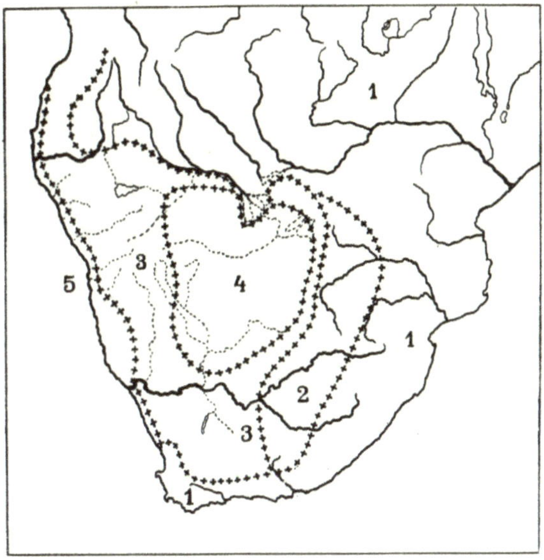

1 = Gebiete mit zahlreichen perennierenden Flußläufen.
2 = Gebiete mit einigen großen perennierenden Flußbetten und vielen Wadis.
3 = Gebiete mit Wadis, die in der Regenzeit abkommen. Perennierende Flüsse sind dissonante Bildungen.
4 = Sandfeld mit spärlichen, manchmal abkommenden Wadis, vielen Regenwassersandpfannen, Salz-, Brack- und Kalkpfannen.
5 = Wüste mit spärlichen, dissonanten Wadis.

Fig. 9. Wasserführung der Flüsse.

1. In den Gebieten mit reichlichem Niederschlag — also im kapländischen Faltengebirge, im östlichen Stufenland, im nordöstlichen Transvaal, auf dem Matabelehochland und in der ganzen Nordkalahari, sowie auf den benachbarten Hochplateaus ist die Zahl der perennierenden Flüsse eine große und während der Regenzeit sind alle Bäche und Flüßchen gefüllt.

2. Die Hochflächen des östlichen Burenplateaus sind im allgemeinen von perennierenden Flüssen frei, nur die großen Flußbetten führen dauernd Wasser, das zum großen Teil aus den regenreicheren Randgebirgen stammt.

3. Nach Westen hin folgt eine schmale Zone, die das Betschuanenland durchzieht, dann verbreitert das nördliche Kapland

und das ganze südwestafrikanische Hochland nebst dem Stufenland von Angola umfaßt. Die zahlreichen Flußbetten werden während der Regenzeit ziemlich regelmäßig mit Wasser gefüllt, allein perennierende Flüsse treten nur als dissonante Erscheinungen auf, d. h. sie stammen aus fremden regenreicheren Gebieten. Zahlreich sind in der Regenzeit die Regenwasserpfannen.

4. Die mittlere und südliche Kalahari enthalten wegen des Sandbodens nur in geringer Zahl Flußbetten und diese kommen nur unregelmäßig während der Regenzeit ab. Dies Wasser stammt

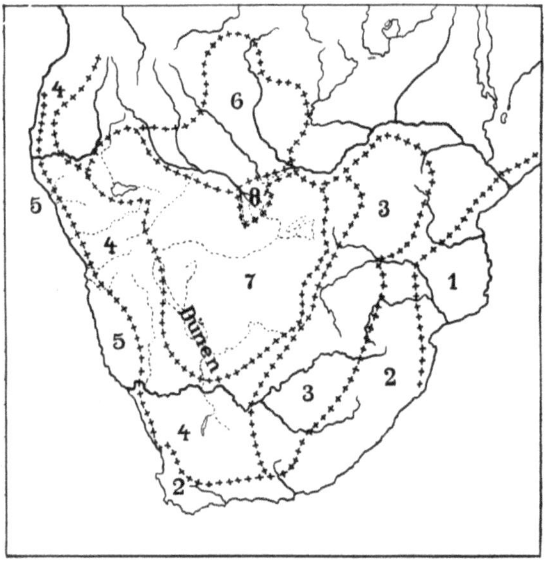

1 = Östliches Küstentiefland mit alluvialen Aufschüttungen.
2 = Region energischer Abtragung durch Flüsse.
3 = Abtragung hauptsächlich durch Flächenspülung, Schuttanhäufung beginnt.
4 = Schuttanhäufung in den Ebenen, Abtragung der Gebirge.
5 = Region der Wüstenverwitterung und Windwirkung.
6 = Geringe fluviatile Abtragung, alluviale Ablagerungen in Sümpfen.
7 = Minimale Erosionserscheinungen, geringe Wind- und Wasserwirkung.
8 = Sumpfablagerungen.

Fig. 10. Physiologisch-morphologische Regionen.

zum großen Teil aus der vorhergehenden Zone, da in dem durchlässigen Sandfeld das Regenwasser nicht zusammenlaufen kann. Wohl aber füllen sich die flachen pfannenförmigen Vertiefungen mit Wasser — Sand- und Kalkpfannen.

Ein absolut dissonantes Gebilde innerhalb des Sandfelds der Mittelkalahari ist das Tauche-Sumpfland nebst dem Botletlefluß und dem Kumadausumpfland (Makarikaribecken).

5. Die Namibwüste ist ein Gebiet mit wenigen, dissonanten Flußbetten, die während der Regenzeit manchmal abkommen. Regenwasserpfannen scheinen im Gegensatz zur Kalahari zu fehlen.

VIII. Die physiologisch-morphologischen Regionen (Fig. 10). Die Gebiete, in denen die abtragenden und aufschüttenden

Faktoren ähnlichen Charakter und ähnliche Intensität besitzen, werden in erster Linie durch die Böschungsverhältnisse, durch die Gleichartigkeit des Klimas und der Bewachsung bestimmt. Auch die Wasserführung der Flußbetten bietet oft gute Anhaltspunkte für die Beurteilung dieser Frage. In Südafrika könnte man in großen Zügen folgende Zonen unterscheiden.

1. Östliches Küstentiefland. Mäßig starke Abtragung wegen geringer Abböschung. Die Vegetation dürfte an sich den Boden im allgemeinen nicht geschlossen bedecken und daher kräftige Abspülung und Erosion gestatten. Alluviale Ablagerungen durch die von den Gebirgen kommenden Flüsse scheinen ausgedehnt zu sein. Es sind das also dissonante Erscheinungen.

2. Region energischer Abtragung und Schuttausfuhr. Sie umfaßt das kapländische Faltengebirge, das Stufenland des östlichen Burenhochlandes und das des Matabelehochlandes und das Land in der Nähe des tief eingeschnittenen Sambesi. Die Vegetationsdecke ist — mit Ausnahme mancher, dichter, immergrüner Macchien — wohl überall locker; daher kräftige Abspülung und Erosion, die durch die steilen Böschungen begünstigt wird. Der Boden besteht aus Roterden; auch Lateritkonkretionen treten auf.

3. Region mäßiger Abtragung und beginnender Schuttanhäufung. Diese Region umfaßt das östliche Burenplateau und das Matabeleplateau. Die Berge werden bei der locker stehenden Vegetationsdecke wohl kräftig abgetragen, auch sind größere Flußbetten mit dauernd fließendem Wasser vorhanden, allein der Schutt beginnt doch in den Ebenen sich anzuhäufen. Die Insolationswirkung ist auf dem kahlen Gestein kräftig; der Wind beginnt in der Trockenzeit unter dem Einfluß der Herdentiere zu wirken. Feinsandige Steppenböden treten im regenärmeren Westen hervor.

4. Region der Schuttanhäufung in den Ebenen zwischen erodierten Gebirgsmassiven. Das südwestafrikanische Hochland, das westliche Burenhochland und das Stufenland von Angola sind die Hauptgebiete. Insolation zerstört die Gesteine der Gebirgsstöcke und Wolkenbrüche zerschluchten sie, allein die periodisch abkommenden Flußbetten und Überschwemmungsregen häufen den Schutt in den Ebenen an. Kalkkrusten sind verbreitet neben sandigen Steppenböden und grobem Schutt. Die zoogene Winderosion schafft charakteristische Kleinformen.

5. Namibwüste. Vorherrschend trockene Verwitterung und Winderosion, Kalk- und Gypskrusten, Anhäufung von Dünen und von

durch periodische Flußbetten herabgebrachtem Schutt. In Großnamaland dringt diese Zone weit ins Innere vor und umfaßt das ganze Stufenland.

6. Das Sandfeld der Nordkalahari ist ein Gebiet, wo trotz der zahllosen Flüsse wegen der Durchlässigkeit des Sandbodens die Erosion des fließenden Wassers nur gering ist. Der Sandboden ist in manchen Gebieten vom Grundwasser durchtränkt, das wohl langsam subterran abfließt und das Land drainiert.

7. In der mittleren und südlichen Kalahari waren früher, zur

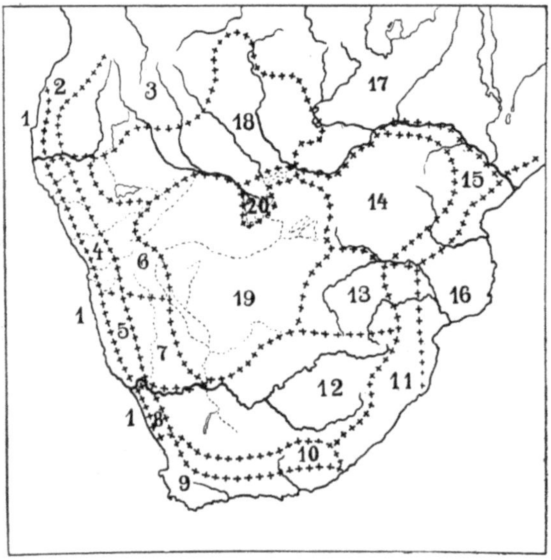

Fig. 11. Die Natürlichen Landschaften.

1 = Tiefland der Namib.
2 = Stufenland von Angola.
3 = Angolahochland.
4 = Damarastufenland.
5 = Groß-Nama-Stufenland.
6 = Damarahochland.
7 = Groß-Nama-Hochland.
8 = Klein-Nama-Stufenl.
9 = Kapländisches Faltengebirge.
10 = Stufenland der Großen Karru.
11 = Östliches Stufenland des Burenhochlandes.
12 = Südl. Burenhochland.
13 = Nördl. Burenhochland.
14 = Matabelehochland.
15 = Matabelestufenland.
16 = Östl. Küstentiefland.
17 = Nordrhodesisches Hochland.
18 = Nördliche Kalahari.
19 = Kalaharisteppe.
20 = Okawangosumpfland.

Zeit der großen Tierherden die zoogene Erosion und die zoogene Winderosion regional wichtig; im Süden scheint es außerdem auch zu kräftigen Sandbewegungen und Dünenbildungen zu kommen. Abtragung durch Wasser spielt kaum eine Rolle.

8. Das Sumpfland des Okawangobeckens ist eine Region für sich, weil in den Schilfsümpfen Anhäufung von Vegetabilien und mechanischen Sedimenten stattfindet. Im Bereich trocken gelegten Sumpflandes dagegen arbeitet die Winderosion kräftig an der Ausräumung der Sumpfablagerungen.

IX. Die Natürlichen Landschaften (Fig. 11). Vergleicht man die orographisch-klimatischen Landschaften mit den geologischen, pflanzlichen, hydrographischen und physiologisch-morphologischen Landschaften, so tritt die große Übereinstimmung deutlich hervor. Demgemäß erhalten fast alle orographisch-klimatischen Landschaften noch eine genauere Abgrenzung und schärfere Charakterisierung. Nur in zwei Fällen bestehen Abweichungen. Einmal sind in der mittleren Kalahari das Okawangosumpfland, das hinsichtlich der Orographie und des Klimas unmöglich hervortreten konnte, wegen seiner Eigenart der umgebenden Steppe gegenüber auszuscheiden. Sodann konnte auf der einförmigen Fläche des Burenhochlandes wegen der allmählichen Veränderung des Klimas von NO nach SW keine scharfe Grenze gezogen werden. Die Grenzen der Vegetationsformationen im Anschluß an orographische Linien ermöglicht aber eine bessere Gliederung. Man wählt wohl am besten die Grenze zwischen Grasland im Süden und Buschwald im Norden, die am Nordrand des Witwatersrandes und Hochfelds ungefähr nach Mafeking verläuft. Das ist nur eine sehr willkürliche Grenzlinie, allein sie durchschneidet doch das Übergangsgebiet. Im Norden herrscht der Buschwald, im Süden Grasland und noch weiter südlich Zwergstrauchsteppe, jedenfalls baumarmes Land.

Schwieriger ist die Entscheidung der Frage, wie die nördliche Kalahari abgegrenzt werden kann, und ob der südliche Teil des südwestafrikanischen Hochlandes eine andere Natürliche Landschaft bildet als die Mitte und der Norden.

Was zunächst den letzteren Punkt betrifft, so dürfte es richtig sein, diese Frage zu bejahen. Groß-Namaland hat hinsichtlich seines Klimas, seiner Vegetation und seiner Kulturbedingungen einen abweichenden Charakter. Es ist im wesentlichen ein trockenes Gras- und Zwergstrauchsteppenplateau gegenüber dem Buschwald des Damaralandes und Kaokofeldes, wenn auch im Norden des Namalandes bereits der Übergang sich vollzieht. Als Grenze sei gewählt die orographisch relativ brauchbare Linie vom Unterlauf des Kuisib nach Hoachanas südlich des Nauchas-Gebirges. Die Abgrenzung dieses Groß-Namaplateaus als Natürliche Landschaft hat den Vorteil, daß man im Anschluß an sie das angrenzende Stufenland gleichfalls als besondere Landschaft mit viel wüstenhafterem Charakter als es der nördlich davon gelegene Teil des Stufenlandes sonst besitzt, ausscheiden kann.

Wenn für die Nordkalahari der Reichtum an Niederschlägen und an perennierenden Strömen, an hohem Grundwasserstand und hochstämmigen Trockenwäldern charakteristisch ist, so umfaßt sie bereits das Madanassafeld nördlich des Makarikaribeckens und das Kungfeld südlich des Okawango. Allein mit Rücksicht auf gute Grenzlinien wird es wohl besser sein, von Grootfontain aus nach NO zum Okawango zu gehen, diesen abwärts bis zum Tauchesumpfland und dann dem Südrand des Hukwe-Sandfeldes bis zum Sambesi zu folgen. Die mittlere und südliche Kalahari unterscheiden sich wohl in mancher Hinsicht, allein alles in allem kann man wohl das ganze Gebiet als mittelhohes, trockenes Sandsteppenbecken zusammenfassen. Dennoch sind folgende Natürliche Landschaften vorhanden (Fig. 11).

1. Die Namib ist eine Sand- und Felswüste bis Wüstensteppe mit allen Eigenschaften der feuchten Küstenwüsten der heißen Zone. Kulturgeographisch ist es ein Rückzugsgebiet für Sammler und Jäger und ein großes Verkehrshindernis.

2. Das Stufenland Angola ist wenig bekannt, im wesentlichen aber wohl ein schroffes, zerrissenes Stufenland mit Zwergstrauch- und Gestrüppsteppe. Kulturgeographisch ist es ein Rückzugsgebiet für Sammler und Jäger und ein schweres Verkehrshindernis.

3. Das Angolahochland ist ein mit tropischen Savannen und Laubbuschwald bedecktes, von perennierenden Flüssen reichlich durchzogenes Hochplateau. Kulturgeographisch ist es ein gesundes, für Ackerbau und Viehzucht geeignetes, leicht begehbares, bevorzugtes Gebiet.

4. Das Damara-Stufenland hat denselben Charakter wie das Angola-Stufenland.

5. Das Groß-Nama-Stufenland ist eine Fels- und Sandwüste bis Salzsteppe, eine verbreiterte Namib, ungeeignet für Viehzucht und nur ein kaum bewohnbares, trockenes Rückzugsgebiet für Sammler und Jäger.

6. Das Damaraplateau ist ein hohes Steppenbuschwaldplateau mit spärlichem bis mäßigem Regen, mit Hochflächen und isolierten Gebirgsmassiven. Kulturgeographisch ist es demnach ein gesundes Viehzuchtland, leicht begehbar und von Viehzüchtern bevorzugt.

7. Das Groß-Namaplateau ist ein hohes Gras- und Zwergstrauchsteppenplateau mit geringem Sommerregen, gesund und für Viehzucht geeignet; aber doch mehr ein trockenes Rückzugsgebiet als ein bevorzugtes Gebiet.

8. Das Klein-Namastufenland ist ein Zwergstrauchsteppen-Stufenland, mit spärlichem Winterregen, ein gebirgiges Rückzugsgebiet für Hirten und ein großes Verkehrshindernis.

9. Das Kapländische Faltengebirge ist ein mit immergrünem subtropischen Wald und Busch bedecktes hohes Falten-

gebirge, in kulturgeographischer Hinsicht gesund, für Ackerbau und Viehzucht geeignet, aber die langen Ketten bieten große Verkehrshindernisse für Wege von der Küste ins Innere.

10. Das Stufenland der Großen Karru ist ein mit Zwergstrauchsteppe bedecktes, mit breiten Plateauflächen versehenes Stufenland, für Viehzucht überwiegend geeignet und wegen der Dürren ein Rückzugsgebiet von Hirtenvölkern. Die steilen Stufenwände sind erhebliche Verkehrshindernisse.

11. Das östliche Stufenland des Burenhochlandes ist ein mit Savannen und Trockenwald bedecktes, gut bewässertes Stufenland. In kulturgeographischer Beziehung ist es im Süden etwa bis Swasiland hin gesund, für Ackerbau und Viehzucht geeignet und demnach ein bevorzugtes Gebiet. Weiter nördlich dagegen ist es von Malaria und Tsetse verseucht, daher hauptsächlich Ackerbaugebiet und ein Rückzugsgebiet für Völker, die ihrer Herden beraubt wurden. Große Verkehrshindernisse überall für ins Innere führende Straßen.

12. Das südliche Burenhochland ist ein hohes Gras- und Zwergstrauchsteppenplateau, ein gesundes, aber von Dürren oft heimgesuchtes Viehzuchtland, daher mehr Rückzugsgebiet für Hirtenvölker, als bevorzugt.

13. Das nördliche Burenhochland ist ein mittelhohes Steppenwaldplateau, mäßig ungesund, gut bewässert, für Viehzucht uud Ackerbau geeignet und leicht zu begehen. Allein in der Regenzeit bereits streckenweise von der Tsetse verseucht.

14. Das Matabeleplateau ist ein Savannen-Hochland, gut bewässert, für Ackerbau und Viehzucht geeignet, leicht zu begehen, ziemlich gesund, daher ein bevorzugtes Festungsgebiet für starke Völker.

15. Das Matabelestufenland ist ein hohes, tropisches Savannenstufenlend, gut bewässert, geeignet für Ackerbau, aber für Viehzucht nur in den höchsten Regionen. Schweres Verkehrshindernis für Wege ins Innere. Gebirgiges Rückzugsgebiet für verdrängte Völker.

16. Das östliche Küstentiefland ist ein tropisches Savannentiefland, ungesund, Dürren und Überschwemmungen ausgesetzt, nur für Ackerbau geeignet und wegen der dichten Dschungeln und der Sümpfe z. T. schwer begehbar. Daher Rückzugsgebiet für verdrängte Völker.

17. Das Nordrhodesische Hochland ist ein mittelhohes bis hohes Savannenplateau, geeignet für Ackerbau und Viehzucht, mäßig ungesund, daher ein bevorzugtes Gebiet.

18. Die Nordkalahari ist ein mit tropischem Trockenwald bedecktes, mittelhohes Sandfeld mit zahlreichen, großen und kleinen Flußbetten, mit Sümpfen und feuchten Niederungen. Es ist mehr für Ackerbau als für Viehzucht geeignet. Die breiten sumpfigen Flüsse und die Sumpfländer sind schwer zu überschreiten und Rückzugsgebiete für verdrängte Völker. Fischfang spielt eine große Rolle.

19. Die Kalaharisteppe ist ein mit Steppenbuschwald und Gras bedecktes mittelhohes, trockenes Sandfeld, meist nur periodisch bewohnbar und ein Rückzugsgebiet für verdrängte Jäger und Sammler oder periodisch für Viehzucht geeignet.

20. Okawangosumpfland ist ein Gebiet für sich, aus Schilfsümpfen und Alluvialebenen bestehend. Erstere sind sumpfige Rückzugsgebiete, letztere dagegen fruchtbare Ackerbaugebiete. Fischfang spielt eine große Rolle.

B. Vergleichende Landschaftsgeographie und die Natürlichen Landschaften Südafrikas.

Hat man nun die großen Klimazonen der Erde in Natürliche Landschaften eingeteilt, so kommt es darauf an, Landschaftstypen aufzustellen. So unvollständig der Versuch auch sein mag, aus den gefundenen 20 Landschaften Typen herauszuschälen, so wird es doch instruktiv sein, wenigstens auf den Weg hinzuweisen, den man einschlagen sollte.

Die heiße, wüstenhafte Trockenzone hat in Südafrika zwei Landschaftstypen aufzuweisen.

1. Der Typus: Feuchte Küstenwüste ist eine an tropisch-subtropischen Küsten mit kalter Meeresströmung vorkommende Landschaftsform z. B. Atakama bis Equador. Minimale Niederschläge, aber viel Tau und Nebel und spärliche Wüstenflora. Kulturgeographisch sind solche Gebiete fast wertlos, höchstens finden sich spärliche Sammler, falls nicht dissonante Flüsse Irrigation ermöglichen. Großes Verkehrshindernis. Individuelle Merkmale der Namib sind uralte Vegetation, auffallende Beteiligung der Seesanddünen, dissonante Wadis, mit Ausnahme im Groß-Namaland.

2. Wüstenstufenland, sehr regenarme Fels- und Sandwüsten mit Schuttflächen und Einzelbergen, Wadis und sehr spärlichen Zwergstrauchbüschen. Kulturgeographisch ein trockenes und gebirgiges Verkehrshindernis; kaum bewohnbar. Beispiele sind das Damara- und Groß-Namastufenland in Südafrika, sowie Südarabien, Fessan, arabische Schwelle östlich des Nils, Nordwestaustralien. Individuelle Merkmale sind die Lage zwischen Namib und Zwergstrauchsteppen-Hochland im Innern, der Mangel an Wadis und die starke Auflösung der Stufen in Zeugenberge.

Im Übergang zwischen den regenreichen Tropen und Subtropen liegen die Steppengebiete. Aus dieser Region sind folgende Landschaftstypen vorhanden.

Subtropisches mittelhohes Zwergstrauchsteppenstufenland. Es sind das Gebiete mit Winterregen, Zwergsträuchern, Wadis und oft lebhafter Abspülung, Kalkkrusten, Salzpfannen, Schuttanhäufungen. Die Regen fallen in der kalten Jahreszeit. Beispiele sind die Randgebiete in Tripolitanien und der Cyrenaika, des peträischen Arabiens und von Oman, in Südafrika das Stufenland der Großen Karru und von Klein-Namaland.

Tropisches Zwergstrauchsteppenplateau. Die Ähnlichkeit mit den subtropischen Zwergstrauchsteppen ist groß, allein der Regenfall während der Sommerhitze bedingt mancherlei Abweichungen. Salzreicher Boden, Salzpfannen, Kalkkrusten, Wadis, kräftige Flächenspülung sind charakteristisch. Kulturgeographisch sind solche Gebiete für Kleinviehzucht besonders geeignet, oft nur periodisch bewohnbar und Rückzugsgebiete für Nomaden. Die Regionen südlich der Sahara, das Somaliplateau u. a. sind Beispiele. In Südafrika ist es der Süden des Groß-Namaplateau und das Hochland von Kl. Namaland bis in den Freistaat hinein. Individuelle Merkmale dieser sind die dissonanten, großen Ströme (Oranje) und die Lage zwischen dem Sandfeld und dem Stufenland im Süden, die verkehrs- und siedelungsgeographisch wichtig sind.

Tropisches Grassteppenplateau. Grasland bedeckt die Ebenen und zwar niedrige Aristidasteppe. Der Regenfall ist höher als in der Zwergstrauchsteppe, daher ist dieses Land weniger Salzsteppe als dort, aber dürre Wadis sind doch zahlreich. Kulturgeographisch ist es eine Region für Großviehzucht, aber Ackerbau ist ohne künstliche Bewässerung kaum möglich. Die Verknüpfung mit Zwergstrauchsteppen ist häufig und wechseln beide oftmals mit der Bodenbeschaffenheit ab; letztere bevorzugt Ton, erstere Sand. In Südafrika sind der Norden des Groß-Namaplateaus und der Norden des südlichen Burenplateaus solches Grasland. Individuelle Merkmale sind in letzterem Gebiet strekkenweise die dissonanten, perennierenden Flüsse und die Lage zwischen Sandfeld und Stufenland. Damit wird es das gegebene Durchgangsland wandernder Völker.

Tropisches Steppenbuschwaldplateau. Dieser Typus ist in Afrika, Australien und Südamerika weit verbreitet. Winterdürren, Wadis, feinsandiger Boden, Dorn- und Laubbuschwald nebst Grasflächen sind charakteristisch. Kulturgeographisch sind solche Gebiete in erster Linie für Großviehzucht geeignet, während Ackerbau unter

Dürren leidet. Verkehrshindernisse sind gering, höchstens kann der Dornbusch in Frage kommen. Das Damaraplateau, das nördliche Burenplateau sind Beispiele hierfür.

Tropisches Steppenbuschwald-Sandfeld. Dieses ist eine Abart der vorigen. Der Sandboden bedingt aber hinsichtlich der Vegetation, der Flußbetten und feineren Oberflächenformen erhebliche Abweichungen. Kulturgeographisch ist es wegen Mangel an Wasserplätzen in der Trockenzeit ein oft nur periodisch bewohnbares, für Jäger und Viehzüchter geeignetes Gebiet. Die Sandfelder Australiens sind ein ausgezeichnetes Gegenstück zur Kalahari. Individuelle Eigentümlichkeit bedingt hier die Umrandung mit regenreicheren Hochländern und das Auftreten dissonanter Flußbetten.

Tropische Savannenplateaus. Die Savannen haben üppigeren Gras- und Baumwuchs mit Palmen; Ackerbau ist ohne Bewässerung möglich. Rotlehme und Laterite sind charakteristisch. Neben Wadis sind perennierende Flüsse häufig. Die Hochländer Afrikas, Indiens, Nordaustraliens, Brasiliens und Guayanas sind solche Savannenplateaus. In Südafrika gehörten hierher Angola, Nordrhodesia und Matabeleland. Hohe Savannenplateaus sind gesunde bevorzugte Gebiete mit Rinderzucht und Ackerbau, mittelhohe dagegen leiden bereits sehr unter der Tsetse und Malaria.

Tropische Savannentiefländer sind ungesund, meist ungeeignet für Viehzucht, oft sumpfig und daher Rückzugsgebiete und vom Verkehr gemieden. Im östlichen Küstentiefland Südafrikas sind u. a. individuelle Merkmale die vom Gebirge kommenden Flüsse mit ihren Sumpf- und Alluvialbildungen.

Tropische Savannenstufenländer sind ausgezeichnet durch die Zerschneidung durch Flüsse; daher bieten sie Verkehrshindernisse. Viehkrankheiten sind in den tieferen Partien häufig; daher sind sie mehr für Ackerbau als Viehzucht geeignet und häufig Rückzugsgebiete. Das Matabelestufenland und das östliche Stufenland des Burenhochlandes sind Beispiele hierfür.

Tropisches Trockenwaldsandfeld. Ob sich auf der Erde noch anderswo größere Gebiete von dem Charakter der Nordkalahari, mit den zahlreichen sumpfigen Flüssen, den zahllosen periodisch gefüllten Wadis, den Ebenen, in denen das Grundwasser triebsandähnlichen Boden bildet und die mit hochstämmigem Trockenwald bedeckt sind, erscheint fraglich. Mir ist bis jetzt kein solches Gebiet bekannt geworden.

Subtropisches, hohes, waldiges Faltengebirge. Dieser

Typus ist in dem Faltengebirge der Mittelmeerländer, in den Appalachen u. a. m. vertreten und durch Bau, Klima, immergrünen Wald und Busch, ähnliche Abtragungsbedingungen usw. charakterisiert. Kulturgeographisch ist es ein gesundes Ackerbau- und Viehzuchtland, aber meist ein gebirgiges Verkehrshindernis. Das kapländische Faltengebirge besitzt infolge der Lage am Meer und namentlich infolge der Verbindung mit dem Zwergstrauchsteppenstufenland des Innern mancherlei individuelle Merkmale, so z. B. die Verbindung der perennierenden Flüsse des Gebirges mit Wadis in dem Steppenstufenland, die ihren Oberlauf bilden.

C. Morphologische Unterregionen Südafrikas.

Diese Beispiele werden genügen um zu zeigen, in welcher Weise die vergleichende Landschaftsgeographie durchgeführt werden kann. Allein dabei wird man nicht stehen bleiben. Die meisten Natürlichen Landschaften besitzen nämlich in verschiedenen Regionen verschiedenen geologischen Bau. Nun hängen aber von den Gesteinen und ihrer Lagerung die feineren Formen der Oberfläche ab, die unter dem Einfluß der zerstörenden, abtragenden und aufbauenden Kräfte entstehen. Diese Formen, die nicht nur harmonisch, sondern auch disharmonisch sein können, bedingen wiederum mancherlei feinere Einflüsse, die sich namentlich auf die Lage der Siedelungen und der Verkehrswege beziehen. Vergleicht man nun die morphologischen Landschaftsformen einer Natürlichen Landschaftsart unter einander, so kann man besondere morphologische Landschaftstypen aufstellen, die außer den für die Natürliche Landschaft, der sie angehören, charakteristischen Faktoren (allgemeiner orographischer Charakter und geologischer Bau in großen Zügen, Klima, Vegetation, Hydrographie, Abtragungsverhältnisse) auch hinsichtlich des speziellen Baus und der feineren Oberflächenformen, damit aber gleichzeitig auch der spezielleren Siedlungs- und Verkehrsbedingungen mancherlei Übereinstimmung aufweisen.

Es ist nicht möglich, innerhalb des hier zur Verfügung stehenden Raums ganz Südafrika in morphologische Unterregionen zu gliedern. Nur ein Beispiel sei angeführt, nämlich das südwestafrikanische Hochland.

Das in orographischer Hinsicht ein Ganzes bildende südwestafrikanische Hochland zerfällt in 5 verschiedene Natürliche Landschaften; jede derselben besteht aber aus morphologischen Unterregionen.

1. Die Namib. Der Küstenstreif zeigt erhebliche Verschiedenheiten, je nachdem er aus wesentlich Sanddünen — in der Mitte —

Idealprofil durch das Kaokofeld.

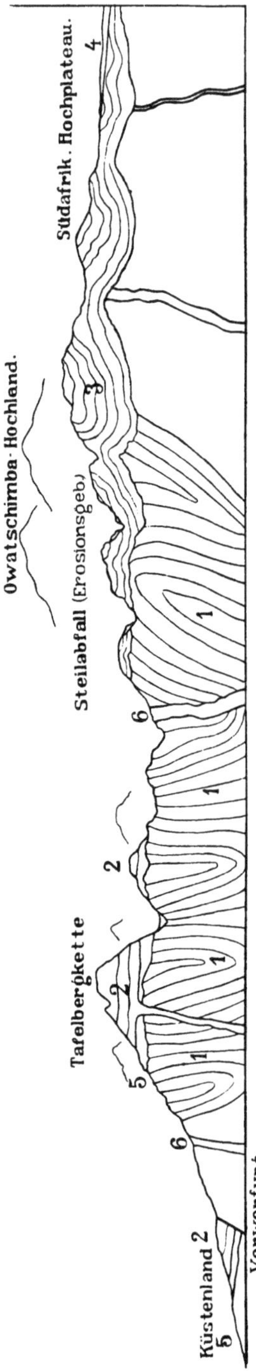

Fig. 12. Idealprofil durch das Kaokofeld (nach Dr. Krause, Zeitschrift f. prakt. Geologie, 1913). 1 = Gneis. 2 = Mandelstein. 3 = Otawikalk. 4 = Jüngere Deckschichten. 5 = Links: Kaokosandstein über Granit. Rechts: Kaokosandstein über Gneis. 6 = Links: Diabasgang in Granit. Rechts: Granitgang in Gneis.

oder aus marinen Schichten (im Süden) mit oder ohne kristalline Grundlage besteht. Damit wechseln sofort die Formen.

2. Das Damarahochland. Dieses zerfällt in zwei geologisch scharf unterschiedene Teile. Das Kaokofeld ist eine Schichttafel aus Kalk- und Sandsteinen, die auf der Hochfläche in isolierte Tafelberge aufgelöst ist und auf den Ebenen Karstcharakter besitzt.

Das Stufenland (Fig. 12) dagegen zeigt drei Stufen, die zum Teil durch Abbrüche entstanden sind, nämlich die 2—300 m hohe Küstenterrasse, die 1000—1200 m hohe Tafelbergstufe mit Mandelsteindecke und die 1600—2000 m hohe Hochfläche aus Kalkstein. Im Bereich der Hochfläche sind die Flußbetten flach, in dem Stufenland dagegen eingeschnittene Cañons. Individuelle Merkmale sind infolge der speziellen Ausbildung und Anordnung der Gesteine zahlreich. So hat z. B. die Mandelsteindecke die Ausbildung der Tafelberge und die Ablenkung der Flüsse an der Schichtstufe zur Folge.

Im eigentlichen Damarahochland herrschen Gneis und Glimmerschiefer mit Granitintrusionen vor. Die Hochfläche liegt 1000 bis 1300 m hoch und besteht aus Gneis und Schiefer mit Schuttdecken, aus der Inselbergmassive von Plateaucharakter und 1600—2000 m Höhe aufragen. Die erste, 1000—1300 m hohe Stufe fällt zwar jetzt mit Absätzen zur Küste ab, allein die 1000—1200 m hohen Berge, die nahe der Küste beginnen und deren Gipfel in gleicher Meereshöhe liegend nach dem Plateau hin an Zahl immer dichter auftreten, weisen wohl auf eine zerstörte Stufe hin. Der Gegensatz in der feineren Oberflächengestaltung zwischen dem kristallinen und sedimentären Damaraland ist auffallend genug.

Das Groß-Namaland ist eine Schichttafel über einer kristallinen Grundlage, allein es ist im Gegensatz zum Kaokoplateau durch meridianal streichende Schichttafeln und grabenförmige Senken gegliedert. Damit erhält die gesamte Oberflächengestaltung, das Flußnetz, die Verkehrswege usw. einen bestimmten individuellen Charakter, der das Auftreten eines Vulkans und von Glazialablagerungen des Permokarbons erhöht wird. Auf die einzelnen Plateaus und Senken einzugehen, würde zu weit führen.

Das wüstenhafte Stufenland des Groß-Namalandes ähnelt dem des kristallinen Damaralandes. Es besteht aus kristallinen

Fig. 13. Querschnitt durch das Groß-Nama-Plateau (nach Dr. Range, Geologie des deutschen Namalandes, Berlin 1912. Kgl. Preuß. Geolog. Landesanstalt). 1 = Gneis. 2 = Granit. 3 = Dünenzone. 4 = Namaschichten. Die Punktierung der hypothetischen Stufen ist hier hinzugefügt worden.

Schichten, Gneis und Granit. Allein die Zerstörung ist noch weiter vorgeschritten als weiter nördlich und der Stufenbau noch mehr verwischt. Allein auf P. Range's Profil tritt dieser doch wohl klar hervor. Auf eine Küstenterrasse folgt nämlich ein langsam ansteigendes Land, dann plötzlich eine 300 m hohe Ebene (Fig. 13). In dem ansteigenden Land beginnen aber ganz plötzlich ca. 500 m hohe Berge (Koviesberge), die nach Osten unter Beibehaltung der Gipfelhöhe über dem Meer (500 m) an relativer Höhe verlieren. Demnach durfte einst eine steil nach Westen abfallende Stufe bestanden haben, die aber in Einzelberge aufgelöst worden ist. Dasselbe Spiel wiederholt sich noch einmal. Mit dem Gr. Tigerberg und den Tsirubbergen beginnen plötzlich 1500—1700 m gleich hoher Inselberge, die nach Osten hin, weil die Ebene ansteigt, an relativer Höhe verlieren, bis mit 15—1700 m die Oberfläche der zweiten Stufe erreicht ist, auf der Aus liegt und auf der sich dann noch die Schichttafeln des Homs- und Huibplateaus erheben.

Unter solchen Umständen wird es wahrscheinlich gemacht, daß gerade so wie im Schichttafelstufenland des Kaokolandes, wo die Gesteinsbeschaffenheit den Nachweis von Verwerfungen gestattet, auch in dem kristallinen Damara- und Groß-Nama-Stufenland Verwerfungen es sind, die die Stufen bedingen und nicht einfache Verbiegung.

In ähnlicher Weise wie das Südafrikanische Hochland, könnte man das Burenhochland, die Kalahari usw. in gut definierte morphologische Regionen mit allgemeinen und individuellen Merkmalen gliedern.

D. Die kulturgeographischen Regionen Südafrikas.

Aus den Natürlichen Landschaften ergeben sich die kulturgeographischen Regionen ohne Schwierigkeit. Es kommt bei ihrer Aufstellung an auf Bewohnbarkeit — dauernd, periodisch, lokal oder gar nicht bewohnbare Gebiete —, auf die Verkehrsverhältnisse — Hindernisse wegen Trockenheit, Sümpfen und Flüssen, Gebirge oder Verkehrsfreiheit u. a. m. —, auf die wirtschaftliche Ausnutzung — Sammeln, Jagd, Fischfang, Ackerbau, Viehzucht, Bergbau, Handel und Industrie. So gelangt man schließlich zu der Ausarbeitung bestimmter kulturgeographischer Regionen, die aber nur für bestimmte Kulturstufen gelten können, wie solche der Naturvölker, (Sammler, Jäger, Fischer, Hackbauern und Viehzüchter), oder der Kulturvölker mit Handel und Industrie oder Hochkulturvölker, die die ganze moderne Technik, wie Eisenbahnen, Dampferverkehr, Hafenbauten, wissenschaftliche Landwirtschaft usw. beherrschen.

Hinsichtlich solcher Gebiete in Südafrika sei auf die Kärtchen meiner Landeskunde von Südafrika verwiesen, die zwar keineswegs in der hier angegebenen Vollständigkeit ausgeführt sind, aber doch immerhin ein Bild geben.

Ergebnisse.

Das Ergebnis der Untersuchung ist folgendes: Wenn man systematisch vorgeht und von den einflußreichsten und allgemeinsten Faktoren zu den spezielleren und lokalisierteren übergeht, so läßt sich die Erde in Natürliche Landschaften mit in großen Zügen übereinstimmenden orographischen, geologischen, klimatischen, pflanzlichen, hydrographischen, physiologisch-morphologischen und kulturgeographischen Bedingungen einteilen. Aus diesen Natürlichen Landschaften lassen sich auf vergleichendem Wege bestimmte Natürliche Landschaftstypen herausschälen mit allgemein gültigen Charakteren hinsichtlich der oben genannten Faktoren, denen die individuellen Charaktere jeder einzelnen Landschaft gegenüberstehen.

Die Natürlichen Landschaften nun zerfallen ihrerseits in Morphologische Unterregionen, die entsprechend der verschiedenen Ausbildung, Lagerung und Widerstandsfähigkeit der Gesteine, sowie der auf die Oberflächenformen einwirkenden geschichtlichen Vorgänge (Krustenbewegungen, Klimaänderung) verschiedene Detailformen aufweisen, die ihrerseits in detaillierter Weise auf die Siedelungs- und Verkehrsverhältnisse einwirken. Indem man nun innerhalb eines Natürlichen Landschaftstypus die morphologisch gleichartigen Regionen zusammenfaßt, erhält man auch morphologische Landschaftstypen mit ähnlichen orographischen, geologischen, klimatischen, pflanzlichen, hydrographischen und physiologisch-morphologischen Verhältnissen, die auch — was Davis erstrebt hat — geeignet sind, der Anthropogeographie als Grundlage zu dienen.

Der Nutzen derartiger systematischer Untersuchungen liegt auf der Hand. Einmal führen sie zu einem tieferen Verständnis der Landschaften, sodann aber kann man innerhalb eines bestimmten Gebietes an der Hand der Natürlichen Landschaften den allmählichen Übergang des einen und des andern Landschaftstypus entwickeln und die Verhältnisse klar stellen. Schließlich ist die Unterscheidung zwischen allgemeinen und individuellen Merkmalen geeignet, das Wesen eines Gebiets klarer zu erfassen und zur Darstellung zu bringen.

Der östliche Abschnitt der Großen Ostafrikanischen Störungszone

(Irangi, Uassi, Ufiomi, Burungi, Ussandaui)

Vorläufiger Bericht (IV. = Schlußbericht) der Ostafrika-Expedition der Hamburger Geographischen Gesellschaft

Von Dr. E. **Obst**

Mit 18 Original-Abbildungen auf 9 Tafeln und einer Original-Kartenskizze

Inhalt.

1. Das Gebiet zwischen Turu und Irangi.

In den ersten Tagen des Oktober 1911 waren wir von Iramba-Ussure kommend wieder in Ssingidda, der Hauptstadt der Landschaft Turu, eingetroffen. Nur wenige Rasttage konnten wir uns gönnen, denn die Forschungen im Westen [1]) hatten uns schon länger aufgehalten, als im Programm vorgesehen war, und noch harrte der riesige Ostabschnitt der großen Ostafrikanischen Störungszone eingehender Untersuchung. Wir beschleunigten drum die Ergänzung unserer Proviantvorräte nach Möglichkeit und wandten uns dann, nachdem wir in Ssingidda noch eine astronomische Ortsbestimmung ausgeführt hatten, nach Osten. Langsam steigt die einförmige Turu-Fastebene nach Osten zu an. Anfangs marschieren wir gelegentlich an einer der isolierten Wanjaturu-Temben vorbei, bis schließlich niedriger Busch und Dorngestrüpp immer mehr die Oberhand gewinnt und menschliche Ansiedelungen völlig verschwinden. Breite, flache Talrinnen durchziehen die Hochfläche; auf den die Wasserscheide bildenden flachen Rücken erheben sich bizarre Felshaufen, von kleinen Trockenrissen allseitig benagt. Nach etwa 4 Stunden haben wir den Rand jener gewaltigen Bruchstufe erreicht, die die Landschaft Turu im Osten begrenzt und daher im folgenden als Turu-Bruchstufe bezeichnet werden mag (siehe Kartenskizze Taf. 31). Steil geht es nun den felsbesäten Abhang hinunter zu der gegen 250 m tiefer gelegenen Scholle, so steil stellenweise, daß die Träger Mühe haben, ihre Lasten unversehrt herunterzubalanzieren. Ein erneuter heftiger Malaria-Anfall zwingt mich, mich einige Stunden in den Schatten einer Akazie niederzulegen und dem Kochjungen die Führung zu übertragen. Mühsam geht es hernach noch zwei Stunden weiter; endlich, endlich lugt die in der Sonne leuchtende Zeltwand hervor, das Lager ist glücklich erreicht. Um das Übel zu vollenden, kommt der zum Jumben geschickte Bote mit der Nachricht zurück, der Jumbe weigere sich, uns heute noch Mehl reiben zu lassen. Ich lasse den Jumben ans Bett rufen, schimpfe

[1]) Siehe die Vorläufigen Berichte I—III in Mitteilungen der Geographischen Gesellschaft in Hamburg Bd. XXV, XXVI Heft 1 und 2.

ihn weidlich aus, drohe mit sofortiger Meldung an die Boma und erreiche schließlich, daß er seinen Leuten in meiner Gegenwart den Befehl zuruft, sofort für Mehl zu sorgen. Und dabei zeigt das Thermometer eine Körpertemperatur von 40,7°!

In der Frühe des nächsten Tages ist das Fieber nahezu völlig gewichen. Die Träger, die sich schon herzlichst auf eine Rast von mehreren Tagen gefreut hatten, gehen enttäuscht an ihre Lasten und nach $1^1/_2$ Stunden ist die Karawane bereits wieder unterwegs auf der großen Straße, die die deutsche Verwaltung zur Verbindung von Ssingidda und Kondoa-Irangi angelegt hat. Wir kreuzen bald den Weg, der uns im März vom südöstlichen Turu zum Balangidda-See geführt hatte,[1]) passieren schließlich den kleinen Mpondi-Bach und schlagen an dessen linken Ufer bei der Raststelle Kwa Mgori[2]) unser Lager auf. Der Weitermarsch von Kwa Mgori nach Kondoa-Irangi gab uns ein klares Bild von dem Aufbau dieses Gebietes im Osten der Turu-Bruchstufe. Die bisherigen Karten zeigten gerade hier eine außerordentliche Unsicherheit und Ungenauigkeit. Man mußte nach den vorliegenden kartographischen Darstellungen annehmen, daß sich eine Tiefscholle vom Fuße der Turu-Bruchstufe bis zum Bubufluß erstreckte. Und wie anders liegen die Verhältnisse in Wirklichkeit! Um an Raum zu sparen und Wiederholungen zu vermeiden, sei es gestattet, die morphologischen Beobachtungen auf dem Wege Kwa Mgori-Kondoa mit denen auf weiteren späteren Quertouren durch dieses Gebiet[3]) angestellten zu einem kurzen Übersichtsbild zu vereinigen.

Die Tiefscholle im Osten der Turu-Bruchstufe wird in einer mittleren Breite von ca. 3—6 km durch eine zweite Stufe begrenzt, die vom Quellgebiet des Bubuflusses am Ostabhang des Gurui vorbei bis nach West-Ussandaui hinunterstreicht. Bis zum Balangidda-See handelt es sich um eine einzige von ENE nach WSW streichende, ca. 100—150 m hohe Stufe, die auf der Kartenskizze als Ost-Balangidda-Stufe angegeben ist. Südlich vom Balangidda-See ändert diese Stufe ihre Richtung und teilt sich in zwei Stufen, eine nur ca. 25—50 m

---

[1]) Vorl. Bericht I. Diese Zeitschrift Bd. XXV S. 82.

[2]) Kwa = bei, Kwa Mgori also = Lagerplatz beim Jumben Mgori. Dieser Jumbe ist zwar längst tot, die Raststelle hat indes seinen Namen behalten, wie es bei den Lagerplätzen im Bereich großer Jumben vielfach üblich ist z. B. Kwa Mtoro in Ussandaui u. a. m.

[3]) Ufiomi-Gurui-Balángidda-See — Kondoa; Kwa Mtoro (Ussandaui) — Mission Ost-Turu; Kwa Mgori — Kwa Mtoro.

hohe westliche, die, im wesentlichen NNW—SSE streichend, dem Mpondi parallel verläuft und eine ca. 100 m hohe Stufe weiter im Osten, deren Streichrichtung nahezu die gleiche ist (siehe Tafel 31). Mit der Turu-Bruchstufe können diese östlichen Stufen allerdings kaum verglichen werden. Dort begegneten wir allenthalben schroffen, ungegliederten Formen, einem geschlossenen Stufenwall (Abb. 41); hier im Osten dagegen hat die Abspülung und Erosion des fließenden Wassers, die Wühlarbeit der gelegentlich abkommenden Bäche und Flüsse eine reiche Gliederung erzeugt. Überall ziehen sich Talrinnen meist schon mit reifen Formen den Abhang hinunter, und nur wenn man sich für einen Augenblick alle jene Erosionsscharten wieder zugefüllt denkt, ersteht die einstige fast ebene Oberflächengestaltung mit ihrem typischen Stufenbau wieder. Daß diese Stufen tektonischer Natur sind, ist überaus wahrscheinlich; jedoch muß gleich an dieser Stelle betont werden, daß sich einwandsfreie Beweise für diese Annahme nicht erbringen lassen. Die Stufen liegen in völlig gleichförmigem Granit, sind überdies, wie bereits gesagt, von der Erosion arg mitgenommen, so daß ohne ganz detaillierte Aufnahmen kaum ein Beweis ihrer tektonischen Natur möglich sein wird. Indes ihr geradliniger Verlauf über viele km hinweg und der Umstand, daß alle Beobachtungen über den Gesteinsaufbau und den Verlauf der Flußbetten gegen die evtl. Annahme einer Destruktionsstufe sprechen, verleihen unserer Annahme, daß es sich hier um tektonische Stufen handelt, immerhin einen hohen Grad von Wahrscheinlichkeit.

Wo immer man diese östlichen Stufen kreuzt, drängt sich einem der Wunsch auf, das Gesehene ursächlich zu erfassen, eine Erklärung zu finden für den Unterschied der Oberflächengestaltung hier und längs der Turu-Bruchstufe. Durch welche Faktoren kann diese verschiedenartige Modellierung der Bruchstufen erzeugt worden sein, und wo finden wir den Schlüssel zur Lösung dieses Rätsels? In anderen Gebieten werden petrographisch-stratigraphische Untersuchungen für die Erklärung des Formenunterschiedes heranzuziehen sein; für unsere einförmige Granitlandschaft kommen sie nicht in Frage. Hüben und drüben derselbe Granit, und hier wie dort dieselben oder doch nahezu die gleichen klimatologischen Verhältnisse.[1]) Nur die vergleichende

[1]) Es scheint nach meinen Beobachtungen und Erkundungen in diesem ganzen Gebiet die Nord- bis West-Seite der Häuser diejenige zu sein, gegen die die Niederschläge in der Regenzeit am stärksten gepeitscht werden. Ist dies eine allgemein gültige Beobachtung — mehrjährige Beobachtungen über dieses Problem liegen leider nicht vor — so wären allerdings die östlichen Stufen der Abspülung und

Morphologie kann uns weiterhelfen, und wenn sie uns in einem petrographisch und klimatologisch so gleichförmigen Gebiet derartig markante Unterschiede der Formen sehen lehrt, bleibt da ein anderer Schluß übrig als der, daß die Reliefformen eine Funktion der Zeit repräsentieren, daß die Ost-Balangidda-Stufe und ihre südlichen Gabelungen älter sind als die Turu-Bruchstufe? Wir wollen gern zugeben, daß diese Annahme eines verschiedenen geologischen Alters der östlichen und westlichen Stufen nur eine auf vergleichender Morphologie gegründete Hypothese ist, eine Hypothese, die die beobachteten Erscheinungen erklärt, ohne natürlich streng geologisch genommen bewiesen zu sein. Auch darüber mag kein Zweifel herrschen, daß wir es für unstatthaft halten, diese Methode, von den beobachteten Formen auf das relative Alter zu schließen, zu verallgemeinern. Aber in unserem speziellen Falle, wo petrographische oder klimatologische Unterschiede sicher keine Rolle spielen, scheint uns der Rückschluß von den Formen auf das relative Alter als die einzige den Beobachtungen entsprechende Annahme durchaus berechtigt zu sein. — Wir werden sogleich noch weitere Tatsachen zu erörtern haben, die ebenfalls zu der These führen, daß die Ost-Balangidda-Stufe mit ihren südlichen Gabelungen älter ist als die Turu-Bruchstufe, älter wohl als alle übrigen Bruchstufen im Bereich der großen Ostafrikanischen Störungszone.

Wenn man die von der Turu-Bruchstufe auf der einen, der Ost-Balangidda-Bruchstufe auf der anderen Seite flankierte grasige, vielfach sumpfige Grabensohle passiert und den mannigfach zerfurchten östlichen Grabenrand erstiegen hat, gelangt man auf ein riesiges Busch-Hochland, das annähernd in derselben Seehöhe wie Turu gelegen (1200—1500 m) auf Schritt und Tritt hinsichtlich seiner Oberflächengestaltung an die Fastebene drüben im Westen erinnert. Und doch ist das Relief dieses Grenzgebietes zwischen Turu und Irangi nicht ident mit dem der Turu-Hochfläche. Von hoher Warte, etwa dem Gipfel des Swagaswaga-Inselberges oder eines anderen isolierten Bergstockes aus gesehen erscheint dieses Hochland in der Tat als vollendete Fastebene, als östliche Fortsetzung der Fastebene von Iramba-Ussure-Turu; aber wenn man den durch dichten Busch sich hindurchschlängelnden Pfad marschiert, bemerkt man, daß zahlreiche

---

Erosion stärker preisgegeben als die westlichen, gleichsam im Regenschatten gelegenen. Indes scheint mir dieser Faktor doch zu geringfügig, als daß er den gewaltigen Unterschied der Form erklären könnte.

periodisch fließende Gewässer an der Zertalung der Fastebene arbeiten. Sie kommen zum großen Teil von der schwach aufgewulsteten Ost-Balangidda-Stufe herab und eilen, später nach Süden umbiegend, zum Mpondi oder nach Osten zum Bubu, der großen Sammelader der Landschaft Mangati, Uassi, Irangi und Ussandaui. — Die Nebenflüsse des Mpondi weisen überwiegend reife bis greisenhafte Talformen auf und deuten darauf hin, daß diese Abdachungsverhältnisse seit langen, langen Zeiten bestanden haben müssen. Das Fehlen entsprechender orographischer Flußsysteme in Turu trotz wesentlich stärkerer Aufwulstung der Turu-Bruchstufe ist wiederum ein Argument für unsere Annahme, daß die Ost-Balangidda-Stufe älter ist als die Turu-Stufe. — Die zum Bubu-Fluß gerichteten Täler dagegen tragen fast ausnahmslos jugendlicheren Charakter, und je mehr man sich dem Bubu nähert, um so lebendiger wird das Landschaftsbild, umso häufiger tief eingeschnittene, steilwandige Täler ohne nennenswerte Talsohle. Und nun das Bubu-Tal selbst! In riesigen Windungen schlängelt sich sein Bett nach Süden; aber das Merkwürdige ist, daß diese Windungen tief eingegraben sind, stellenweise bis zu 300 m! Immer wieder wird man an die versenkten Mäander einzelner heimischer Flüsse erinnert, an das Moseltal oder das Tal der Edder bei Waldeck. Und wie dort, so empfindet man auch hier das windungsreiche Bubutal mit seinen frühreifen bis reifen Formen als ein fremdartiges Formenelement in der großen greisenhaften Fastebenenprovinz, die sich westwärts über Turu-Ussure-Iramba bis nach Unjamwesi hin erstreckt. — Lange Wochen und Monate hindurch haben wir über die Entstehung des Bubutales nachgedacht, Beobachtung an Beobachtung gereiht, ohne zu einem sicheren Resultat zu gelangen; erst am Schluß der Expedition bei der Erforschung Süd-Ussandauis gelang es uns durch Auffindung der Nord-Ugogo-Bruchstufe (siehe Tafel 31) eine Erklärung zu finden: Das windungsreiche Bubutal lag einst im Niveau der Fastebene; durch den Abbruch längs der Nord-Ugogo-Bruchstufe wurde die Erosionsbasis um mehrere hundert Meter tiefer gelegt, und damit der Bubu zu neuer, energischer Tiefenerosion befähigt. Seine einstigen Schlangenwindungen beibehaltend, sägte sich der Bubu in die Tiefe und schuf hierdurch seinen Nebenflüssen eine erheblich tiefere lokale Erosionsbasis. Noch sind die so gebildeten Niveauunterschiede nicht völlig überwunden. Das Bubutal selbst zeigt offenbar infolge petrographischer Unterschiede — es liegt in seinem Ober- und Mittellauf in dem petrographisch sehr kompliziert gebauten Grenzgebiet zwischen dem im Westen vorherrschenden Granit und dem Gneis des Ostens — ein durchaus nicht einheitliches Längsprofil. Völlig ausgeglichene Strecken walten zwar vor, aber hier und dort fehlt es doch nicht an kleinen Stromschnellen, und ein entsprechendes Bild gewähren die Nebenflüsse, die die einstige Fastebene in der Nähe des Bubutales zu einem regelrechten Bergland zerschnitten haben. Auch sie haben sich der neuen Erosionsbasis bereits nahezu angepaßt und zwar z. T. wie der Bubu selbst die aus einem früheren Zyklus stammenden Windungen beibehaltend; aber völlig knickfreien Längsprofilen begegnet man selten, und die kleinen Seitentäler tragen teilweise noch völlig jugendliches Gepräge. Der augenblickliche morphologische Zustand dieses Gebiets läßt sich daher etwa mit folgenden Worten charakterisieren: Umwandelung der einst auch hier vorhandenen Fastebene in ein Berg- und Hügelland infolge des Abbruchs längs der Nord-Ugogo-Bruchstufe und der dadurch bedingten Vertiefung des Bubutales. Gegenwärtig beschränkt sich diese Umgestaltung noch auf die nächste Nachbarschaft des Bubu; aber vom Haupttal steigt sie die Nebentäler und deren Seitenschluchten hinauf. Das Schicksal des Fastebenenrestes westlich des Bubu ist besiegelt.

2. Die Landschaft Irangi.

Östlich des Bubu betreten wir mit der Landschaft Irangi die große Gneisprovinz, die sich durch die Massai-Steppe hindurch bis zu den küstennahen Randgebirgen Deutsch-Ostafrikas erstreckt. Als wir zum ersten Male in Irangi einzogen, benutzten wir die Straße, die einem linken Nebenfluß des Bubu, dem Mukondówa, aufwärts bis zur Hauptstadt dieses Bezirks folgt, der alten Araberniederlassung Kondoa-Irangi. Wiederholte Malaria-Anfälle hielten uns damals zunächst über vier Wochen in Kondoa fest. Ein Arzt war zu jener Zeit zwar auch in Kondoa nicht anwesend, aber unter der liebenswürdigen Pflege des Bezirksleiters Herrn Altmann und seiner Gattin erholte ich mich sehr schnell, und die gastfreundliche Aufnahme, die ich im Hause des Bezirksleiters und in der Offiziersmesse fand, tat ihr übriges, um alle lästigen Nebenerscheinungen früherer Krankheiten für immer zu verscheuchen. Von November ab unternahmen wir dann wieder regelmäßige Exkursionen, die uns kreuz und quer durch Irangi führten und uns vor allem die morphologischen Eigentümlichkeiten dieser Landschaft kennen lehrten.

Vier Faktoren müssen in erster Linie als Grundlage der Oberflächengestaltung Irangis und ihrer geschichtlichen Entwickelung genannt werden:

1. Die Landschaft Irangi ist aufgebaut aus einem sehr schieferigen Glimmer-Gneis, der der Destruktion ungleich schwächer zu widerstehen vermag als der Granit der westlichen Landschaften.

2. Das Pflanzenkleid des Landes ist ein überaus dürftiges,[1]) schützt also den Boden nur sehr mangelhaft gegen die Angriffe der Erosion.

3. Irangi wird ähnlich wie die Landschaft Turu im Osten von einer mächtigen annähernd 300 m hohen Bruchstufe begrenzt, der Massai-Stufe unserer Kartenskizze; mit dem Absinken der östlichen Scholle (Massai-Fastebene) längs dieser Bruchlinie erfolgte eine starke labiale Aufwulstung des Bruchrandes, so daß Irangi nach Osten und Nordosten zu erheblich ansteigt.

4. Im Westen begrenzt die Landschaft Irangi das Bubutal, auf dessen nachträgliche Tieferlegung infolge des Abbruchs längs der Nord-Ugogo-Bruchstufe oben bereits hingewiesen wurde.

In welcher Weise kombinieren sich nun diese vier Faktoren, und welches sind die Oberflächenformen, die daraus resultieren? Unsere Abbildungen 32—34 geben einen guten Begriff von dem Relief der Landschaft Irangi. Von der großen Fastebene, die wir drüben im Westen in Turu-Ussure-Iramba kennen gelernt, deren Restflächen wir noch jenseits des Bubu durchwandert haben und die wir endlich im Osten Irangis, in der abgesunkenen Scholle der Massai-Steppe, in reinster Form wiedertreffen werden, ist hier kaum noch etwas erhalten. Ein wahres Heer von orographischen Tälern zieht sich von dem stark aufgewulsteten Rand der Massai-Bruchstufe zum Bubu hinunter, und der relativ widerstandsarme Gneis begünstigt im Verein mit der sehr spärlichen Vegetation eine starke lineare Erosion und eine vielleicht noch intensiver wirksame, nur mehr flächenhaft arbeitende Abspülung. Intensive Zertalung der alten Fastebene ist die Folge. Nirgends finden wir größere Reste fastebener Flächen; überall ein reicher Wechsel von Tal und Berg. — Aber damit ist die Eigenart der Oberflächengestaltung Irangis noch nicht erschöpfend charakterisiert. Wir sind gewohnt, im normalen Falle in der Nähe der Mündung eines Flusses mehr reife, in der Nähe

[1]) Ob die Spärlichkeit der Vegetation ausschließlich klimatisch bedingt ist oder der Mensch durch seine Rodungen z. T. oder allein die Schuld daran trägt, mag dahingestellt bleiben.

der Quelle mehr jugendliche Talformen anzutreffen. In Irangi begegnen wir einer zunächst überaus seltsam anmutenden völligen Umkehr dieser Regel. Im östlichen Irangi, im Quellgebiet der zahlreichen Bubu-Nebenflüsse herrschen durchaus reife, ja greisenhafte Reliefformen vor (Abb. 34); je mehr wir uns aber dem Bubu nähern, um so frischer und bewegter wird das Gelände, um so steilwandiger werden die Täler (Abb. 32 und 45[1]), und wenn wir in Irangi Talabschnitte mit noch nicht völlig ausgeglichenem Längsprofil finden wollen, so dürfen wir uns nicht nach Ost-Irangi in das Quellgebiet begeben, sondern müssen den Unterlauf, die Nachbarschaft der Bubu-Scharte untersuchen, wo uns allenthalben kleine Stromschnellen begegnen werden. Des Rätsels Lösung finden wir in dem dritten der oben als für die Morphogenie Irangis ausschlaggebend angeführten Punkte: der nachträglichen Tieferlegung des Bubutales infolge des Abbruchs längs der Nord-Ugogo-Bruchstufe. Die spätreifen bis greisenhaften Talabschnitte des Oberlaufs der Irangi-Flüsse entstammen einer früheren Erosionsphase, in der die Sohle des Bubu-Tales noch im Niveau der durch die beiden seitlichen Aufwulstungen (Ost-Balangidda- und Massai-Bruchstufe) flach trogförmig verbogenen Fastebene gelegen war. Die mehr jugendlichen Charakter tragenden unteren Talabschnitte dagegen entstanden durch Übereinanderlagerung der Formen zweier verschiedener Erosionsphasen: ihre ursprüngliche Anlage, die sich jetzt nur noch in der Breite der Talmulden kundtut, erfuhren auch sie in jener oben gekennzeichneten ersten Erosionsphase; ihr unstetiges Längsprofil aber und ihre steilen, hohen Talwände erhielten sie in dem zweiten Zyklus, der mit dem Abbruch längs der Nord-Ugogo-Bruchstufe und der dadurch bedingten Tieferlegung des Bubu einsetzte. Was wir oben (S. 160) über den augenblicklichen morphologischen Zustand des Gebietes westlich vom Bubu sagten, gilt also mit geringen Abänderungen auch für Irangi: Schon vor der Tieferlegung des Bubu ist hier die einstige Fastebene infolge der stärkeren Aufwulstung längs der Massai-Bruchstufe und der relativ geringen Widerstandsfähigkeit des Gneises intensiv zertalt und in ein Hügelland umgewandelt worden. Mit der Vertiefung des Bubu aber, der lokalen Erosionsbasis, begann eine Periode er-

[1]) Abb. 45 entstammt zwar nicht der bergigen Bubutal-Landschaft Irangis sondern Ussandauis, aber die charakteristischen Merkmale sind in beiden Fällen dieselben. In dem späteren systematischen Reisebericht hoffe ich, auch Bilder aus dem Bubu-Bergland Irangis beigeben zu können.

neuter lebhafter Tiefenerosion, die naturgemäß die bubunahen Talabschnitte zuerst erfaßte und in der Gegenwart unaufhaltsam flußaufwärts nach Nordosten und Osten vorrückt mit dem Ziele, auch die bubufernen Talabschnitte der neuen lokalen Erosionsbasis anzupassen und die jetzt in Ost-Irangi noch vorherrschenden greisenhaften Formen neu zu beleben und zu einem mehr jugendlichen Berg- und Hügelland umzuwandeln. Allenthalben also Zerstörung der alten Rumpffläche als Folge jüngerer tektonischer Umgestaltungen! Bedenken wir, daß von solch intensiver Zertalung in Turu-Iramba nirgends etwas zu beobachten war, so wird uns auch diese Tatsache den Schluß nahelegen, daß die die Fastebenenplatte von Turu-Iramba einrahmenden Bruchstufen jünger sind als die Ost-Balangidda-, die Massai- und die Nord-Ugogo-Bruchstufe.

Noch ein letztes interessantes morphologisches Problem bleibt kurz zu erörtern: die Entstehung des Haubi-Sees im äußersten Osten Irangis (Abb. 33). Im Gegensatz zum Balangidda- und Ssingidda-Salzsee ist der Salzgehalt des sehr flachen Haubi-Sees ein außerordentlich geringer. Die Erklärung hierfür liegt wohl in dem Umstand, daß der Haubi-See von einem Nebenfluß des Bubu angezapft worden ist und, bei hohem Wasserstand wenigstens, einen Teil seines Wassers dorthin abgibt d. h. in der Regenzeit gleichsam durchgespült und z. T. ausgesüßt wird. Die Entstehung des Haubi-Beckens ließ sich mit absoluter Sicherheit nicht feststellen und wird ohne sehr zeitraubende, ganz detaillierte Untersuchungen auch kaum zu entziffern sein. Für die Annahme eines Kesselbruchs ließen sich im Gelände keinerlei Beweise finden; es scheint vielmehr, als ob der Haubi-See mit der Aufwulstung längs der Massai-Bruchstufe in Verbindung gebracht werden müßte. Es würde sich dann folgendes hypothetisches Bild ergeben: Die Ausgangsform des heutigen Haubi-Sees war ein nach SE sich öffnender Quelltrichter. Infolge des Absinkens der Massai-Scholle wölbte sich der Rand der Massai-Bruchstufe auf und versperrte dem aus dem Quelltrichter nach SE gerichteten Flußlauf den Weg: ein abflußloses Becken war entstanden. Durch starke Zerrillung und Abspülung der Flanken weitete sich das Becken mehr und mehr, wie wir es noch heute beobachten können. Während sich die abgeschwemmten Verwitterungsprodukte in der immer weiter werdenden Hohlform ablagerten und das Becken allmählich auffüllten – gegenwärtig beträgt die Tiefe des Sees schon nur noch wenige dem — arbeiteten die gelegentlich herabstürzenden Wassermassen daran, die Hänge allseitig zu zerfurchen. Das ist der augenblickliche morphologische Zustand des Haubi-Beckens. Auf allen Seiten bestürmen kleine Wasserrisse die Innenhänge des riesigen Beckens (Abb. 33), und auch von außen her streben zahlreiche Bäche danach, sich bis zum Niveau des Sees einzusägen und sich dem See tributär zu machen. Nur an einer einzigen Stelle ist durch Bifurkation zwischen einem den inneren Beckenhang herabkommenden und einem von außen gegen das Becken anstürmenden Bach der Haubi-See wenigstens z. Z. des höchsten Wasserstandes dem Bubu tributär. Aber viele andere Bäche sind nahe am Ziele: der Haubi-See wird in allernächster geologischer Zukunft von den Quellbächen des Kilema und Mukondówa angezapft und damit zerstört werden.

Bevor wir Irangi verlassen, kurz noch ein Wort über die Bevölkerung. Schon bei unseren Wanderungen durch die westlichen Landschaften der Großen Ostafrikanischen Störungszone hatten wir Gelegenheit zu bewundern, wieviele Stämme und Völkersplitter verschiedensten Blutes, verschiedenster Sprache dort eng zusammengedrängt wohnen. Hier im Osten ist das Völkerbild noch viel bunter. Die Bearbeitung der ca. 70 Skelette, die die Expedition ausgegraben, wird später zeigen, welche Gruppierung sich vom anthropologischen Standpunkt aus ergibt. Vor der Hand bleibt nichts weiter übrig, als die verschiedenen Stämme nach Sprache, Sitten und Gebräuchen zusammenzufassen und zu skizzieren. — Die Wairangi sind in dem östlichen Gebiet die einzigen Vertreter der großen Bantu-Familie. Dies gilt in erster Linie hinsichtlich der Sprache, einer echten Bantu-Präfixsprache; aber auch in ihrem Körperbau nähern sie sich am meisten dem Bantu-Typ. Indes kann von einem einheitlichen anthropologischen Habitus keine Rede sein. Mustert man des öfteren die häufig wechselnden Wairangi-Träger oder die Wasserfrauen und Kinder im Lager, so wird einem immer wieder auffallen, welch starken Schwankungen der Körperbau unterworfen ist. Die große Mehrzahl der Individuen zeigt kräftigen, aber nicht plumpen Körper, schwach prognathe Kiefer, wulstige Lippen und dunkle Hautfarbe, breite, flache Nase; daneben aber trifft man dann nicht selten wieder hellerfarbige Individuen mit feineren Gesichtszügen, deren Wairangi-Abstammung trotzdem angeblich zweifellos ist. Man wird nach alledem kaum fehl gehen, wenn man die Wairangi als ein Bantuvolk mit fremdem Bluteinschlag betrachtet. Und diese Blutmischung wird einem nicht nur nicht unwahrscheinlich, sondern geradezu selbstverständlich erscheinen, wenn man in Betracht zieht, mit welch mannigfachen Völkerelementen die Wairangi nachweislich in mehr oder weniger intensive Berührung gekommen sind. Ihre Nachbarn sind im Süden die schnalzensprechenden Wassandaui, von deren Wanderungen wir später noch hören werden; im Westen sitzen die Wanjaturu, selbst schon ein Bantu-Mischvolk, im Norden die hamitischen Wauassi, im Osten die Massai, deren Raubzüge sich einstens durch ganz Irangi hindurch erstreckten, im Südosten endlich die Burungi, Verwandte der Wauassi. Zudem kommt als letzter Faktor der Umstand in Betracht, daß Kondoa-Irangi eine der ältesten Araber-Siedelungen im Inneren Deutsch-Ostafrikas und jetzt Garnisonsort einer vollen Schutztruppenkompagnie und annähernd 90 Polizei-Askari [1]) ist, überdies noch eine ganze Schar indischer Händler beherbergt. Wo wäre ein solch kleines Babel nicht der Herd mehr oder weniger intensiver Blutmischung? Es kann keinem Zweifel unterliegen, daß der seit Jahrhunderten in Irangi bestehende Mischungsprozeß gegenwärtig fortschreitet, wie ja überhaupt in Ostafrika die politische und wirtschaftliche Erschließung einer Landschaft ausnahmslos Zerstörung der anthropologischen und ethnologischen Einheit im Gefolge hat.

Über den Charakter der Wairangi müssen wir uns in dieser vorläufigen Mitteilung kurz fassen. Man möchte sagen, daß sich die Mischung des Blutes im Charakter deutlich widerspiegelt. Wie verschieden waren doch die Charaktere der annähernd 300 Träger, die im Laufe der Monate mit uns gereist sind! Hier ein gerader, offener und zutraulicher Mensch mit regem Interesse für alles, was der Europäer Neues bringt und mit sich führt, dort eine träge, indifferente Natur, wieder ein anderer verschlossen und bar jeden Zutrauens. Auch die im Irangi-Bezirk sehr zahlreichen Jumben unterschieden sich sehr erheblich von einander. Der eine sklavisch unterwürfig, der nächste bei allem freundlichen Entgegenkommen stolz und selbstbewußt; dieser bei allen seinen Untertanen als streng, aber gerecht beliebt, jener als Säufer und Schwächling verachtet. Versucht man trotz aller Mannigfaltigkeit einen Durchschnitt zu ziehen, so wird man den Wairangi doch mehr gute, als schlechte Charaktereigenschaften zuerkennen müssen. Ist die erste Befangenheit erst einmal überwunden, so sind

---

[1]) Die Askari stammen aus den verschiedensten Teilen Ostafrikas, sogar ein Nichtafrikaner, ein Türke, findet sich unter den Askari von Kondoa-Irangi. Die wenigsten Askari bringen sich ihre Frauen aus der Heimat mit; die Mehrzahl nehmen sich Töchter ihres Garnisonbezirkes zur Frau.

es meist zutrauliche, heitere und arbeitslustige Gesellen, die weder dem Alkohol noch dem Nikotin fröhnen, überhaupt nur eine hervorstechende Leidenschaft haben: den Tanz. Kaum ist der Lagerplatz gerichtet, und der Magen gefüllt, so drängt man zum Tanz, sei es auch mit ganz fremden Frauen und Mädchen. Und wie tief in den Wairangi die Lust zum Tanz wurzelt, merkten wir so recht, als wir der von der Station Kondoa veranstalteten Kaiserin-Geburtstagsfeier beiwohnten. Alle von den Europäern veranstalteten Lustbarkeiten konnten auf die Dauer höchstens die Kinder fesseln; die Erwachsenen huldigten mit erstaunenswerter Ausdauer dem Tanz. Gleichzeitig lernt man hierbei die Wairangi von einer ganz neuen Seite kennen, denn ihr Tanz ist ein ausgesprochen erotischer, ein Tanz, dessen grobe Sinnlichkeit auf die Dauer selbst den zum Afrikander gewordenen Europäer abstößt. Männer und Frauen stehen sich paarweise im Kreise gegenüber und bewegen unter den Klängen eines recht monotonen Liedes ihre Leiber gegeneinander. Dabei umfaßt der Mann die Brust des Weibes und läßt die Hände unausgesetzt über den Brustkorb und die Brüste wandern. Um die sexuelle Erregung schließlich bis zum äußersten zu steigern, preßt der Mann gar noch seinen Mund auf die Stirn des Weibes und küßt sie unaufhörlich.

Was die wirtschaftlichen Verhältnisse der Landschaft Irangi angeht, so muß man die Wairangi im Gegensatz z. B. zu den Wanjaturu als reine Ackerbauer bezeichnen. Das soll nicht heißen, daß Viehzucht vollkommen fehlte. Einige Rinder, Ziegen und Schafe trifft man in fast jeder Wairangi-Tembe an; aber größere Herden sucht man vergeblich. Ob die Nähe der viehraubenden Massai an diesem Umstand Schuld ist oder ob sich in der Vorliebe der Wairangi für den Ackerbau das alte Bantublut widerspiegelt, mag unentschieden bleiben. Tatsache ist jedenfalls, daß in Irangi der Ackerbau bei weitem überwiegt und daß die Wairangi mit ebenso viel Liebe wie Geschick ihre Hirsefelder sehr fleißig bestellen und fast jedes Plätzchen ihrer Landschaft ausnutzen. — Noch ein letzter Punkt darf in diesem Zusammenhang nicht unerwähnt bleiben: die Eisengewinnung der Wairangi am Fuße der Massai-Bruchstufe. In allen früher bereisten Landschaften beschränkt man sich darauf, die von auswärts bezogenen Eisenhacken zu Messern, Speer- und Pfeilspitzen u. a. m. umzuschmieden; hier in Ost-Irangi begegnet man zum ersten Mal einer wirklichen Eisenproduktion. Das Erz wird aus Flußsanden gewonnen, indem man den gegrabenen Sand in Holzschüsseln so lange hin- und herschüttelt, bis der spezifisch schwerere Eisensand sich am

Boden angesammelt hat und der leichtere Quarzsand abgeschöpft werden kann. Von der Fundstelle gelangt das Erz nun in eine der hier sehr zahlreichen Schmiedehütten, wo es mit Holzkohle vermengt mit Hilfe von 6—8 Stempel-Schalengebläsen verhüttet wird. Das so gewonnene Schmelzprodukt wird dann nach dem Erkalten zerhämmert und von der Holzkohleschlacke notdürftig gereinigt, um endlich als Roheisen an die Wairangi-Schmiede verkauft zu werden. Diese gewiß primitive Eisengewinnung steht hier am Fuße der Massai-Bruchstufe trotz des unaufhaltsamen Vordringens der von den Indern importierten europäischen Eisenhacken noch in hoher Blüte, und einstens soll nach der Erzählung unserer Führer das Irangi-Eisen einen überaus wichtigen Handelsartikel gebildet haben, der von weit her die Eingeborenen-Händler ins Land geführt habe.

3. Die Landschaft Uassi.

Von Irangi ging unser Weg nunmehr nach Norden zunächst am Fuße der in ihrem südlichen Abschnitt noch recht schroffen Massai-Stufe entlang (Abb. 35), dann wieder auf die Hochscholle hinauf in die Landschaft Uassi hinein. Von dem Bubutal bezw. der Ost-Balangidda-Stufe im Westen, der Massai-Stufe im Osten begrenzt, stellt Uassi einen meridional gestreckten, zum großen Teil mit Höhenwald bekleideten Hochlandsstreifen dar, der im wesentlichen dieselben morphologischen Merkmale aufweist wie die südlich angrenzende Landschaft Irangi. Zahlreiche orographische Flüsse eilen von der Aufwulstungszone im Osten dem Bubu zu; und wieder sind die Täler um so jugendlicher geformt, je näher wir der Einmündungsstelle kommen. Außerdem aber haben sich hier von der Massai-Steppe her einige kühne Quellbäche bereits den Steilabfall hinaufgearbeitet und in den einst geschlossenen Stufenwall eine Reihe von Breschen gelegt, wie es Abb. 39 zeigt. Durch diese erosive Bestürmung von Osten und Westen her ist von dem einstigen Fastebenencharakter hier in Uassi noch viel weniger erhalten geblieben wie im Irangi; in Uassi ist derselbe Prozeß, dieselbe neue und intensive Erosionsphase, deren Spuren wir in Irangi verfolgen konnten, bereits so weit fortgeschritten, daß die Ausgangsform, die alte leicht gewellte Hochfläche, kaum noch zu erkennen ist. Zunächst mutet diese Landschaft mit ihrer auffallend starken Zertalung, dem lebendigen Wechsel von Berg und Tal als ein völlig neues morphologisches Individuum an. Aber die auffallende Höhenkonstanz der Bergrücken hilft uns vorwärts, und wenn wir für einen Augenblick all die vielen Erosionsscharten wieder ausgefüllt denken, ersteht vor unserem geistigen Auge das deutliche Bild der morphologischen Ausgangsform, die leicht gewellte Hochfläche, die Urform des Reliefs im Gesamtbereich der großen Störungszone. Besonders auffallend wirkt die sehr starke Zerfurchung der Massai-Bruchstufe an dieser Stelle, worauf oben schon hingewiesen wurde (Abb. 39). Dürfen wir zur Erklärung dieser Tatsache ein höheres Alter dieses Bruchstufenstückes annehmen? Es dürfte kaum ein anderer Ausweg übrig bleiben, denn in Irangi wie in Uassi steht längs der Bruchlinie derselbe Gneis an, und doch sind die Reliefformen der Stufe nördlich und südlich des ostwestlichen Einsprungs (Tafel 31) recht wesentlich verschiedene. Im Gelände lassen sich diese Fragen nicht mit Sicherheit entscheiden, so sehr sie auch den Reisenden beschäftigen mögen; spätere Arbeiten daheim, die auf genauen topographischen Unterlagen und petrographischen Untersuchungen basieren, werden das Rätsel lösen helfen.

Die Bewohner der Landschaft Uassi, die Wauassi, sind ein scheues kleines Völkchen mit eigener, offenbar hamitischer Sprache.[1]) Sie treiben ähnlich wie die Wairangi ausschließlich Ackerbau und scheinen erst vor relativ kurzer Zeit in ihre heutigen Wohngebiete gelangt zu sein; in den waldreichen Distrikten des Nordens findet man noch allenthalben ganz junge Rodungen. Vermutlich haben sie einst mit den Waburungi im Süden eine Völkergemeinschaft gebildet, denn die Verwandtschaft ist eine sehr nahe und auffällige, und eine noch jetzt im Volke lebendige Tradition berichtet von der Trennung der beiden Stämme, ohne uns jedoch mit Einzelheiten dieser Wanderung und ihrer Ursache bekannt zu machen. Wieviel Probleme bietet uns die Geschichte des Völkergewirrs hier in dem Berührungsgebiet der beiden großen Invasionsströme Deutsch-Ostafrikas, wieviel interessante und wichtige Aufgaben harren hier noch der Lösung! Werden die für langfristige ethnologische Studien notwendigen Mittel aufgebracht werden, ehe der überall einsetzende Amalgamationsvorgang die ursprüngliche Buntheit des Völkerbildes völlig verwischt haben wird? Immer wieder empfindet man es schmerzlich, daß in diesem jungfräulichen Gebiet notwendigermaßen in kurzer Zeit so vielseitige Aufgaben zu erfüllen sind und für die einzelnen Probleme daher nicht die Zeit zur Verfügung steht, die man ihnen so gern, so begeistert gern widmen möchte. — —

[1]) Die Untersuchung meiner sprachlichen Studien in Uassi, die Herr Professor D. Meinhof-Hamburg gütigst übernommen hat, wird später ein sicheres Urteil über die Sprache der Wauassi gestatten.

4. Die Landschaft Ufiomi.

Von den Wauassi führte uns der Weg weiter nach Norden ins Land der Wafiomi. Schon von Ost-Irangi aus hatten wir im Norden in zartem Distanzblau das mächtige breitsockelige Ufiomi-Massiv wie einen Fremdkörper aus der zerschnittenen Hochfläche aufsteigen sehen; noch mehr empfindet man bei den Wanderungen durch das nördliche Uassi jenes Bergungetüm als ein neues, fremdartiges Element des Reliefs. Und wenn man schließlich das Gebiet der Wauassi verlassen und Ufiomi selbst betreten hat, so wird es einem vollends zur Gewißheit, daß es sich hier nicht mehr um Erosionsformen handelt, um die Zertalung einer leicht welligen Fastebene zu einem frisch und lebendig anmutenden Berg- und Hügelland, sondern daß andersartige Kräfte an der Aus- und Umgestaltung der Oberfläche gearbeitet haben. Andesitische Eruptivmassen sind hier unmittelbar am Rande der Massai-Bruchstufe durchgebrochen, haben einen Aschenkegel von über 2400 m Höhe aufgebaut und eine Fläche von insgesamt annähernd 100 qkm mit ihren Aschenmassen bedeckt. Eine Fülle neuer morphologischer Probleme eröffnet sich uns. Verweilen wir zunächst bei der Beziehung des Vulkanismus zur Tektonik. In den vulkanischen Gebieten weiter im Norden haben Uhlig und Jäger nachgewiesen, daß wenigstens zum Teil die jungvulkanischen Ergüsse der tektonischen Zertrümmerung vorausgingen. Hier am Ufiomi-Massiv sprechen die Beobachtungen für umgekehrte Reihenfolge. Die Aschenmassen sind von der Massai-Bruchstufe nicht verworfen worden, vielmehr ist die Bruchstufe an dieser Stelle ein Opfer des Vulkanismus geworden, und eine zusammenhängende Aschendecke, besetzt mit kleinen parisitären Kratern, zieht sich ohne Unterbrechung vom Ufiomi-Massiv bis weit in die Massai-Steppe hinein. Die Massai-Bruchstufe muß also zum mindesten in ihrem nördlichen Abschnitt älter sein als der vulkanische Durchbruch, ein Resultat, das unsere oben (S. 168) ausgesprochene Vermutung eines relativ höheren Alters des nördlichen Abschnittes der Massai-Bruchstufe nicht unwesentlich stützt.

Und nun das Ufiomi-Massiv selbst. Auf breiter Basisfläche erhebt sich der stark abgestumpfte Kegel dieses Aschenvulkans bis zu etwa 2440 m Höhe d. h. ca. 1000 m relativ. Indes seine Gestalt wirkt nicht überwältigend wie die seines südwestlichen Nachbars, des Gurui, weil der Kegel weder der Tiefscholle aufgesetzt ist wie der Gurui, noch der Hochscholle, sondern sich gerade am Bruchrande erhebt, wo auch sonst das Gelände wenn auch nur einige hundert Meter stufenförmig aufsteigt. Die Aschenmassen, die den Kegel aufbauen, vermögen der Erosion nur relativ schwachen Widerstand zu leisten; zahlreiche Wasserrisse haben daher die Flanken des Kegels bereits arg mitgenommen und ihm tiefklaffende Wunden beigebracht. Dies gilt vornehmlich von den unteren Flankenpartien, wo dürftiges Gesträuch und Buschgehölz das Erdreich nur sehr mangelhaft schützen. Die obersten 3—400 m dagegen, die bereits in das Gebiet der täglichen Cumuli hineinragen, sind in einen wahren Pflanzenpelz gehüllt, dichten moos- und flechtenreichen Nebelwald mit ungewöhnlich reichem Untergestrüpp, vor allem von Adlerfarn, und derber Grasnarbe; nirgends ist auch nur die winzigste Stelle nackten Bodens zu sehen. Hier ist von tief eingerissenen Schluchten nichts mehr zu finden; die überreiche Vegetation saugt begierig alle Niederschläge auf und reduziert den oberflächlichen Abfluß auf ein Minimum. Die zonare Anordnung der Vegetationsformationen zeitigt also eine sehr interessante zonare Abstufung der Destruktions-Intensität, und die Folge hiervon ist, daß das Massiv an Umfang immer mehr einbüßt, ohne in gleichem Maße an Höhe zu verlieren. — Dürfen wir etwa diese Beobachtungen und Folgerungen verallgemeinern und annehmen, daß diese zonare Anordnung der Destruktions-Intensität mit dazu beigetragen hat, jene isolierten, inselartigen Massive zu schaffen, wie sie für die ariden Gebiete Ostafrikas charakteristisch sind? Jedenfalls leuchtet nach diesen Beobachtungen ohne weiteres ein, daß in einem ariden Gebirgsland die höheren, oben mit dichter Pflanzenkuppe gekrönten Gipfel viel länger der Destruktion widerstehen können, als benachbarte niedrigere, die völlig im Bereich der dürftigen Gesträuch- und Gestrüppvegetation gelegen sind. Diese niedrigeren, durch keine Waldkuppe geschützten Bergzüge können daher unter günstigen Bedingungen bereits bis zur Wurzel abgetragen werden und nur noch als kümmerliche Ruinen in Gestalt einzelner Felshaufen im Landschaftsbilde erkennbar sein, während die höchsten, durch die Waldkrone geschützten Massive zwar auch ständig an Umfang verlieren, ihre Höhe aber eben infolge des Waldschutzes nahezu unvermindert bewahren und infolgedessen schließlich inselartig und mit steiler Böschung aus der Destruktionsfläche aufragen. Mit diesem morphologischen Zustand, den wir als das Inselbergs-Stadium bezeichnen möchten, ist das Endziel der Destruktionsprozesse natürlich noch nicht erreicht. Während rings herum das einstige Bergland mehr und mehr eingeebnet wird, fallen auch die isolierten höchsten Massive mit ihren waldgeschützten Gipfeln allmählich, wenn auch eben nur in unendlich viel langsamerem Tempo der Zerstörung und Abtragung zum Opfer. Schließlich wird das Massiv unter ständiger

Verringerung seines Umfanges bis zur unteren Grenze des Höhenwaldes abgetragen und damit seiner Pflanzenkappe beraubt sein. In rascherem Tempo geht nun die Erniedrigung weiter, bis endlich auch an dieser Stelle wieder nur noch ein isolierter Felshaufen auf der weiten fastebenen Destruktionsfläche von einstiger Größe und Buntheit des Reliefs zeugt.

Doch nun zurück zum Ufiomi-Kegel. Die Gipfelpartie, die wir auf einer recht mühseligen Tagestour kennen lernten[1]), macht infolge des dichten Pflanzenkleides eingehende morphologische Untersuchungen nahezu unmöglich. Allseitig und allmählich neigt sich das Gelände vom äußeren Gipfelrand nach dem ca. 20—30 m tieferen Innern. Aber irgendwelche markante Kraterformen sind nirgends zu erkennen. Kleine Tümpel, die vielleicht als Reste eines ehemaligen Kratersees zu deuten sind, füllen das Innerste aus.

Über die petrographischen Eigentümlichkeiten des Ufiomi-Gesteins mögen an dieser Stelle nur einige wenige Notizen Platz finden, da sich interessante Einzelheiten doch erst nach mikroskopischer Untersuchung unserer zahlreichen Gesteinsproben mitteilen lassen werden. Lavagesteine fehlen vollkommen; es handelt sich beim Ufiomi-Massiv ausschließlich um den Auswurf heller, grauer bis bräunlichgrauer Aschen von ziemlich grober Struktur. Ausgezeichnet wird dieses Gestein durch den erstaunlichen Reichtum gut kristallisierter Mineralien (Olivin u. a. m.) und durch die Fülle der in der Asche eingebackenen Trümmer kristallinen Gesteins, vor allem Gneis. Bemerkenswert sind fernerhin die starken magnetischen Störungen im Bereich dieses jungvulkanischen Gesteins, die auf hohen Gehalt von Eisenmineralien schließen lassen.

Die Bewohner des Vulkangebiets von Ufiomi sind die den Wauassi nah verwandten Wafiomi, ein kleiner, vermutlich ebenfalls hamitischer Volksstamm. Ähnlich wie in Turu halten sich Ackerbau und Viehzucht bei den Wafiomi nahezu das Gleichgewicht, und wieder sehen wir die Männer geradezu mit Begeisterung einen großen Teil ihrer Zeit auf die Pflege und Zucht der durch die Raubzüge der Massai allerdings arg zusammengeschmolzenen Rinderherden verwenden. Selbst das Melken der Kühe liegt ausschließlich dem Manne ob; die Tätigkeit der Frauen beschränkt sich auf das Herbeischleppen von Wasser und Brennholz und die tägliche Reinigung der Tembe.

---

[1]) Die Expedition übernachtete auf dem höchsten Punkte des Massivs in ca. 2440 m Höhe.

Die Feldbestellung ist gleichfalls fast ausschließlich Sache des Mannes und der Kinder, und der fruchtbare jungvulkanische Boden liefert so reiche Ernten, daß Ufiomi geradezu als Kornkammer des gesamten Gebiets von Irangi bis Umbugwe bezeichnet werden kann. Selbst in den Jahren, wo in den benachbarten Landschaften infolge anhaltender Dürre beinahe Hungersnot herrscht, ernten die Wafiomi noch mehr Hirse, als sie selbst verzehren können, und von allen Seiten strömen dann die Eingeborenen-Händler mit ihren Tauschwaren herbei, um in Ufiomi Getreide einzuhandeln. Die Wambugwe bringen Salz und Vieh, die Wamangati vor allem Töpfe, Flechtwaren und Vieh, die Wairangi in erster Linie Feldhacken und andere Eisengeräte. [1])

Von besonderem ethnographischen Interesse sind die Temben der Ufiomi-Leute mit ihren eigentümlichen gewölbten Lehm-Dächern (Abb. 36). Wir konnten in West-Ufiomi der Entstehung dieser sonderbaren Tembenform auf die Spur kommen. Wie man uns dort erzählte, seien die Wafiomi durch die Überfälle der Massai gezwungen gewesen, zeitweilig mit Hab und Gut vom Rande der Steppe hinweg in die Berge zu flüchten und ihre Hütten möglichst versteckt anzulegen. Als bester Ausweg ergab sich hierbei, die Hütten ganz in den Berg hineinzulegen, und in der Tat finden wir heute noch eine ganze Anzahl derartiger völlig in den Berg hineingebauter Temben, die Mensch und Vieh einen geräumigen Unterschlupf bieten[2]). Um ein Einbrechen des Daches unter dem Druck der aufruhenden Erdmassen zu verhindern, kam man schließlich ganz von selbst darauf, dem Lehmdach jene Wölbung zu geben, die auch wir bei unterirdischen Gängen, Tunnelbauten etc. als praktisch erprobt haben und anzuwenden pflegen. In der Folgezeit dann, als die Massai mehr und mehr an Macht und Schrecken einbüßten, sind die Wafiomi z. T. wieder in ihre alten Wohngebiete am Rande der Massai-Steppe zurückgekehrt; das gewölbte Lehmdach aber, das die Not geboren, haben sie beibehalten bis zum heutigen Tage. Diese an sich schon

---

[1]) Die auf Schritt und Tritt mächtig hervortretende Vorliebe der Wafiomi für Viehzucht ließ immer wieder die Vermutung in uns aufkommen, daß die Wafiomi ursprünglich ein reines Viehzüchtervolk gewesen seien und vielleicht erst durch die erstaunliche Fruchtbarkeit des von ihnen besetzten Landes dazu gekommen sein könnten, dem Beispiel ihrer ackerbauenden Nachbarn nachzufolgen. Irgendwelche Traditionen, die diese Hypothese stützen würden, konnten jedoch nicht festgestellt werden.

[2]) Auch im östlichen Irangi, an dem Abhang der Massai-Bruchstufe hatten wir früher schon einzelne solcher in den Berg hineingegrabener Temben gefunden, und auch hier wurde zur Erklärung angeführt, man habe vor Massai-Räubern flüchten müssen.

sehr lehrreiche Beobachtung über die Herausbildung einer besonderen Dachform gewinnt dadurch noch erhöhtes Interesse, daß es möglich erscheint, mit Hülfe dieser Beobachtungen die Entstehung der Tembe überhaupt zu erklären. Es ließe sich etwa die folgende hypothetische Entwickelungsreihe aufstellen:

A. Ursprünglich: primitive hamitische Viehnomadenhütte nach Art der Watussi- oder Massai-Hütten oder ostafrikanische Bantuhütte mit zylindrischem Unterbau und Kegeldach; das Vieh übernachtet im Kraal.

B. Flucht vor Viehräubern (Massai etc.): Um sich nach Möglichkeit zu verbergen, werden die Hütten in den Berg hineingebaut; zugleich soll das Vieh jetzt ebenfalls in den Hütten übernachten. Es ergeben sich daher notwendigermaßen folgende Abänderungen des ursprünglichen Hüttenstils.[1])

  a) Wesentliche Vergrößerung des Grundrisses, um Platz für Menschen und Vieh zu schaffen;
  b) das Dach muß sehr stabil gearbeitet und außerdem gewölbt werden, damit es dem Druck der Erdmassen widerstehen kann;
  c) die Höhe der Hütte muß auf ein Minimum beschränkt werden, um schwierige und zeitraubende Erdarbeiten zu vermeiden;
  d) für den Notfall wird ein unterirdischer Ausgang angelegt.

C. Die Viehräubereien hören endgültig auf: Man verläßt nach und nach die in der Not angelegten, für ruhige Zeiten aber doch recht unpraktischen, in den Berg eingebauten Hütten, hat sich in der viele Generationen umfassenden Zeit jedoch so an diesen Hüttenstil gewöhnt, daß man ihn zunächst unverändert in die Ebene verpflanzt. Erst ganz allmählich werden folgende Änderungen vorgenommen[2]), wie man es gegenwärtig beobachten kann.

---

[1]) Für den Fall, daß Bergmassive als Zuflucht nicht zur Verfügung standen, wie es in Turu, Ugogo usw. der Fall ist, half man sich in der Weise, daß man die Hütten in den Erdboden versenkte. Die Abänderungen bleiben im wesentlichen dieselben, nur würde b) lauten: Das Dach muß sich dem Erdboden in jeder Beziehung möglichst anpassen, muß daher flach sein und sehr stabil gearbeitet werden, damit es mit Lehm bestampft werden kann und bei Betreten nicht einbricht.

[2]) Für den in Anm. 1 S. 173 angenommenen Fall würden die neuzeitlichen Änderungen lauten:

  a) Die Hütte wird immer weniger tief in den Boden versenkt und wird schließlich, wie man gegenwärtig besonders in Turu und Ugogo beobachten kann, ganz oberirdisch.

a) Die Höhe der Hütte wird immer reichlicher bemessen, so daß man heute besonders in Ost-Ufiomi bereits Hütten von $1^1/_2$—2 m Höhe antrifft d. h. mehr als doppelt so hoch wie die altertümlichen, in den Berg hineingebauten Hütten;

b) der unterirdische Notausgang fällt als gänzlich überflüssig geworden fort.

Noch einmal sei zum Schluß die hypothetische Natur dieser Entwickelungsreihe betont. Zweifellos aber trägt die Tembe der Wafiomi — und dasselbe gilt von der Tembe überhaupt — noch heute deutliche Spuren davon, daß es sich bei ihr um einen in der Not erfundenen und für die Not berechneten Hüttenstil handelt, der kennzeichnenderweise in der Gegenwart durch eine Reihe von Abänderungen den heutigen politischen Zuständen angepaßt wird. Vergessen wir endlich bei der Beurteilung unserer Hypothese auch nicht die wichtige Tatsache, daß das Verbreitungsgebiet der Tembe ursprünglich genau mit dem Gebiet der Massai-Raubzüge zusammenfiel.

5. Die Massai-Steppe und das Inselberg-Problem.

Nach Abschluß unserer Studien in Ufiomi planten wir einen Abstecher nach Osten in die Massai-Steppe hinein. Das Ziel war das Inselberg-Massiv des Oldonjo Ssambu, dessen seltsam kegelförmigen Gipfel wir von Irangi, Uassi und Ufiomi aus bereits unzählige Male angepeilt hatten (Abb. 37). Ist es ein Vulkankegel, der sich dort inmitten der tischförmigen Steppenebene erhebt, oder ein Härtling, der der Abtragung länger trotzen konnte als die umliegenden weicheren Gesteinspartien? Und welche Kräfte konnten jene evtl. Härteunterschiede derartig herauspräpariert und die markante Ebenheit geschaffen haben, die sich vom Rande der Massai-Bruchstufe bis zum Fuße des Oldonjo Ssambu hinzieht? Tausenderlei Fragen bestürmten uns, als wir in den ersten Tagen des Dezember 1911 von Ufiomi aufbrachen. Nur die unumgänglich notwendigen Lasten wurden mitgenommen, denn von allen Seiten warnte man uns vor der wasserarmen Massai-Steppe.

---

b) Die Höhe der Hütte wird immer reichlicher bemessen. Die neuen Jumben-Temben in Turu z. B. sind sämtlich fast 2 m hoch, während die altertümlichen versenkten Temben nur eine Höhe von $^3/_4$—1 m besitzen.

c) Verkleinerung des Grundrisses. Nur das Jungvieh schläft noch in der Hütte; das Altvieh übernachtet außerhalb der Hütte auf dem Hof, jedoch ist um Hütte und Viehhof der Löwengefahr wegen ein hoher Zaun meist aus Euphorbienhecke angelegt.

d) Der unterirdische Notausgang fällt als gänzlich überflüssig geworden fort.

Langsam dacht sich die Aschendecke des Ufiomi-Vulkans zum Gneisboden der Massai-Steppe ab. Kleine parasitäre Krater tauchen in der ersten Stunde rechts und links vom Wege auf, bis endlich das vulkanische Material seltener und seltener wird und schließlich völlig aufhört. Durch lichten Dornbusch geht es nun weiter nach Osten. Immer deutlicher empfindet man, wie wenig unser Auge imstande ist, kleine Unebenheiten deutlich wahrzunehmen; denn die Steppe, die aus der Entfernung gesehen geradezu tischförmig eben erschien, ist in Wirklichkeit eine wenn auch nur außerordentlich schwach gewellte Fläche: sehr, sehr flache, buschbestandene Schwellen wechseln mit grasigen oder sumpfig-schilfigen Niederungen, die zunächst zu riesig und breit erscheinen und allzuwenig deutlich eine Abflußrichtung erkennen lassen, um sie als Flußtäler zu bezeichnen. Und dennoch sind es Täler! An der tiefsten Stelle dieser wahrhaft greisenhaften Talmulden ist das Gras deutlich nach einer und derselben Richtung umgelegt, und unser Führer, der diese Jagdgefilde zu allen Jahreszeiten durchstreift, wird nicht müde uns zu erklären, daß sich nach heftigen und anhaltenden Regengüssen das Wasser in der Mulde sammelt und dann dort und dorthin abfließt. Nur in ganz wenigen Mulden, wie der des Tarangire, wo wir am ersten Tage lagerten, reichen Gefälle und Wassermenge aus, um eine deutliche Flußrinne zu schaffen und darin wochen-, ja monatelang Wasser aufzuspeichern, wenn auch nicht in Gestalt einer zusammenhängenden Wasserader sondern in Form einzelner, leicht brakig werdender Tümpel. Die große Mehrzahl der Mulden dagegen führt nur eben so lange Wasser als es regnet. Vergeblich sucht man in ihnen nach einem eigentlichen Abzugskanal, einer scharf begrenzten Flußrinne. Es handelt sich hier in der Regenzeit offenbar infolge des allzugeringen Gefälles mehr um ein flächenhaftes Ausspülen der flachen Talmulde als um lineare Erosion; nur das nach einer Richtung umgelegte Gras verrät deutlich ein tatsächliches Fließen des Wassers. — Weiter geht es nach Osten. Der unaufhörliche Wechsel von riesigen Talmulden und flachen Wasserscheideschwellen beherrscht das Relief der Landschaft, bis wir endlich am Mittag des dritten Tages den Fuß des Oldonjo Ssambu-Massivs erreicht haben. Von neuem offenbart sich uns die Wichtigkeit dieser Exkursion, denn während aus der Ferne gesehen das Massiv unvermittelt schroff aus der Fastebene aufzusteigen schien, nehmen wir jetzt wahr, daß ein gewaltiger, mehrere km breiter Schutthang den Fuß des Oldonjo Ssambu umsäumt; zugleich mehrt sich die Zahl der Flußbetten, die charakteristischerweise immer schärfere Formen annehmen, je mehr wir uns dem felsigen Massiv nähern. Endlich ist die Zone der vom Wasser verschwemmten Verwitterungsprodukte vorüber; mit markantem Steilanstieg beginnt die Felsregion. Aber noch handelt es sich nicht um gewachsenes Gestein; es ist ein Felsmeer, ein wirres Haufwerk von Felsblöcken, das durch die starke Insolationsverwitterung aufgetürmt ist. Während wir mühselig von Fels zu Fels hinaufklettern, um den höchsten Gipfel zu gewinnen, wenden wir unsere Aufmerksamkeit dem Gestein dieses Inselbergmassivs zu, erhoffen wir doch nicht zum wenigsten von der Natur des Gesteins Aufschluß über die Entstehung des isolierten Bergstockes. Es ist kein vulkanisches Material, sondern ein Hornblendegneis, ein sehr hartes, widerstandsfähiges Gestein, das sich beim ersten Hammerschlag schon aufs deutlichste unterscheidet von dem splitterigen, stark glimmerhaltigen Gneis, der die Fastebene rings herum aufbaut. Inzwischen haben wir den über 1800 m hohen Gipfel des Härtlings erreicht und spähen nach den Kräften, die die Härteunterschiede herausmodelliert haben könnten. Es ist ein überaus lehrreicher Ausblick, den wir von oben genießen. In näherer und weiterer Entfernung ragen ähnliche isolierte Bergstöcke auf, getrennt durch fastebene Flächen, wie wir sie in den Tagen zuvor passiert haben; doch unser Blick kehrt immer wieder zurück zu unserem Massiv, dessen Relief so dringend zu eingehenden morphologischen Studien einladet. Ein wahres Heer von Flußrinnen zieht sich von dem Massiv in die Fastebene hinunter. Jede Einsattelung zwischen den einzelnen Gipfelkuppen offenbart sich durch das darin enthaltene Flußbett als typische Erosionsscharte. Aber noch mehr Fingerzeige gibt uns die Beobachtung vom Gipfel des Oldonjo Ssambu. Indem sich die Quelltrichter mehrerer solcher Bachbetten von entgegengesetzter Seite her nahezu berühren, isolieren sie die einzelnen Gipfel des Härtlings. Der höchste Gipfel des Oldonjo Ssambu hängt schon nur noch durch eine kurze, schmale Sattelstrecke mit dem Hauptkörper des Massivs zusammen; drüben aber im Osten sieht man zwei niedrigere Kuppen, die, auf allen Seiten von Flußbetten eingeengt, sowohl unter sich wie vom Hauptkörper völlig losgetrennt sind: randlich vorgelagerte Zeugenberge, die zweifelsohne der Wühlarbeit des fließenden Wassers ihre Entstehung verdanken. — Wenn aber erst einmal erwiesen ist, daß die Erosion des fließenden Wassers auch in dieser Klimaprovinz[1]) imstande ist, isolierte Bergstöcke aus einer

[1]) Daß die Erosion des fließenden Wassers in anderen Klimaprovinzen Zeugenberge zu schaffen vermag, ist eine längst feststehende Tatsache: Schwäbische Alp, Nordafrikanische Wüste u. a. w.

Hauptmasse herauszuschneiden, liegt es dann nicht nahe, die Erosion des fließenden Wassers für die Entstehung der Inselberglandschaften überhaupt verantwortlich zu machen? Wir wollen uns nicht in Vermutungen ergehen, sondern nüchtern zunächst alle Beobachtungen im Gelände zusammentragen.

1. Der Oldonjo Ssambu besteht aus einem sehr harten, widerstandsfähigen Hornblendegneis, während die Umgebung aus einem splitterigen, leicht zerstörbaren Glimmergneis aufgebaut ist.

2. Die Fastebene rings um den Oldonjo Ssambu herum kennzeichnet sich durch den unendlichen Wechsel breiter, greisenhafter Talfurchen und sehr schwach gewölbter Wasserscheideschwellen als eine typische Erosions-Abtragungsfläche.

3. Das Oldonjo Ssambu-Massiv wird in der geologischen Gegenwart durch die Erosion des fließenden Wassers abgetragen, und diese Zerstörung geht in der Weise vor sich, daß zunächst einige Partien des Hauptkörpers zu isolierten randlichen Zeugenbergen umgewandelt werden. Zu gleicher Zeit macht die Einebenung der umliegenden Gneisprovinz trotz aller tektonischen Umwälzungen weitere Fortschritte, da die Flüsse sehr bald versiegen, ihre Erosionsbasis also noch immer im Niveau der Fastebene gelegen ist.

Lassen diese Beobachtungen einen anderen Schluß zu als den, daß wir es in der Massai-Steppe mit einer riesigen Erosions-Fastebene zu tun haben, aus der nur noch Massive, die aus irgend einem Grunde der Erosion länger widerstehen konnten, emporragen? Daß mit anderen Worten die Inselberglandschaften nur ein besonderes Stadium eines gewaltigen Erosionszyklus darstellen, eines Erosionsprozesses, der einstens die Inselberge herauspräparierte und nun an ihrer Zerstörung weiterarbeitet? — Mühelos und ohne jeden Zwang läßt sich auf Grund der angeführten Beobachtungen ein hypothetisches Bild der Entstehung der Inselberglandschaften entwerfen. Die Ausgangsform bildet ein Bergland, das vorwiegend aus Gneis aufgebaut ist, hier und da jedoch Partien härteren Gesteines in sich birgt. Ob dieses Bergland aus der Zertalung einer Fastebene hervorgegangen ist oder welches sonst seine geologische Vorgeschichte sein mag, läßt sich bei dem gegenwärtigen Stand unserer Kenntnisse nicht mit Bestimmtheit sagen. Ich neige der Annahme zu, daß es tatsächlich durch (epigenetische?) Zerschneidung einer Fastebene entstanden ist, da eine Reihe von Inselbergen nahezu plateauartige Oberfläche zeigt. Für die Bildung dieser ersten Fastebene stünde die Zeit vom Paläozoikum über Perm- und Triaszeit bis ins Mesozoikum zur Verfügung, und die Karruschichten sowie die flachgelagerten roten Sandsteine und Schiefertone nichtmariner Bildung (Mlagarassi) könnten sehr wohl als terrestrische Ablagerungen jenes ersten gewaltigen Einebenungsprozesses gelten. Die Umgestaltung dieser ersten Fastebene zu einem intensiv zerschnittenen Berg- und Hügelland würde dann in der Jurazeit beginnen und in dem Zusammenbruch des Gondwana-Kontinents und der dadurch bewirkten Tieferlegung der Erosionsbasis ihre kausale Erklärung finden. — Die Zeit vom Jura bis zur geologischen Gegenwart füllt nun die Abtragung und Einebenung dieses in der Mitte des Mesozoikums entstandenen Berg- und Hügellandes aus. Da wir oben sahen, daß die Erosion des fließenden Wassers noch jetzt an der Abhobelung der letzten Unebenheiten arbeitet und die weiten Fastebenen zweifellos ein Produkt des nämlichen Erosionsprozesses darstellen, so werden wir zur Erklärung der Einebenung während dieses gesamten letzten Abtragungszyklus nicht zu einer gänzlich hypothetischen und unwahrscheinlichen Wüstenperiode Zuflucht nehmen, sondern, auf unseren Beobachtungen fußend, dem fließenden Wasser die Hauptleistung zuerkennen. — Das Resultat dieses Jahrmillionen umfassenden Erosionsprozesses haben wir auf unserer Wanderung zum Oldonjo Ssambu kennen gelernt: eine riesige, nur ganz schwach gewellte Fastebene, die noch recht deutlich die Merkmale der erosiven Einebenung trägt. Aus dieser Fastebene ragen nur hier und dort einige Massive auf, an deren Beseitigung die Erosion noch in der Gegenwart arbeitet. Meist sind es Härtlinge, die der Erosion länger Widerstand leisten konnten als die benachbarten Gneisgebiete; wo Härteunterschiede nicht wahrzunehmen sind, wird man evtl. an den Einfluß der Vegetation zu denken haben. Wir sahen ja früher bei Besteigung des Ufiomi-Vulkans, wie die zonare Anordnung der Vegetation auch eine zonare Anordnung der Erosionsintensität zur Folge hat und wie sehr eine Höhenwald-Kappe auf dem Gipfel eines Massivs die vertikale Abtragung zu hemmen vermag. Der Effekt ist in beiden Fällen derselbe, gleich ob ein Härtling oder ein Massiv mit bewaldetem Gipfel vorliegt: relativer Schutz solcher Massive gegen die Angriffe der Erosion im Vergleich zu Massiven aus weniger hartem Gestein bezw. ohne Waldkappe. In beiden Fällen werden derartig günstiger gestellte, besser geschützte Massive als Inselberge oder isolierte Felshaufen erhalten bleiben, während die ungeschützten benachbarten Massive längst bis auf die Wurzel abgetragen sind.

Der ungeheure Zeiträume umfassende Erosionsprozeß, der die Inselberglandschaften schuf, muß im Tertiär bereits sehr weit fortgeschritten gewesen sein. Das beweisen einerseits die großen Bruchstufen, die die Fastebene durchziehen, und zum anderen die tertiären Vulkane, die der Fastebene aufgesetzt sind. ohne ihrerseits von dem Einebenungsprozeß allzu stark angegriffen worden zu sein. Durch die großen Niveauveränderungen, die die tektonischen Krustenbewegungen der Tertiär- und Diluvialzeit im Gefolge hatten, ist der Einebenungsprozeß vielerorts überhaupt unterbrochen und durch einen der neuen Erosionsbasis angepaßten neuen Erosionszyklus abgelöst worden. Nur an denjenigen Stellen, wo wie in der Massai-Steppe die jungen Bruchstufen weit voneinander getrennt sind und die von dort gegen die Fastebene anstürmenden jugendlichen Flüsse die entfernteren Teile der Fastebene noch nicht erreicht haben, nur dort also, wo die Erosionsbasis der periodischen Bäche und Flüsse noch im Niveau der alten Fastebene gelegen ist, ist der Einebenungsprozeß noch heute am Werk. Dort finden wir demgemäß die vollkommenste Erosions-Fastebene, einen über das Inselbergstadium hinausgehenden Grad der Einebenung: die einst herauspräparierten Inselberge werden durch den nämlichen, noch weiter fortschreitenden Erosionszyklus zerstört, die Erosion strebt dem letzten Endziel der Abtragung zu, der Schaffung einer unabsehbaren, nirgends unterbrochenen Destruktions-Ebenheit. In derselben Zeit aber rückt die jugendliche Zertalung der Fastebene von Osten, von der Großen Randverwerfung her (Usambara, Unguru, Ussagara) unaufhaltsam weiter nach dem Inneren vor. Wie einstens im Mesozoikum wird also in der Massai-Steppe auch in allernächster geologischer Zukunft der Einebenungsprozeß durch eine Periode intensiver Zertalung abgelöst werden: ein ewiges Werden und Vergehen. — Gedanken, die mir einst bei literarischen Studien der Morphologie Togos (Hozug und Otigebirge, Aguzug, Buëmmassive, Atakpame etc.) und Kameruns (Massivregion von Adamaua) gekommen waren, hier finden sie sich durch Beobachtung im Gelände vollauf bestätigt: Die Inselberglandschaften stellen nicht das Endresultat bestimmter Abtragungsvorgänge dar, sondern bilden nur ein Stadium, eine vorübergehende Phase einer gewaltigen morphologischen Entwicklungsreihe, die mit einem Gebirgsland beginnt und mit einer endlosen, monotonen Rumpffläche endet. Die einebenende Kraft aber ist die Erosion des fließenden Wassers; der Wind hat, wenn er überhaupt morphologisch wirksam gewesen ist, eine ganz untergeordnete und nebensächliche Rolle gespielt.

Für diese Auffassung ist noch ein letzter Punkt von Bedeutung, der wiederum durch Beobachtungen im Felde gestützt wird: die eigentümliche klimatische Abwandelung der mechanischen Erosion in diesen ariden Gebieten. Wenn man bislang nur die Erosion des fließenden Wassers in den gemäßigten Breiten kennen gelernt hat, neigt man im Anfang leicht dazu, die Arbeitsleistung der Flüsse in den ariden Gebieten zu unterschätzen. Die relative Geringfügigkeit der streng periodischen Niederschläge, die starke Verdunstung, das hierdurch bedingte Fehlen echter Grundwasserquellen und ständig fließender Gewässer, all das scheint darauf hinzuwirken, die morphologische Leistung der Erosion in dieser Klimaprovinz erheblich zu vermindern. Gestützt wird diese Anschauung durch die Angaben der meisten Lehrbücher, daß die Erosionsintensität des fließenden Wassers etwa in die Formel zu fassen sei:

Arbeitsleistung eines Flusses = f (Abflußmenge, Gefälle, Kohäsion des zu erodierenden Gesteins).

Da die Abflußmenge permanent fließender Gewässer in der Regel erheblich größer ist als die der periodischen Flüsse der ariden Klimaprovinz, so scheint die Formel in der Tat eine geringere Arbeitsleistung der periodischen und episodischen Gewässer der ariden Gebiete zu beweisen. Aber die Formel ist in obiger Form unvollständig und damit falsch. Morphologisch wirksam sind doch in erster Linie die Hochwässer; wollen wir also die Arbeitsleistung zweier Flüsse vergleichen, so müssen wir außer den oben angeführten Faktoren noch ein letztes berücksichtigen: die Hochwasserhäufigkeit. Selbst wenn die gesamte jährliche Abflußmenge in beiden Fällen die gleiche ist, braucht die Arbeitsleistung nicht notwendigermaßen dieselbe zu sein, denn es kommt für die morphologische Leistung außerordentlich darauf an, ob sich die Abflußmenge wie in unseren Breiten nahezu gleichmäßig über das ganze Jahr verteilt oder ob dieselbe Wassermenge in einigen wenigen gewaltigen Hochwässern zu Tale braust, wie es in den ariden Gebieten der Fall ist. Um die Arbeitsleistung der Flüsse in den verschiedenen Klimaprovinzen vergleichen zu können, erscheint es daher notwendig, in obige Formel für die Erosionsleistung noch einen Hochwasserkoeffizienten einzufügen und zwar den Quotienten

Anzahl der Hochwassertage: Anzahl derjenigen Tage, während deren das Flußbett überhaupt von fließendem Wasser erfüllt ist. Die Formel lautet jetzt also:

Erosionsleistung = f (jährliche Abflußmenge, Hochwasserkoeffizient, Gefälle, Kohäsion des zu erodierenden Gesteins).

Sind wir auch nicht imstande, diese so korrigierte Formel aufzulösen und die Erosionsleistung ziffernmäßig anzugeben, so erkennen wir jetzt doch ohne weiteres, daß die Dürftigkeit der Niederschläge und die damit zusammenhängende relative Geringfügigkeit der jährlichen Abflußmenge in den ariden Gebieten nicht mit Notwendigkeit eine Herabsetzung der Erosionsleistung zur Folge haben muß. Denn im Gegensatz zu den gemäßigten Klimaprovinzen unserer Breiten ist in den ariden Gebieten fast jeder Tag, an dem sich überhaupt fließendes Wasser im Flußbett befindet, ein Hochwassertag. Hier erreicht daher der Hochwasserkoeffizient vielfach seinen Maximalwert 1, dort steigt er selten auf $^1/_{20}$ oder mehr. Was in den ariden Gebieten der Erosion infolge der Dürftigkeit der Niederschlags- und Abflußmenge an morphologischer Kraft abgeht, kann also, wie die Beobachtungen in der Regenzeit auch auf Schritt und Tritt beweisen, durch die ausgesprochene Periodizität der Niederschläge und den dadurch bewirkten hohen Hochwasserkoeffizienten mehr als wett gemacht werden. Obwohl es zunächst paradox klingen mag, wird man demnach sagen dürfen, daß im Vergleich zu der Arbeitsleistung unserer heimischen Flüsse die Erosionsleistung der periodischen Gewässer in den Trockengebieten Ostafrikas unter sonst gleichen Voraussetzungen (Gefälle, Kohäsion des Gesteins) infolge der besprochenen klimatischen Abwandlung eher größer als kleiner ist.

Aber nicht nur die Quantität, auch die Qualität der Erosion erleidet hier eine erhebliche klimatisch bedingte Abwandlung. Während in den mitteleuropäischen Breiten infolge der gleichförmigen Niederschlags- und Abflußverhältnisse und des relativ dichten Pflanzenkleides die Erosion ausgesprochen linearen Charakter trägt und die seitliche Weitung der Täler im normalen Falle der Tiefenerosion bei weitem nicht Schritt zu halten vermag, begegnen wir in den ariden Steppengebieten Deutsch-Ostafrikas einem überaus markanten Hervortreten der seitlichen Abtragung. Nicht besonders starke Mäanderbildung ist die Ursache dieser höchst auffallenden Erscheinung, sondern überaus heftige Zerstörung der Talhänge durch die mit großer Gewalt herabstürzenden Gewittergüsse. Überall drängt sich einem diese Beobachtung auf, man mag in Iramba oder Turu, in Irangi oder der Massai-Steppe wandern. Fällt nach langer Pause endlich wieder einmal ein tüchtiger Regenguß, so entstehen in dem an den Talhängen entwickelten ausgedörrten, durch die Vegetation nur sehr dürftig geschützten Verwitterungsschutt eine große Anzahl schmaler, aber tiefeingerissener Regenrunsen. Der nächste Gewitterregen bearbeitet die Talhänge von neuem; wo die plötzlich herabstürzenden Wassermassen die bereits vorhandenen Wasserrisse erreichen, brausen sie schuttbeladen in die Tiefe, wo nicht, fügen sie ihrerseits neue Wasserrisse hinzu. Allmählich werden auf diese Weise die Talhänge mit unzähligen, dichtgedrängten tiefen Erosionsnarben bedeckt. Hier und dort stürzen die Schuttwände zwischen den Wasserrissen zusammen, der nächste Gewitterguß erfaßt die lockeren Schuttmassen und schafft sie in den Fluß, der nahezu seine ganze lebendige Kraft dem Transport der ihm allenthalben zugeführten Schuttmengen widmen muß und für Tiefenerosion nur relativ wenig Kraft übrig behält. Am Ende der Regenzeit begegnen einem dann auf Schritt und Tritt die Spuren des vorausgegangenen Abtragungsprozesses: ein erheblicher Teil des einst an den Talflanken angesammelten Verwitterungsschuttes ist fortgeschafft, der Talboden geweitet; hier und da lugt gar der gewachsene Fels an den Talhängen hervor. — Während der nun beginnenden Trockenzeit ruht zwar die Abtragung nahezu völlig, dafür aber ist die mechanische Verwitterung emsig am Werk, das bloßgelegte Gestein zu zersprengen und neues Schuttmaterial für die nächste Regenzeit zu schaffen. Von neuem beginnt dann dieses ewige Wechselspiel zwischen den beiden morphologisch so bedeutsamen Jahreszeiten, und da die Schuttabfuhr gegenüber der Schuttproduktion überwiegt, so ergibt sich als Resultat dieses zyklischen Prozesses ein ständiges Zurückweichen und Verflachen der Talhänge, eine außerordentlich rasch vorwärtsschreitende Weitung der Talfurchen. Schließlich sind die Talflanken so weit zurückgetreten und so flach geböscht, daß das aufprallende Regenwasser nicht mehr genügendes Gefälle vorfindet, um tiefe Wasserrisse zu erzeugen. Als Schichtflut fließt das Regenwasser dann die Abhänge hinunter, bestrebt, die letzten Unebenheiten der Talhänge zu beseitigen und durch Flächenspülung das Werk der erosiven Abtragung zu vollenden. Führen also die klimatischen Verhältnisse unserer Heimat zu einer starken Betonung der linearen Erosion, so erzeugen die starke Periodizität der Niederschläge (hoher Hochwasserkoeffizient) und die mindestens zum Teil klimatisch bedingte Dürftigkeit der Vegetation in den ariden Gebieten eine nicht minder starke Neigung zu seitlicher Erosion, eine ausgeprägte Tendenz zu flächenhafter Abtragung.

Nur einen einzigen Tag konnten wir leider der Erforschung des Oldonjo Ssambu-Massivs und dem intensiven Studium des Inselbergproblems in der Massai-Steppe widmen. Wassermangel zwang uns zur Rückkehr. In zwei gewaltigen Eilmärschen von je 11 Stunden kehrten wir nach Ufiomi zurück, um uns nun zu dem Rückmarsch nach Kondoa Irangi zu rüsten. Unser Plan war, die Hochscholle wieder hinaufzusteigen und durch Uassi zum Gurui zu ziehen, um von hier einen Vorstoß zu dem noch recht rätselhaften Sipunga-Kessel zu unternehmen. — Bevor wir Ufiomi verließen, durften wir noch einmal bei den katholischen Missionaren zu Gaste sein, die sich hier in dem gesunden und fruchtbaren Ufiomi-Gebiet angesiedelt haben. Mit berechtigtem Stolz führte uns der Bruder Oberer durch den Missionsgarten, in dem fast alle ostafrikanischen Kulturpflanzen, vor allem aber Kaffee, üppig gedeihen; schade, daß die gegenwärtigen kostspieligen Transportverhältnisse alle Exportversuche zu nichte machen. Auch die Viehzucht will nicht recht vorwärtskommen; vor einigen Jahren raffte eine furchtbare Seuche, allen Anstrengungen des Gouvernements-Tierarztes zum Hohn, nahezu die Hälfte des Bestandes, mehrere hundert Stück Rindvieh in kurzer Zeit dahin, und ob die von den Patres neuerdings hinzugenommene Straußenzucht lohnend sein wird, läßt sich mit Sicherheit noch nicht sagen.

6. Von Ufiomi nach dem Gurui und dem Ende von Turu- und Iraku-Bruchstufe.

Von Ost-Ufiomi führte uns diesmal der Weg rings um das Ufiomi-Massiv herum. Ein hagerer Ufiomi-Mann, bekleidet mit den eigentümlichen spitzenartig durchbrochenen Lederumhängen, wie man sie nur bei den Wafiomi findet, zeigte uns den schmalen Pfad, der bald am Fuße des Berges, bald in halber Höhe um das Massiv herumführt. Außerordentlich stark ist allenthalben die erosive Zerrillung der unteren Hangpartien; man möchte sagen, man könnte hier die Erosion geradezu belauschen, wie sie in der für die ariden Gebiete kennzeichnenden Art den unteren, durch kümmerliche Buschvegetation nur dürftig geschützten Teil der Hänge beschabt und bekratzt, die Basisfläche ständig verkleinert, ohne die waldgeschützte Gipfelpartie des Massivs in demselben Maße zu erniedrigen. — Wie in Ost-Ufiomi, so treten auch am Nord- und Westabhang einige Quellen zu tage; es sind allem Anschein nach echte Schichtquellen, die hier durch die Überlagerung des relativ undurchlässigen Gneis durch sehr durchlässiges Aschengestein erzeugt werden.

Morphologische und ethnographische Studien hielten uns in West-Ufiomi einige Tage fest. Dann folgte eine Umgehung des schlauchförmigen Bassoda-Sees, eines durch die Aschenmassen des Gurui zum

See aufgestauten Flußlaufs, an dessem nordwestlichen Ufer wir den kleinen, wohlerhaltenen Gitsimi-Kraterberg auffanden. Noch einmal schauten wir von hier auf das imposante Massiv des Ufiomi-Vulkans (Abb. 38); dann ging es nach Süden in das Quellgebiet des Bassoda-Beckens mit seinen z. T. noch recht jugendlich gestalteten Zuflüssen und in einer großen, den Bubu berührenden Schleife nach Salanka in der Landschaft Uassi, wo wir in aller Einsamkeit die Weihnachtsfeiertage verlebten. Moos- und flechtenbehangener Höhenwald dehnt sich hier in dem nördlichen Teile von Uassi tageweit aus. Nur ganz vereinzelt hat der Mensch durch seine Felder die Ursprünglichkeit der Landschaft gestört; von den Felsen bei Salanka aus gesehen verschwinden diese wenigen Rodungen vollkommen, und der Blick schweift über das Laubdach des Höhenwaldes hinweg bis hinüber zu den beiden gewaltigen Massiven, die sich wie feste Landmarken in diesem ganzen Gebiet am Horizont abheben, dem Gurui-Vulkan im Westen und dem Ufiomi-Vulkan im Norden.

Am 27. Dezember 1911 traten wir den Weitermarsch von Salanka an. Von der Fastebene, die sich einst auch hier ausdehnte, sind gegenwärtig nur noch ganz winzige Restflächen erhalten; die zahlreichen Nebenflüsse des Bubu haben die Hochebene allenthalben intensiv zertalt. Und wie einst in Irangi, so sehen wir auch hier das Relief immer mannigfaltiger, lebendiger werden, je näher wir an das Bubutal selbst herankommen. — Fünf Stunden etwa ging es ständig auf und ab; endlich stiegen wir in das tiefeingeschnittene, breitsohlige Tal des Bubu hinab und folgten eine Strecke lang seinen eingesenkten Schlangenwindungen, auf deren Entstehung wir oben bereits zu sprechen gekommen sind. Nach kurzer Rast in dem papyrusreichen, jetzt fast ganz trocken liegenden Bubutal ging es dann den westlichen Hang hinauf, und über ein letztes, schmales Reststück der gegenwärtig in Umwandlung begriffenen fastebenen Hochfläche hinweg, bis man endlich von der Höhe eines etwa 75 bis 100 m hohen, sanftgeböschten Abhanges auf die weite tischförmig ebene Niederung hinabschaut, aus der das Gurui-Massiv aufsteigt. Es ist der nördliche Abschnitt der Ost-Balangidda-Stufe, die wir nunmehr hinuntersteigen. Das Relief ist hier nahezu dasselbe, wie bei der einstigen Kreuzungsstelle weiter im Süden: auch hier hat die Erosion Zeit gehabt, die ehemalige Schärfe der Bruchstufe zu zerstören, und eine Fülle von Flußscharten in den einst geschlossenen Stufenwall einzugraben. Die von den periodischen Bächen und Flüssen herausgewühlten Schuttmassen sind am Fuße der Stufe, wo das Gefälle plötzlich gewaltig nachläßt, angehäuft und mildern im Verein mit dem in situ entstandenen Schutthang die Steilheit des Abstieges recht erheblich. Auch hier sprechen also alle Beobachtungen für ein höheres geomorphologisches Alter der Ost-Balangidda-Stufe.

Sobald man den mehrere km breiten Schutthang am Fuße der Stufe durchquert hat, gelangt man in das Gebiet der jungvulkanischen Gesteine des Gurui. Eine außerordentliche Fülle von kleinen, meist noch wohlerhaltenen Kratern steigt aus der Grabensohle auf. Die Kraterwände sind selten höher als 20 bis 30 m, so daß die kleinen Aschenkegel im Landschaftsbilde nicht übermäßig hervortreten. Nicht die vertikalen Ausmaße dieser Miniatur-Vulkane, sondern ihre außerordentlich große Anzahl ist es, die den Reisenden immer wieder in Erstaunen setzt, und die topographischen Arbeiten außergewöhnlich erschwert. Aber alle Mühen dieses fortgesetzten Hinauf und Hinunter werden reichlich belohnt durch die prächtige Aussicht auf die trotz aller Erosionsscharten so imposante Vulkanruine des Gurui (Abb. 40). Da das Gurui-Massiv selbst vor zwei Jahren von F. Jäger erforscht worden ist, begnügten wir uns mit dem Studium der südlich vorgelagerten parasitären Kraterbildungen und wanderten in den folgenden Tagen weiter nach Westen. Der erste Tag des Jahres 1912 war unterdessen gekommen, ein Tag, der mir unvergeßlich bleiben wird. Wir lagerten im Westen des Gurui, am Fuße eines der geschilderten, kleinen Krater. Um das Relief der Landschaft zu skizzieren und weit reichende Fernpeilungen vorzunehmen, verließ ich mit einem Träger das Lager und stieg auf die Höhe der Kraterwand hinauf. Kaum hatten wir die Höhe erreicht und eben das Landschaftsbild überschaut, da, ein dumpfes Gebrüll: fünf Meter von uns entfernt erhebt sich ein Löwe. Was tun? Bar aller Waffen blieb uns nichts anderes übrig, als das Heil in der Flucht zu suchen. In wilder Hast ging es den felsigen Abhang hinunter, jeden Moment darauf gefaßt, vom Löwen gepackt zu werden. Wieviel Gedanken stürmten in den wenigen Sekunden auf einen ein! „Ssimba, bunduki" (Löwe, Gewehr) riefen wir mit aller Kraft ins Lager hinunter, und im Nu war dort alles auf den Beinen. Endlich, endlich — es dünkte uns eine Ewigkeit — stehen wir heil am Fuße des Kraterhanges, umringt von den ängstlich dareinschauenden schwarzen Gesellen. Wie wir dann, mit dem Gewehr in der Hand, feststellen konnten, hatte es der „König der Tiere" vorgezogen, nach der entgegengesetzten Seite zu flüchten.

Der nächste Tag führte uns zum nördlichsten Abschnitt der Turu-Bruchstufe, die wir kurz vor ihrem Ende südwestlich vom Gurui kreuzten (siehe Tafel 31). Von besonderem Interesse war der Umstand, daß die morphologischen Beobachtungen auch hier wie überall, wo wir die Turu-Bruchstufe bisher querten, für ein relativ jugendliches Alter dieser tektonischen Stufe sprachen. Allerdings, so steil und schroff wie im Süden ist die Turu-Bruchstufe an dieser Stelle nicht; aber wir erkennen bei den ersten Schritten schon die Ursache dieser Erscheinung: die Verwerfung durchsetzt hier nicht wie im Süden Granit sondern die jungvulkanischen Aschen des Gurui, die der Zerstörung ungleich weniger zu widerstehen vermögen. Da die Aschenmassen durch die Verwerfung und eine Reihe von Talschluchten in Gestalt völlig horizontalliegender, mächtiger Bänke aufgeschlossen sind, so ergibt sich ohne weiteres, daß es sich nicht um eine Anwehung vulkanischer Aschen an eine bestehende Stufe handeln kann, sondern daß die tektonische Stufe das sekundäre ist, d. h. nach Ablagerung der vulkanischen Aschen entstanden ist: die Turu-Bruchstufe ist jünger als die Ascheneruptionen des Gurui. Vergegenwärtigen wir uns, daß die Massai-Bruchstufe, wie wir oben sahen, zum mindesten in ihrem nördlichen Abschnitt zweifellos älter ist als die Eruption des Ufiomi-Vulkans, und berücksichtigen wir zudem, daß die petrographischen und morphologischen Beobachtungen am Ufiomi-Berg und am Gurui für ein nahezu gleiches Alter dieser beiden Vulkane sprechen, so ergibt sich die Schlußfolgerung, daß die Turu-Bruchstufe sehr wahrscheinlich jünger als die Massai-Bruchstufe ist, ein Resultat, das den oben geschilderten verschiedenartigen Reliefformen der beiden Stufen durchaus entspricht.

Wenn man die Höhe der Turu-Bruchstufe hier in ihrem nördlichsten Teile erklommen hat, so schaut man über eine weite Ebenheit, die in etwa 6—8 km Entfernung von der mauerartig aufragenden Iraku-Bruchstufe begrenzt wird. Den Verlauf und das Ende dieser Stufe zu erkunden, war das Ziel der nächsten Tage. Wir marschierten daher nahezu geradlinig auf den Fuß des Steilhanges los und folgten dann dieser hier ca. 50 m hohen Bruchstufe bald unten, bald oben, bis wir sie in dem Sipunga-Kessel hakenförmig umbiegen und ihr Ende erreichen sahen (siehe Tafel 31). Durch diese Exkursion ergab sich mit absoluter Sicherheit, daß die beiden genannten Bruchstufen, die Iraku- und die Turu-Bruchstufe, zwei völlig selbständige, nicht zusammenhängende tektonische Gebilde sind.

Ein Ergebnis von weit mehr als nur topographischem Interesse war damit erreicht. Man hat bisher mehrfach die Meinung ausgesprochen, daß die großen tektonischen Stufen und Grabenbrüche Ostafrikas durch den Einbruch der Scheitel langer, meridional streichender Falten entstanden seien. Obwohl diese Faltungstheorie durch keinerlei Beobachtungen im Gelände gestützt werden kann, die Faltung vielmehr eine durchaus hypothetische Annahme darstellt, hat diese Auffassung immer neue Anhänger gewonnen, unter anderem wohl auch deswegen, weil durch sie zugleich eine häufige Begleiterscheinung der tektonischen Stufen, die labiale Aufwulstung, ihre Erklärung findet. Man nimmt eben an, daß die Aufwölbung das primäre, der Einbruch das sekundäre sei. — So sehr auch in uns der Drang nach kausaler Erkenntnis, der Wunsch, sich eine Vorstellung von dem Entstehungsprozeß der Großen Störungszone zu bilden, rege ist, so wenig vermögen wir uns mit dieser Auffassung zu befreunden. Bei den großen Grabenbrüchen mag diese Theorie noch allenfalls anwendbar erscheinen, obwohl sich, wie wir unten zeigen werden, die labiale Aufwulstung zwanglos ohne die Annahme irgendwelcher Faltung erklären läßt. Was aber wird, wenn die beiden Verwerfungen eines Grabenbruchs verschiedenen geologischen Alters sind (Turu-Bruchstufe und Ost-Balangidda-Bruchstufe), und sollen auch die zahlreichen Bruchstufen diesem nämlichen Faltungsprozeß ihre Entstehung verdanken? Dann müßten wir für jede einzelne dieser großen, wie wir jetzt wissen, nicht zusammenhängenden Störungen eine besondere Falte annehmen, für die Iraku - Bruchstufe, die Turu - Bruchstufe, die Kilimatinde-Bruchstufe, die Nord-Ugogo-Bruchstufe usw. und erhielten auf diese Weise ein überaus wirres Bild, das von vornherein den Stempel der Unwahrscheinlichkeit an sich trägt.

In steter Berührung mit den Problemen ist uns während der Reise eine Auffassung erwachsen, die uns nicht nur wahrscheinlicher als die Faltungstheorie dünkt, sondern zugleich das kausale Moment noch viel stärker in den Vordergrund rückt und tiefer erfaßt als jene. Wir möchten dazu neigen, die großen Ostafrika durchsetzenden Störungen und die jungvulkanischen Eruptionen in Verbindung zu bringen mit dem Einbruch des Indischen Ozeans, d. h. die großen Grabenbrüche und Bruchstufen als Zerrungserscheinungen aufzufassen. Es wird Aufgabe einer späteren Publikation sein, diesen Gedanken im einzelnen auszuführen. Hier möge der Hinweis darauf genügen, daß wir die Große Ostafrikanische Randverwerfung für die älteste dieser durch Zerrung hervorgerufenen Bruchstufen halten und uns vorstellen, daß diese Zerrung im Tertiär und Diluvium infolge weiterer Senkungsvorgänge im Gebiet des Indischen Ozeans immer weiter nach Westen hinübergreift, hier gewaltige, der Zerrung entsprechend annähernd meridional streichende Risse und ein schollenartiges Nachbrechen des den Indischen Ozean umsäumenden afrikanischen Kontinentsockels erzeugt. Das Endresultat dieses gewaltigen Zerrungsprozesses ist jene tektonische Stufenlandschaft, als die uns heute die große Rumpffläche des zentralen und östlichen Ostafrika entgegentritt. — Die labiale Aufwulstung aber, die die Verwerfungen häufig begleitet, möchten wir als eine Folge des in der Erdrinde lebendigen Strebens nach Isostasie ansprechen. Durch den Einbruch langgestreckter Erdschollen entsteht eine Störung des statischen Gleichgewichtes in der Erdrinde; die eingebrochenen Schollen erzeugen eine Dichtevermehrung, eine lokale Kompression, die ihrerseits zur Wiederherstellung des Gleichgewichtes einen entgegengesetzten d. h. nach oben gerichteten Druck auslöst. Dieser von der Tiefe nach oben gerichtete Gegendruck ist es, der die labiale Aufwulstung am Rande der stehengebliebenen Schollen hervorruft. So erklärt sich zwanglos die beiderseitige labiale Aufwulstung bei Grabenbrüchen und die nur an dem Rande der Hochscholle wahrzunehmende Aufwulstung bei Bruchstufen, erklärt sich endlich auch die unleugbare Beziehung zwischen der Sprunghöhe der Verwerfung und dem Maße der Aufwulstung.

Nachdem wir unsere morphologischen Studien im Sipunga-Kessel beendet hatten, marschierten wir stellenweise durch dichten Urbusch nach Südosten in der Absicht, unser altes Lager am Balangidda-See wieder zu erreichen. Wir durchquerten das Fastebenen-Reststück zwischen der Iraku- und Turu-Bruchstufe und schlugen uns dann einen Weg durch das dichte Gestrüpp am Steilabhang der Turu-Bruchstufe, die hier ein nicht minder jugendliches Relief zeigt wie weiter im Süden (Abb. 41). Noch einmal rasteten wir dann am Südende des Balangidda-Sees in der breiten Grabensohle zwischen Turu- und Ost-Balangidda-Bruchstufe, wo wir einst im Anfang der Expedition, vor nunmehr fast einem Jahre, unser Lager aufgeschlagen hatten.

Der Rückmarsch vom Balangidda-See nach Kondoa-Irangi führte uns zunächst die Ost-Balangidda-Stufe hinauf. Selten ist uns der morphologische Gegensatz zwischen der jugendlichen Turu-Bruchstufe und der älteren Ost-Balangidda-Stufe so deutlich bewußt geworden wie in diesen Tagen, wo wir beide Bruchstufen kurz hintereinander kreuzten: dort ein geschlossener felsiger Stufenwall, fast völlig frei von jeglichem Schuttfußhang, unberührt noch von der furchenziehenden Kraft der Erosion, hier ein sanft geböschter Abhang, bei dem das anstehende Gestein fast völlig ertrunken ist in den von der Trockenverwitterung erzeugten Schutt, zerrillt und zerfurcht von tausenden von Wasserrissen und gelegentlich sich füllenden Bachbetten. Kann man diesen Gegensatz anders erklären als durch die Annahme eines verschiedenen Alters der beiden Bruchstufen? — Unser Plan war eigentlich dahin gegangen, vom Lager Makangire in genau östlicher Richtung einen neuen, bisher noch nicht aufgenommenen Weg nach Kondoa-Irangi zu marschieren; leider stellte es sich jedoch heraus, daß keinerlei Wege existierten. Es wäre uns also nur übrig geblieben, uns einen Weg durch den Urbusch auszuhauen. Dazu aber fehlte uns jetzt sowohl Geld wie Zeit. Wir nahmen daher Kurs nach Süden und erreichten in einem Tagemarsch die Straße Ssingidda-Kondoa-Irangi, die wir im Oktober 1911 bereits gegangen waren. Am 8. Januar 1912 langten wir wieder in unserem Standquartier Kondoa-Irangi an.

7. Die Landschaft Burungi.

Da wir in der Landschaft Uassi wiederholt auf die Mitteilung gestoßen waren, daß die Wauassi einst mit den Waburungi eine Völkerfamilie gebildet hätten und erst vor einigen Generationen nach Norden ausgewandert seien, so beschlossen wir von Kondoa nicht direkt nach Ussandaui zu marschieren, sondern zuvor der Landschaft Burungi einen kurzen Besuch abzustatten. Naturgemäß standen bei dieser Exkursion ethnologische Probleme im Vordergrund; die Morphologie konnte nur nebenbei berücksichtigt werden.

In ihrem Körperbau stimmen die Waburungi mit den Wauassi und den Wafiomi vollkommen überein. Neben schlanken, hageren Gestalten mit vielfach kaukasischem Gesichtsschnitt und rötlich brauner Hautfarbe treffen wir Individuen mit allen Anzeichen des Bantublutes: gedrungene Körperform, dunklere Hautfarbe, stark gewulstete Lippen, breite, flache Nase usw. Man erhält also auch hier wiederum den Eindruck, ein Mischvolk vor sich zu haben. Die zahlreichen von der Expedition ausgegrabenen Skelette werden die Frage nach der Abstammung der Waburungi hoffentlich klären; viele Anzeichen scheinen darauf hinzudeuten, daß die Waburungi ein metamorphisiertes Hamitenvolk darstellen.

Was die Sprache der Waburungi anbetrifft, so ist an erster Stelle die überaus frappante Ähnlichkeit mit der Sprache der Wauassi und der Wafiomi hervorzuheben. Viele Wörter und Konstruktionen, die wir bei den Wauassi aufgezeichnet haben, kehren in identischer Form bei den Waburungi wieder, und ein bei der Expedition befindlicher

Uassi-Mann hatte, obwohl er zum ersten Mal nach Burungi kam, nicht die mindesten Schwierigkeiten, sich mit den Waburungi zu unterhalten. Es besteht also hier zwischen diesen beiden Völkerstämmen ein ganz ähnliches Verhältnis, wie wir es früher drüben im Westen zwischen den Waissansu und Wairamba festgestellt haben, jedoch kommt zu den Waburungi und Wauassi als dritter im Bunde noch das Ufiomi-Völkchen hinzu. Diese drei bilden eine der Bantugruppe in jeder Beziehung fremd gegenüberstehende Völkereinheit. — Leider blieben alle unsere Bemühungen, diese Beziehungen weiter zu verfolgen und Einzelheiten über die Vorgeschichte dieser Völkergruppe zu erkunden, erfolglos; die Waburungi entsinnen sich zwar auch, einst mit den Wauassi vereint gewesen zu sein, haben aber gleichfalls keine Vorstellung von der Ursache der späteren Trennung. Als wir in dem folgenden Monat die Einwanderungsgeschichte der Wassandaui erkundeten, brachten wir nun aber Tatsachen in Erfahrung, die vielleicht geeignet sind, das Dunkel dieser Probleme aufzuhellen. Die Wassandaui sind, wie wir noch ausführlich zu schildern haben werden, erst vor einigen Generationen von Süden her in ihre heutigen Wohnsitze eingedrungen. Wie sie uns erzählten, haben sie dabei einen Volksstamm aus diesen Gebieten nach Norden vertrieben. Der Name dieses Stammes ist nicht mit Sicherheit anzugeben; man hört vielfach den Namen Watatura, womit jedoch die Wassandaui alle Nichtbantu zu bezeichnen pflegen. Ist dieser von den Wassandaui nach Norden verdrängte Volksstamm etwa ident mit den Wauassi? Wir würden uns dann vorstellen müssen, daß die von Süden anstürmenden Wassandaui-Scharen auf die Waburungi-Wauassi im Süden Irangis aufprallten, die Waburungi nach Osten abdrängten, das kleine Völkchen der Wauassi aber zum Auswandern nach Norden zwangen. Ist diese Annahme auch durchaus hypothetischer Natur, so scheint sie uns immerhin den beobachteten Tatsachen gerecht zu werden. Wird es jemals gelingen, mit Sicherheit diese Frage zu entscheiden?

Von Kleidung und Schmuck der Waburungi gibt uns Abbildung 43 einen anschaulichen Begriff. Die Männer hüllen sich zum größten Teil bereits in europäische Tücher, die sie bei den indischen Händlern in Kondoa-Irangi erstehen. Um den Leib tragen sie kennzeichnenderweise wie die Wanjaturu, Wauassi und Wafiomi, d. h. wie alle Völkerstämme, die auch sonst hamitischen Einschlag verraten, ein mächtiges Bündel aus Gras gefertigter Schnüre. Die Frauen dagegen begnügen sich noch heute mit den Lederschurzen, wie sie in allen bereits durchwanderten Landschaften getragen werden. — Zur Herstellung des

Schmucks wird bei den Waburungi im Gegensatz zu allen benachbarten Völkern mit Ausnahme des im Ohrläppchen getragenen hölzernen Pflockes fast ausschließlich Leder verwandt. Lederne Ketten mit Perlen besetzt schmücken den Hals, ungetüme Bündel von ledernen Schnüren werden um den Leib getragen, und Lederringe zieren Handgelenke und Fußknöchel. Man möchte also die Waburungi im Gegensatz zu dem Perlenvolk der Waissansu-Wairamba[1]) als Ledervolk bezeichnen. — Auch in ihrem Nationaltanz unterscheiden sich die Waburungi von allen ihren Nachbarn. Zwei Gruppen von Männern stehen sich gegenüber und wechseln wie in dem traversez unserer Quadrille ständig ihre Plätze; die Frauen aber gehen paarweise mit nach hinten verschlungenen Armen im Kreise um die Gruppe der tanzenden Männer herum (Abb. 43).

Die Wirtschaftsform der Waburungi ist am ehesten mit der der Wanjaturu oder Wafiomi zu vergleichen. Ackerbau und Viehzucht haben annähernd dieselbe Bedeutung, jedoch ist die Vorliebe der Männer für die Viehzucht auch hier wieder sehr deutlich ausgeprägt. — Irgend ein Export ist bei der geringen Güte des Bodens und der Dürftigkeit der Niederschläge nicht möglich. Es wird nur eben so viel produziert, wie im Lande selbst verbraucht wird, wobei aber zu berücksichtigen ist, daß die alte Karawanenstraße von Irangi nach Mpapua (Ost-Ugogo) durch Burungi hindurchgeht und somit nicht unerhebliche Mengen von Lebensmitteln zur Verpflegung der Karawanen in Burungi aufgebracht werden müssen.

Einen Überblick über die Oberflächengestaltung des gesamten Burungilandes zu geben, ist uns nicht möglich, da es uns an Zeit fehlte, die Landschaft Burungi völlig zu durchqueren und bis zu ihrer Ostgrenze vorzustoßen. In dem von uns bereisten westlichen Teil stellt sich Burungi als ein weites mit mächtigen, isolierten Bergmassiven besetztes Reststück der alten Fastebene dar, das längs einer annähernd west-östlich verlaufenden Verwerfung gegen das etwa fünfzig Meter tiefere Niveau der Massai-Fastebene absetzt. Auf Schritt und Tritt begegnet uns auch hier wieder vor allem die außerordentliche Wirksamkeit der erosiven Abtragung in der oben gekennzeichneten klimatisch bedingten Form. Die isolierten Massive werden durchzogen von einem wahren Heer von mächtigen Flußbetten, die an ihrer Zerschneidung und Zerstörung arbeiten (Abbildung 42); und die umgebenden Ebenheiten tragen deutlich die Spuren der erosiven

[1]) Diese Zeitschrift Bd. XXVI Heft 2 Seite 115.

Entstehung an sich: eine große greisenhafte Talmulde folgt auf die andere, mit Busch bestandene Wasserscheiderücken wechseln auch hier mit riesigen, größtenteils versumpften Talauen ab. In der Trockenzeit mag die Durchwanderung des westlichen Burungi ein leichtes sein; in der Regenzeit aber entstehen ungeahnte Schwierigkeiten. Der Marsch von Burungi nach Ussandaui im Februar 1912 gehört zu den unangenehmsten Erinnerungen unserer ganzen Reise. Tag für Tag goß es ohne Unterbrechung; in den greisenhaften Talmulden sammelte sich das träge dahinschleichende Wasser an, so daß man stundenlang bis zu den Knien, ja bis zum Leibe, im Wasser watete, und in einem wahrhaften Schneckentempo nur vorwärts kam. War dann endlich wieder einmal eine flache, trockene Welle erreicht, so schaute man doch nur auf der anderen Seite in eine neue sumpfige Mulde hinunter, bis endlich die Granitberge von Ussandaui das Ende dieses Fastebenenstückes ankündigten.

8. Die Landschaft Ussandaui.

Die Oberflächengestaltung dieser letzten Landschaft unseres Forschungsgebietes weicht von der aller übrigen bisher bereisten Gegenden erheblich ab. Wenn man von Norden her Ussandaui erreicht, so fallen einem zunächst nur die markanteren Formen der Berge und die größere Steilheit der Böschungen auf (Abb. 44), der Grundcharakter der Oberflächengestaltung aber ist annähernd derselbe wie in Irangi: reife bis spätreife Talfurchen durchziehen auch diesen Teil der alten Rumpffläche. Je mehr man dann aber nach Süden kommt, desto bewegter und lebendiger wird das Relief, bis schließlich in Süd-Ussandaui der Wechsel tief eingeschnittener Täler und steiler, felsiger Höhen das Landschaftsbild völlig beherrscht: Süd-Ussandaui ist ein jugendlich anmutendes Bergland (Abb. 45).

Diese Eigentümlichkeiten des Reliefs von Ussandaui lassen sich im wesentlichen auf drei Faktoren zurückführen:

1. Ussandaui wird im Süden von einer Bruchstufe begrenzt, an der der südliche Flügel, die Ugogo-Fastebene, abgesunken ist; der Rand der stehengebliebenen Hochscholle (Süd-Ussandaui) erfuhr eine leichte Aufwulstung.

2. Die Wassandaui, die ihr heutiges Wohngebiet erst vor ca. 200 Jahren besetzten, haben sich vor allen in den nördlichen und mittleren Teilen der Landschaft Ussandaui angesiedelt; in dem ungleich schwächer besiedelten Süden hat die Entblößung des Bodens durch rücksichtsloses Roden daher noch nicht den Umfang angenommen wie im Norden.

3. Ussandaui ist im Gegensatz z. B. zu Irangi und Burungi aus einem harten, widerstandsfähigen Granit aufgebaut.

Von diesen drei Faktoren ist zweifellos die Entstehung der Nord-Ugogo-Bruchstufe als der wichtigste anzusprechen. Diese gewaltige von NW nach SE verlaufende Verwerfung schuf jenen annähernd 150—200 m hohen Steilhang, der Ussandaui im Süden und Südwesten gegen Ugogo abgrenzt, und gab damit dem Bubu-System eine um fast 200 m tiefer gelegene Erosionsbasis. Eine Periode intensiver Zertalung wurde mit dem Abbruch der Ugogo-Fastebene längs der Nord-Ugogo-Bruchstufe eingeleitet, und wenn sich auch dieses Wiedererwachen der Tiefenerosion naturgemäß auf das gesamte Bubu-System erstreckte, so wurde doch Ussandaui als die der Verwerfung am nächsten gelegene Landschaft am frühesten und kräftigsten davon betroffen. Aber auch noch in Ussandaui erweist sich die Intensität des Zertalungsprozesses als eine Funktion der Entfernung einmal von der Nord-Ugogo-Bruchstufe und zum anderen von der schnell tiefer gelegten Hauptwasserader des Landes, dem Bubu. Lebhaft zerschnitten ist bis jetzt vor allem der Landstrich längs der quer zur General-Abdachung streichenden Nord-Ugogo-Verwerfung d. h. Süd-Ussandaui. Die Bruchstufe selbst hat unter den heftigen Angriffen der Erosion bereits arg gelitten; ihr Rand ist stellenweise durch die Wühlarbeit der vielen, vielen Bäche und Wasserrisse so ausgefranzt, daß man in den einzelnen, nebeneinander gereihten Bergen zunächst kaum noch den alten Stufenwall wiedererkennt. Erst wenn man aus einiger Entfernung zum Steilhang der Nord-Ugogo-Verwerfung hinüberschaut und das zarte Distanzblau die Erosionsscharten verhüllt, empfängt man wieder den deutlichen Eindruck einer markanten Bruchstufe. — Im mittleren und nördlichen Ussandaui umfaßt die intensive Zerschneidung der alten Rumpffläche nur einen relativ schmalen Saum zu beiden Seiten der Bubu-Rinne. Sobald wir uns einige km vom Bubu entfernt haben, hören die jugendlichen, scharfwandigen Täler ohne erhebliche Talsohle auf und statt ihrer beginnen die reifen bis spätreifen Talfurchen, die das Landschaftsbild hier kennzeichnen. Im äußersten Nordwesten endlich d. h. in denjenigen Teilen der Landschaft, die von der Nord-Ugogo-Bruchstufe und dem Bubu am weitesten entfernt sind, ist die Fastebene noch nahezu unberührt, harrt noch der Erweckung zu neuem Leben.

Wenn man also auch die auffallenden Unterschiede im Relief des südlichen und nördlichen Ussandaui vor allem auf die Tatsache wird zurückführen müssen, daß der durch den Abbruch längs der Nord-Ugogo-Bruchstufe hervorgerufene neue Erosionszyklus gegenwärtig noch am Werke ist und die energische Zertalung erst langsam von Süden nach Norden und vom Bubu nach Osten und Westen fortschreitet, so sprechen doch eine Reihe von Beobachtungen dafür, daß daneben noch andere Kräfte an der Herausarbeitung dieses Gegensatzes mitwirken. Wiederholt konnten wir Flußbetten beobachten, die in fast gerader Linie von Nord-Ussandaui nach Süden verlaufen und dem Bubu oder einem seiner Nebenflüsse zustreben. Nichts würde die Annahme rechtfertigen, dieses fast geradlinige orographische Tal sei in einem früheren Erosionszyklus entstanden und würde gegenwärtig allmählich auf das Niveau der neuen Erosionsbasis gebracht; im Gegenteil, der geradlinige Verlauf spricht ganz entschieden dafür, daß das Tal jugendlicher Entstehung ist, erst den heutigen Niveauverhältnissen seine Anlage verdankt. Und doch haben die verschiedenen Abschnitte des Tales so gänzlich verschiedenartiges, zunächst ganz seltsam anmutendes Relief: das Quellgebiet und der Oberlauf weisen reife bis spätreife Formen auf, der Unterlauf in Süd-Ussandaui dagegen trägt ausgesprochen jugendliches Gepräge, d. h. die älteren Talabschnitte sind weniger ausgearbeitet als die jüngeren!

Die Lösung dieses Rätsels liefern uns die beiden anderen oben als grundlegend angeführten Faktoren, vor allem das unterschiedliche Pflanzenkleid. Der Boden Nord-Ussandauis ist entweder als Ackerland völlig entblößt oder ist mit einer dürftigen Gebüsch-Vegetation bekleidet. Hier kann also die Erosion ganz ähnlich wie in Irangi ihre ganze Kraft entfalten und durch Zerrillung der Talflanken und Flächenspülung jene Weitung der Flußbetten hervorrufen, wie es für die Erosionsweise des Wassers in den ariden Gebieten charakteristisch ist. Allerdings, so sanfte Böschungen wie in Irangi kommen in derselben Zeit in Ussandaui nicht zustande; dazu ist der Ussandaui-Granit zu hart und zu fest. Es entstehen infolgedessen zwar breite Talfurchen, aber die Hänge sind steiler und felsiger als in Irangi, und die von der Erosion herausgearbeiteten Bergmassive (z. B. der Dojo auf Abb. 44 Mitte) vermögen ihre Formen viel länger zu bewahren, als es im Gneis-Gebiet Irangis möglich wäre (vgl. Abb. 44 und 34). — Im südlichen Ussandaui liegen die Verhältnisse ganz anders. Weite Strecken Landes sind noch von der primären Waldvegetation bedeckt,[1])

[1]) Das Fehlen des Waldes in den benachbarten Landschaften scheint darauf hinzudeuten, daß die klimatischen Verhältnisse für die Erhaltung primärer Waldvegetation gerade noch ausreichen, die Regeneration des zerstörten Waldes dagegen unmöglich machen. Statt des Waldes erscheint dann xerophiles Buschgehölz.

und die Talhänge dadurch aufs beste gegen die Zerrillung und flächenhafte Abspülung geschützt. Es fehlt somit hier in Süd-Ussandaui eine der wesentlichsten Voraussetzungen der spezifisch ariden Erosionsweise, die Entblößung der Talflanken, und damit ist eine intensive Weitung der Talmulden in Süd-Ussandaui absolut ausgeschlossen. Die Dichtigkeit des Pflanzenkleides unterdrückt vielmehr die der Erosion in den ariden Gebieten sonst eigene Tendenz zu flächenhafter Abtragung und verleiht statt dessen der Erosionsweise trotz des hohen Hochwasserkoeffizienten, der ja nur die Erosionsintensität beeinflußt, mehr mitteleuropäischen Typus: anstelle der breiten flachen Talmulden finden wir hier scharfeingerissene, tiefe Täler ohne nennenswerte Talsohle; die seitliche Abtragung vermag der Tiefenerosion nicht Schritt zu halten. Dazu kommt als letztes noch der Umstand in Betracht, daß die Schuttproduktion, auf deren Bedeutung für die spezifisch aride Abtragungsweise durch das fließende Wasser oben hingewiesen wurde, hier im waldigen Süd-Ussandaui erheblich geringer ist als im waldfreien Norden. Denn der Zerfall der Gesteine beruht in den ariden Gebieten im wesentlichen auf Insolationsverwitterung; das Vorherrschen von Waldvegetation aber macht die Entwickelung großer täglicher Temperaturschwankungen, wie sie starke Insolationsverwitterung zur Voraussetzung hat, unmöglich.

Fassen wir die Resultate unserer morphologischen Untersuchungen in der Landschaft Ussandaui noch einmal kurz zusammen, so werden wir das folgende sagen dürfen:

Die starke Zertalung, die die Oberflächengestaltung Ussandauis kennzeichnet, ist auf den Abbruch der Ugogo-Fastebene längs der Nord-Ugogo-Bruchstufe im Süden Ussandauis und die dadurch erzeugte energische Tiefenerosion vor allem im Bereich des mittleren Bubusystems zurückzuführen. Der oben skizzierte Gegensatz im Relief von Nord- und Süd-Ussandaui beruht in erster Linie darauf, daß die Intensität der Zertalung der alten Rumpffläche mit der Entfernung von der Nord-Ugogo-Bruchstufe und dem Bubutal abnimmt; daneben aber übt auch das Pflanzenkleid einen bedeutungsvollen Einfluß auf die Modellierung der Oberfläche aus. Im waldfreien Norden entfaltet die Erosion mit großem Erfolg die für die ariden Gebiete charakteristische Neigung, die Täler durch Zerrillung und flächenhafte Abspülung der Hänge ständig zu weiten; in den waldigen

Gebieten des Südens dagegen macht das dichte Pflanzenkleid diese spezifisch aride Abtragungsweise des fließenden Wassers unmöglich und erzeugt als Produkt einer mehr dem mitteleuropäischen Typus sich nähernden Erosion tief eingegrabene, scharf begrenzte Talrinnen ohne beträchtliche Talsohle.

Nicht minder viel Rätsel als die Morphologie Ussandauis gibt uns das Studium seiner Bewohner auf. Sowohl im Körperbau als auch in der Sprache unterscheiden sich die ca. 10000 Seelen zählenden Wassandaui aufs schärfste von den Bantu Irangis ebenso wie von den hamitischen Stämmen der Wafiomi, Wauassi und Waburungi. Die Körpergröße der reinen [1]) Wassandaui ist meist ein wenig geringer als die der Nachbarvölker, die Hautfarbe ein helleres rötlichbraun. Das Gesicht kennzeichnet sich durch ziemlich starke Prognathie der Kiefer, starkes Hervortreten der Backenknochen und geringere Wulstung der Lippen; der Körperbau zeigt selbst bei wohlgenährten Individuen in der Regel eine auffallende, gelegentlich fast an kindliche Proportionen erinnernde Zartheit und Zierlichkeit [2]) (Abb. 46). Genauere Daten wird auch hier wieder die Bearbeitung des von der Expedition geborgenen Skelettmaterials liefern.

Viel größer und markanter aber als der anthropologische ist der Unterschied hinsichtlich der Sprache. Die Wassandaui sprechen eine Schnalzlauten-Sprache, die zwar in vielen Punkten nicht unwesentlich von der der Wakindiga abweicht, zum andern aber doch in ihrem ganzen Aufbau so viel Anklänge an die Sprache der Wakindiga zeigt, daß an der Zusammengehörigkeit der beiden Sprachen nicht gezweifelt werden kann. [3]) Damit war das große Problem aufgedeckt, das unsere

---

[1]) Rein erhalten haben sich die Wassandaui vor allem in den südlichen Teilen der Landschaft. Im Westen haben sie sich z. T. bereits recht erheblich mit Wanjaturu, im Norden mit Wairangi vermischt.

[2]) Auch die Körperkräfte der Wassandaui scheinen geringer zu sein als die ihrer Nachbarn. Eine normale ostafrikanische Trägerlast von ca. 25 kg wird in Ussandaui nie von einem Mann, sondern stets von zwei Männern getragen.

[3]) Ein eingehendes Studium der Wassandaui-Sprache konnte leider nicht in das Programm der Expedition aufgenommen werden, da die morphologischen Untersuchungen zu viel Zeit in Anspruch nahmen. Zum Glück erbot sich der Pater Oberer der katholischen Mission in Ussandaui bereitwilligst, seine über mehrere Jahre sich erstreckenden Aufzeichnungen über die Sprache der Wassandaui Herrn Professor D. Meinhof zur Verfügung zu stellen. Schon an dieser Stelle sei den Missionaren der katholischen Mission in Ussandaui hierfür und für die liebenswürdige Gastfreundschaft, die sie mir bereiteten, herzlichst gedankt.

ethnologischen Studien in der Folgezeit beherrschte: stellen die Wassandaui, die jetzt ähnlich wie die Wairangi fast ausschließlich von Ackerbau leben, einen Zweig des großen urafrikanischen Jägernomadenvolkes dar (Wakindiga, Bagielli, Buschmänner)? Wenn dies der Fall ist, wann und wie vollzog sich dann die Umwandlung ihrer Wirtschaftsform, und haben sie von jeher ihre heutigen Wohnsitze innegehabt?

Diese letzte Frage fand zuerst ihre Beantwortung. In fast allen Teilen der Landschaft Ussandaui stießen wir auf eine noch jetzt im Volke recht lebendige Überlieferung, die uns von der Einwanderung der Wassandaui in ihre heutigen Wohnsitze Kunde gibt. Wenn man die einzelnen, zum Teil fragmentarischen Mitteilungen zusammenfügt, so ergibt sich als Inhalt dieser Tradition das folgende: Die Wassandaui lebten einst weit drüben im Nordwesten in der Nähe eines großen Sees (Njarasa-See?); von hier sind sie vor etwa sechs bis acht Generationen nach Südsüdwesten ausgewandert. Ihr Weg führte sie durch die Landschaft Turu hindurch bis zur Nordgrenze der Landschaft Ugogo, deren Bevölkerung sich jedoch dem Eindringen der Wassandaui-Scharen erfolgreich widersetzte. Die Wassandaui wurden nach Norden vertrieben, stießen dann sehr bald auf ein kleines Völkchen (Wataturu? = Wauassi? siehe oben), das zu gering an Zahl war, um dem Ansturm Widerstand zu leisten, vielmehr das Feld räumten und nach Norden abzog. Die Wassandaui folgten ihnen, stießen aber bei den Wairangi sehr bald auf energischen Widerstand: die Wairangi geboten dem weiteren Vordringen der Wassandaui halt und brachten damit die Wanderung überhaupt zum Stillstand und Abschluß. Eingeengt und eingeklemmt zwischen den Wairangi im Norden, den Wanjaturu im Westen, den Wagogo im Süden und den Waburungi im Osten, haben sich die Wassandaui dann in der Folgezeit in ihren heutigen Wohngebieten häuslich eingerichtet. — Über die Ursache dieser Wanderung der Wassandaui sagt die Überlieferung leider garnichts aus; desgleichen blieb unser Bemühen erfolglos zu erkunden, welches die Wirtschaftsform der Wassandaui zur Zeit der Wanderung gewesen ist. Das Einzige, was wir in Erfahrung bringen konnten, ist das, daß die Wassandaui noch in ihren gegenwärtigen Wohnsitzen bis vor etwa zwei Generationen die Jagd in weit ausgedehnterem Maße als heute zur Stillung ihrer Bedürfnisse heranzogen.

Hieran nun knüpften unsere unmittelbaren Beobachtungen an. Wenn wirklich die Wassandaui, wie es nach alledem den Anschein hat, einstens wie die übrigen schnalzensprechenden Völker Afrikas als

Jägernomaden gelebt haben, sollten sich da nirgends Relikte dieser primitiven Kulturform erhalten haben? In der Tat glückte es schon nach wenigen Tagen, derartige Reliktenformen aufzudecken. Die Angriffs- und Schutzwaffen der Wassandaui, Speer und Lederschild, sind bis in alle Einzelheiten ident mit denen der Wanjaturu bezw. der Wairangi; die Jagdwaffen dagegen, die die Wassandaui noch heute benutzen, weichen in ihrer Konstruktion vollkommen von denen der umliegenden Völkerschaften ab, stimmen dagegen aufs trefflichste mit den Waffen der Wakindiga überein. Genau wie dort finden wir auch hier in Ussandaui Pfeile mit hölzernen Spitzen für die Jagd auf Vögel und kleinere Säugetiere und aus Schaft und Spitzenträger zusammengesetzte Pfeile mit Eisenspitzen für die Jagd auf Großwild. Auch die sonderbare Harpunenvorrichtung der Wakindiga-Pfeile — der Spitzenträger ist durch eine spiralig um den Schaft gewickelte Schnur an diesen festgebunden — kehrt hier in genau derselben Konstruktion wieder, und selbst die Umwicklung der Pfeilspitzen mit Lederstreifen ist bei den Wassandaui absolut dieselbe wie bei den Wakindiga. — Unmöglich können wir annehmen, daß ein Zufall hierbei im Spiele sei. Die Übereinstimmung der Jagdwaffen der Wassandaui mit denen der Wakindiga ist so frappant, daß wir schließen müssen: die Wassandaui sind nahe Verwandte der Wakindiga und haben einst wie jene als Jägernomaden gelebt. Und da, wie wir sahen, alle übrigen Waffen erst von den jetzigen Nachbarn entlehnt worden sind, so liegt weiter der Gedanke nahe, daß die Wassandaui noch als Jägernomaden in ihre heutigen Wohngebiete eingezogen und erst hier zu Ackerbauern geworden sind.

Unausgesetzt beschäftigte uns dieses Problem auf unseren mannigfachen Kreuz- und Quertouren durch Ussandaui. Ist unsere oben ausgesprochene Vermutung richtig, so können die Wassandaui bei ihrer Einwanderung unmöglich die Tembe, ihre heutige Hüttenform, gekannt haben, sondern müssen in einer primitiven, dem unsteten Leben der Jägernomaden angepaßten Hütte, gehaust haben, wie es die Wakindiga noch heute tun. Dieser Punkt mußte zweifellos die Entscheidung bringen: sind die Wassandaui tatsächlich noch als Jägernomaden in ihre heutigen Wohngebiete eingewandert und erst hier zu Ackerbauern geworden, so müssen sich in Anbetracht der Kürze der Umwandelungszeit noch heute Reste ihrer einstigen Jägernomadenhütte finden lassen; kennt man diese primitive Hüttenform nirgends mehr, so muß die Umwandelung, sofern sie überhaupt nachweisbar ist, zum mindesten weiter zurückliegen. — Wochen emsigen

Suchens folgten, doch schien alles vergeblich. Wo immer wir im nördlichen und zentralen Ussandaui die Alten um uns versammelten und nach der Vergangenheit forschten, immer dieselbe Antwort: so lange wir uns besinnen können, haben die Wassandaui stets in Temben gewohnt; wir haben auch nie von unseren Vätern gehört, daß sie jemals eine andere Hüttenform gehabt hätten. — Ohne irgendwelche Spuren einer primitiven Jägernomaden-Hütte zu finden, durchstreiften wir Anfang März 1912 auch das südliche Ussandaui. Wir hatten eigentlich schon alle Hoffnungen aufgegeben, als wir eines Tages — der Führer war eben ausgescholten worden, weil er wieder einmal den Weg verfehlt hatte — unvermutet dem Ziel all unserer Sehnsucht gegenüberstanden. Hier im äußersten Südosten der Landschaft Ussandaui, am weitesten entfernt von allen fremden Einflüssen, hat sich tatsächlich eine altertümliche Hüttenform erhalten, in der wir zweifellos ein Überbleibsel des einstigen Jägernomadentums zu erblicken haben (Abb. 47). Die Bauweise ist höchst primitiv. Einige notdürftig behauene Stämme oder starke Äste werden in einem Kreise von $1^1/_2$—2 m Durchmesser in den Boden gerammt und oben miteinander verbunden. Auf dieses Gerüst wird dann, ganz nach Wakindiga-Art[1]), Stroh und Gras und Gebüsch hinaufgelegt und so Schutz gegen Sonne und Regen erzielt. Die Ähnlichkeit mit den Wakindiga-Hütten ist überaus frappant. Man vergleiche nur einmal unsere unten zitierte Beschreibung und Abbildung der Wakindiga-Hütten mit diesen altertümlichen Hütten der Wassandaui, und man wird zu der Überzeugung gelangen, daß es im Prinzip idente Hüttenformen sind. Nur in einem einzigen Punkte unterscheiden sie sich von einander: die Wakindiga-Hütte ist offensichtlich nur für den Augenblick gebaut, die Wassandaui-Hütte dagegen ist ein wenig stabiler, mehr für die Dauer berechnet; sie ist die Hütte des seßhaft werdenden Jägernomaden.

Der Aufenthalt im abgelegensten Winkel Ussandauis brachte noch eine weitere wichtige Feststellung. Überall, wo wir diese altertümliche Hüttenform antrafen, wurde uns übereinstimmend erklärt: dieser Dummkopf da bewohnt noch eine Hütte, wie wir sie früher einmal alle hatten; er ist zu dumm, sich eine Tembe zu bauen! Aus dem Munde der Eingeborenen selbst also erfuhren wir, daß die Wassandaui einst tatsächlich allgemein derartige Hütten bewohnten und erst durch das Beispiel ihrer Nachbarn dazu geführt wurden,

---

[1]) Diese Zeitschrift Bd. XXVI Heft 1 S. 5 und Tafel 4.

zur Tembe überzugehen. Daß sich die Kunde von dieser altertümlichen Hüttenform im nördlichen Ussandaui anscheinend völlig verloren hat, wird uns nicht wunder nehmen, wenn wir uns darin erinnern, daß ja gerade der Norden zuerst und in andauernde und intensive Berührung mit den fremden Stämmen gekommen ist und dabei viele ehemalige ethnologische Eigentümlichkeiten verloren hat.

Mit der Auffindung der höchst interessanten altertümlichen Hüttenform war der Ring der Beweisführung geschlossen. Alle Beobachtungen und Erkundungen vereinigen sich zu folgendem Bilde: Die Wassandaui sind Verwandte der Wakindiga und lebten einst, wie jene, ausschließlich von der Jagd; als Jägernomaden zogen sie vor ca. 200 Jahren in ihre heutigen, damals zum großen Teil bewaldeten Wohngebiete ein. Allseitig umklammert und eingeengt von den Wagogo, Wanjaturu, den Wairangi und Waburungi, die ihnen das Betreten ihrer Landschaften verwehrten, waren die Wassandaui in der Folgezeit bald der Möglichkeit beraubt, ausschließlich von der Jagd zu leben, fehlte ihnen doch eine der wichtigsten Lebensbedingungen für Jägernomaden, die Möglichkeit, weite Gebiete zu durchstreifen und dem Wilde zu folgen. Die Kleinheit des ihnen zur Verfügung stehenden Landes zwang die Wassandaui mit bitterer Gewalt, ihre primitive extensive Kultur zu Gunsten einer mehr intensiven aufzugeben. Ganz allmählich folgten sie dem Beispiel ihrer Nachbarn, erst nur im Norden, schließlich aber hinab bis zum äußersten Süden, und gelegentliche Blutmischung wird das ihrige dazu beigetragen haben, diesen Umwandlungsprozeß zu fördern und zu beschleunigen: aus einem Volk von Jägernomaden wurde unter dem Zwang der Umstände ein Ackerbauvolk. — Diese völlige Umwälzung der Lebensweise zeitigte eine Reihe von interessanten Umgestaltungen, von denen die Änderung der Hüttenform eines der überzeugendsten Beispiele darstellt. Die primitive Jägernomadenhütte, die die Wassandaui mitgebracht haben, war für die neue, seßhafte Lebensweise natürlich so ungeeignet wie nur irgend möglich. Man half sich zunächst, indem man die Hütten stabiler baute und die schwachen Ruten und Zweige durch feste Stämme ersetzte; aber den erhöhten Anforderungen, die die seßhaft gewordenen Wassandaui naturgemäß jetzt an ihre Wohnstätte stellten, genügte dieser Hüttentyp auf die Dauer nicht. Mehr und mehr fand die Hüttenform der benachbarten Völkerschaften, die Tembe, Eingang, die heute mit verschwindend wenigen Ausnahmen die allgemeine Wohnstättenform der Wassandaui geworden ist.

9. Von Ussandaui nach Kilimatinde.

Bevor wir Ussandaui endgültig verließen, unternahmen wir eine große Rundtour nach Nordosten, die uns noch einmal in die vom salzigen Mpondi-Bach in zahlreichen Windungen durchflossene Grabenniederung zwischen der Turu- und der Ost-Balangidda-Bruchstufe und von hier in das östliche Turu führte (Tafel 31). Topographische und morphologische Untersuchungen waren die Hauptaufgaben dieser Exkursion; eine astronomische Ortsbestimmung auf der Missionsstation von Ost-Turu bildeten den Abschluß.[1]) Dann ging es wieder die mauerartig steile Turu-Bruchstufe hinunter (Abb. 41) und von Kwa Mgori auf einem neuen Wege nach Süd-Ussandaui zurück.

Nach umfangreichen Peilarbeiten auf dem Gipfel des Songoro-Heliographenberges (Rand der Nord-Ugogo-Bruchstufe) wandten wir uns nunmehr nach Südwesten, überschritten abermals den Mpondi und erklommen die Turu-Bruchstufe gerade an der Stelle, wo sie aus der Richtung SW-NE in die Richtung SE-NW umbiegt. Weiter ging es dann auf der Fastebene des südöstlichsten Turu bis zum Kilinga-Inselberg, den wir im Februar 1911 von Westen her erreicht hatten. Auch hier wieder konnte wie früher beim Oldongo Ssambu, dem Swagaswaga u. a. m. die erosive Entstehung der Inselberge beobachtet werden, doch scheinen Härteunterschiede hier nicht in Frage zu kommen.

In den nächsten Tagen führte uns dann der Weg die Turu- und Kilimatinde-Bruchstufe hinunter und weiter zu dem aus der Ugogo-Fastebene schroff aufragenden Kwita-Inselbergmassiv. Überaus interessant waren auch hier die morphologischen Studien, und wenn es noch eines letzten Beweises für die Entstehung der Inselberge durch die klimatisch abgewandelte Erosion des fließenden Wassers bedurfte, so fanden wir ihn hier auf Schritt und Tritt.

Inzwischen war es Mitte März 1912 geworden, die Zeit drängte

[1]) Die Expedition hat die Position folgender Stationen astronomisch bestimmt:

a) Station Kilimatinde	c) Station Kondoa-Irangi	e) Mission Ussandaui
b) „ Ssingidda	d) Mission Ufiomi	f) „ Ost-Turu.

zur Beendigung der Studien. In Eilmärschen ging es darum die Kilimatinde-Bruchstufe wieder hinauf und über das Fastebenen-Reststück zwischen der Kilimatinde- und Turu-Bruchstufe (Abb. 48) zum Ausgangspunkt der Expedition, der Militärstation Kilimatinde, zurück. Noch einmal schauten wir von der Höhe der Kilimatinde-Bruchstufe auf die weite Ugogo-Fastebene hinunter (Abb. 49) und nahmen damit von all den Problemen Abschied, die uns über ein Jahr im Felde beschäftigt hatten.

Sitzungsberichte.

354. Sitzung. 3. Oktober 1912.

Vorsitzender: Senator Westphal.

Der Vorsitzende gibt bekannt, daß dem Vorstande von einigen Freunden der erdkundlichen Forschung 1000 Mark überwiesen seien mit der Bestimmung, sie Oberlehrer Dr. Rudolf Lütgens, einem Mitgliede der Gesellschaft, als Beihilfe zu einer Studienreise nach Haiti zu übergeben. Auf der Seereise gedenke Dr. Lütgens außerdem seine schon früher auf einer Reise nach Südamerika ausgeführten Untersuchungen über die Verdunstung auf dem Meere fortzusetzen. Der Vorsitzende berichtet ferner über die der Gesellschaft für Erdkunde zu Berlin als Vermächtnis zugefallene Henry-Lange-Stiftung, deren jährliche Zinsen, die etwa 4000 Mark betragen, heimgekehrten wissenschaftlichen Forschungsreisenden zur Bearbeitung der Ergebnisse ihrer Reisen gewährt werden sollen. An der Verwaltung erhält auch die Geographische Gesellschaft in Hamburg einen Anteil, da die Entscheidung über die Gewährung der Stiftsgelder nach der testamentarischen Verfügung einer Kommission zusteht, die aus dem Vorsitzenden der Gesellschaft für Erdkunde zu Berlin, dem Beirat dieser Gesellschaft und je einem Vertreter der Geographischen Gesellschaften in Hamburg, Wien und Leipzig besteht.

Des weiteren berichtet der Vorsitzende über den auf die Tage vom 7. bis 14. Aug. 1913 in Toronto in Canada anberaumten XII. Internationalen Geologen-Kongreß, dem ausgedehnte Exkursionen voraufgehen und nachfolgen werden. Das Präsidium liegt in den Händen des Herrn Frank D. Adams, Prof. der Geologie an der Universität Mc Gill in Montreal, dem als Generalsekretär der Direktor der geologischen Kommission in Ottawa, Herr R. W. Brock, zur Seite steht.

Den von seiner denkwürdigen Reise nach dem Südpol Anfang August in seine Heimat zurückgekehrten Kapitän Roald Amundsen, der Ehrenmitglied der Geographischen Gesellschaft ist, hat der Vorstand bei seinem Eintreffen in Christiania willkommen geheißen und ihm seine Glückwünsche zu den durch weise Umsicht und bewundernswerte Energie errungenen großartigen Erfolgen ausgesprochen. Persönlich konnte nach dieser Mitteilung der Vorsitzende zwei andere Polarforscher herzlich begrüßen und beglückwünschen, die mit glänzenden Erfolgen heimgekehrt sind: Dr. de Quervain aus Zürich, der, wie bekannt, im letzten Sommer in 50 Tagen eine großartige Überquerung der gewaltigen grönländischen Inlandeisdecke ausgeführt hat (der zweiten überhaupt ausgeführten, nachdem Frithjof Nansen im Jahre 1888 das Inlandeis zum ersten Male viel südlicher durchquert hat), sowie Professor Dr. Mercanton aus Lausanne, der unterdessen Beobachtungen und Forschungen in Anmagsalik an Grönlands Ostküste ausgeführt hat, weilten auf der Rückreise in ihre Schweizer Heimat seit dem Vorabend in Hamburgs Mauern und waren der Einladung zur Teilnahme an der Sitzung gefolgt.

Dann hält Herr Dr. Erich Obst, der Leiter der Ostafrika-Expedition der Hamburger Geographischen Gesellschaft 1911/12, einen Vortrag über seine

Forschungsreise in den Steppenländern des nordöstlichen Deutsch-Ostafrika.

Nach einigen einführenden Bemerkungen über den allgemeinen Charakter des Forschungsgebietes (etwa 1200 bis 1300 Meter hoch gelegenes, niederschlagsarmes und daher mit dürftigen Gras- und Buschsteppen bekleidetes Hochland) führte Dr. Obst an der Hand ausgezeichneter Lichtbilder die Zuhörer zunächst durch die Landschaften westlich vom Südende jener gewaltigen Bruchzone, die vom nördlichen Palästina her ohne Unterbrechung bis nach Deutsch-Ostafrika hineinreicht. Die Wanderung ging von der Militärstation Kilimatinde, der Hauptsiedelung der Landschaft Ugogo, aus und führte nach Norden zur Landschaft Turu, einer kahlen, durch die Erosionsarbeit der Flüsse geschaffenen Fastebene. Durch eine Reihe von Lichtbildern und durch phonographische Vorführung gab Dr. Obst ein lebendiges Bild von dem Turu-Lande und seinen Bewohnern, den Wanjaturu, einem Bantu-Volk mit hamitischem Einschlag. Dann ging es, unter mehrfachem Kreuzen der Turu-Bruchstufe, nach dem Balangidda-See und von hier auf bisher unbegangenen Wegen nach NW zur Militärstation Mkalama am Rande des Wembäre-Grabenbruches. Mkalama wurde der Stützpunkt zu einem erfolgreichen Vorstoß nach NNO zu dem bisher nur vom Hörensagen bekannten Schnalzsprachenvolk der Wakindiga, das Dr. Obst in nahezu zweimonatigem Aufenthalt eingehend studieren konnte. Ohne Ackerbau, ohne Viehzucht, ohne feste Wohnsitze gar lebt dieses kleine, aber deswegen nicht minder interessante Völkchen auf der denkbar niedrigsten Kulturstufe als scheue Jägernomaden in den Busch- und Baumsteppen zwischen Hohenlohe- und Wembäre-Graben.

Infolge des in diesem Gebiet ständig sehr knappen und stets übelriechenden, schwarzgrünen Wassers schwer erkrankt, kehrte Dr. Obst wiederum auf neuen Wegen durch Issansu nach Mkalama zurück, wo eine längere Erholungspause notwendig wurde. Dann marschierte er am Fuße der mauerartig-steilen Iramba-Bruchstufe nach Sekenke, dem ersten und bisher einzigen deutsch-kolonialen Goldbergwerk, das eingehend besichtigt wurde. Darauf wurde die Iramba-Stufe erstiegen, und dann auf mannigfachen Kreuz- und Querturen die Morphogenie der Iramba-Fastebene studiert. Auch von den Bewohnern der Landschaften Issansu und Iramba gab Dr. Obst fesselnde Beschreibungen. Von besonderem Interesse waren seine Mitteilungen über den hier bestehenden, bisher gänzlich unbekannten Sonnenkultus.

Von Iramba wandte sich alsdann Dr. Obst nach SO, durchquerte die Landschaft Ussure und marschierte durch die Landschaft Turu weiter nach Osten nach Kondoa-Irangi, der Zentrale des östlichen Teiles des Forschungsgebietes. Da die Völker dieser Landschaften im Gegensatz zum Westen bereits von früheren Reisenden leidlich studiert waren, widmete sich Dr. Obst hier vorwiegend morphologischen Untersuchungen. In streng wissenschaftlicher, dennoch aber auch für den Nichtfachmann sehr wohl verständlicher und interessanter Darstellung entwarf er zunächst ein Bild von der morphologischen Entwicklung dieser Landschaften. Dann durchwanderte er an der Hand von instruktiven Lichtbildern die Landschaften Irangi, Uassi, Ufiomi, Burungi und Ussandaui. Von den Bewohnern dieser Gebiete erregten die Wassandaui besonderes Interesse. Dr. Obst schilderte sie als ein den Wakindiga nahe verwandtes Schnalzsprachenvolk, das von der Gegend des Njarasasees her nachweislich durch die Landschaft Turu nach seinen heutigen Wohnsitzen gewandert sei und dort, durch das Beispiel der Nachbarn dazu getrieben, das Leben als Jägernomaden aufgegeben habe und zum Ackerbau übergegangen sei. Die Sprache und eine jetzt allerdings schon sehr selten gewordene primitive Hüttenform beweisen indes neben vielem anderen noch heute den Zusammenhang mit den fernen Wakindiga.

Nach dem Abschluß der Wassandaui-Studien kehrte Dr. Obst zum Ausgangspunkt der Expedition, der Station Kilimatinde, zurück, von wo am 21. März 1912 die Rückkehr nach Europa angetreten wurde.

Nachdem der Vorsitzende dem Redner den Dank der Versammlung für seine fesselnden Ausführungen ausgesprochen hatte, wurde noch über zwei die Expedition betreffenden Punkte Beschluß gefaßt. Zunächst wurde der Vorstand ermächtigt, zu den früher bewilligten 14000 Mark noch etwa 3100 Mark zu verausgaben, um die Kosten der Expedition zu decken. Dann wurde der Antrag des Vorstandes genehmigt, die wertvollen Sammlungen, die Dr. Obst mitgebracht hat und die nach dem mit ihm geschlossenen Vertrage Eigentum der Geographischen Gesellschaft sind, den verschiedenen in Betracht kommenden hamburgischen Staatsinstituten, nämlich dem Museum für Völkerkunde, dem Naturhistorischen Museum, dem Mineralogisch-Geologischen Institut, dem phonetischen Laboratorium und den botanischen Staatsinstituten als Geschenk zu überweisen.

355. Sitzung. 7. November 1912.

Vorsitzender: Senator Westphal.

Herr Prof. Schott widmet dem verstorbenen Geographen Prof. Dr. O. Krümmel in Marburg warm empfundene Worte des Gedächtnisses, indem er in knappen Zügen ein Bild von den wissenschaftlichen Leistungen dieses bedeutendsten Ozeanographen gibt. Dann macht Prof. Schott einige Mitteilungen über die größten, jüngst vom deutschen Kanonenboot Planet vor der Ostküste der Philippinen-Insel Mindanao gemessenen Meerestiefen. Hier ist die größte bisher gemessene Meerestiefe mit 9780 Metern gelotet worden. Die gewonnene und an die Deutsche Seewarte eingesandte Grundprobe, ein grauer, vulkanischer Aschentuff, wurde vom Vortragenden vorgezeigt.

Herr Prof. Passarge gibt einen kurzen Bericht über die soeben veröffentlichte, von Prof. Schott verfaßte Geographie des Atlantischen Ozeans. Auf das außerordentlich gründliche Werk hat der Verfasser die Arbeit einer ganzen Reihe von Jahren verwandt. Die Herausgabe des reich mit Karten und Textfiguren ausgestatteten Werkes ist durch die pekuniäre Unterstützung einiger Hamburger Reedereien, der Wissenschaftlichen Stiftung, der Geographischen Gesellschaft u. a. ermöglicht, und das schöne Buch wird, da es bei aller wissenschaftlichen Gründlichkeit doch allgemein verständlich ist, gewiß gerade unter den Bürgern Hamburgs, deren Interessen so vielfach mit dem Weltmeere verknüpft sind, zahlreiche Leser finden.

Den Hauptvortrag des Abends hält Herr Ewald Banse (Leipzig) über die wirtschaftliche Bedeutung der Bagdadbahn. Der Redner, der die ganze zukünftige Trasse der Bagdadbahn 1907 und 1908 bereist hat und alles von ihr durchzogene Land zwischen der Kalifenstadt Bagdad und der Sultansstadt Konstantinopel kennt, gliedert das Gebiet in acht große Landschaften, die ebenso viele wirtschaftliche Einheiten bilden. Die wertvollsten sind Nordwest-Anatolien, Südost-Anatolien und Nordsyrien nebst Nord-Mesopotamien. In ihnen ist Humusboden in bedeutender Erstreckung entwickelt und Ackerbau kann vielfach ohne künstliche Bewässerung stattfinden. Für die wirtschaftliche Entwicklung von ihnen allen wird die Bahn von wesentlichem Nutzen sein, denn sie erst ermöglicht den Produzenten, ihre Waren schnell und besonders billig ans Meer und damit auf den Weltmarkt zu werfen. Die anderen Landschaften, Zentral-Anatolien, Mittel-Mesopotamien und Babylonien erklärt Banse für nicht annähernd so wichtig. Sie sind so gut wie regenlos, Steppe und (wenigstens die beiden erstgenannten) fast gar nicht bewässerbar. Babylonien könnte ja wohl auf größere Strecken hin bewässert werden, aber sein Boden ist fast überall versandet und versalzt, meist auch versumpft. Die überschwänglichen Erwartungen, die man gerade in einer Erweckung Babyloniens durch die Bagdadbahn hegte, dürften nur zu einem kleinen Teile in Erfüllung gehen. Überhaupt hat sich das Bild von der Bagdadbahn sehr verschoben. Früher sah man ihre Bedeutung in der einen großen Überlandlinie. Jetzt aber kann man diese Ansicht nicht mehr aufrecht erhalten. Vielmehr beruht die Wichtigkeit der Bagdadbahn darin, daß sie eine große Anzahl von Landschaften Vorderasiens zum Meer aufschließt. Nur diese Teilstrecken sind von großem Wert, während die Linie als ganzes nur für Post und durchgehende Eilgüter in Betracht kommt.

Die große Masse des Güterverkehrs aber, der doch in erster Linie die Rentabilität gewährleistet, wird stets möglichst rasch einen Seehafen zu erreichen suchen, um von ihm aus den billigen Wasserweg zu benutzen. So werden die Güter Ciliciens nicht durch ganz Kleinasien befördert, sondern mit der englischen Stichbahn zum Hafen Mersina gebracht werden, die Waren Nordsyriens den Bau einer direkten Zweiglinie nach Iskenderun erfordern.

Den an der Hand einer projizierten Karte gegebenen wirtschaftsgeographischen Ausführungen folgt die Vorführung zahlreicher Lichtbilder, die eine Anschauung von Landschafts- und Volkstypen aus den Ländern der Bagdadbahn geben.

An den Vortrag schließt sich eine lebhafte Aussprache, die zunächst angeregt wird durch Prof. Schott, der Zweifel an der pessimistischen Auffassung des Redners über die Entwicklungsmöglichkeit Babyloniens sowie des durchgehenden Passagierverkehrs hegt und noch näheres darüber zu hören wünscht. Nach der Erwiderung des Redners begründen auch Senator Westphal und Prof. Passarge ihre bessere Meinung von der Bedeutung der Bagdadbahn, und der Vorsitzende spricht in einem Schlußwort die Hoffnung aus, daß die Zukunft Veranlassung geben möchte, Herrn Banse zu der optimistischeren Auffassung hamburgischer Kreise zu bekehren.

356. Sitzung. 5. Dezember 1912.

Vorsitzender: Dr. W. Oehrens.

Herr Dr. L. Distel (München) trägt über eine Studienreise im Zentralen Kaukasus vor. Zur Einleitung wird eine kurze Übersicht über die orographischen, geologischen und klimatischen Verhältnisse des Kaukasus gegeben. Den zentralen granitischen Hauptkamm, in dem der Hochgebirgscharakter am mächtigsten in die Erscheinung tritt, hat der Vortragende als Reiseziel gewählt und speziell das Stromgebiet des Baksans, der mit seinen zahlreichen Zuflüssen die Südostseite des Elbrus, sowie die Nordabdachungen der Dongusorun-, Uschba- und Adyrsugruppe entwässert, zum Gegenstand seiner vorwiegend glazialmorphologischen Untersuchungen erkoren. Er befand sich in Begleitung von Dr. H. Burmester, der die Zungen des Asau-, Scheldü- und des südlichen Adyrsugletschers photogrammetrisch aufnahm, und von Ingenieur E. Wagner und stud. med. R. Busch, die aus alpinistischem Interesse teilnahmen.

In jüngster geologischer Vergangenheit war die Eisbedeckung des Kaukasus eine ungleich bedeutendere als heutzutage, wenn auch über ihre Ausdehnung im einzelnen noch wenig Bestimmtes bekannt ist. Ihre quantitative Feststellung und die Untersuchung ihrer bodengestaltenden Wirkung im obersten Baksantalgebiete bis Urusbieh abwärts bildete die Hauptaufgabe der Reise. Vor Mitteilung der Ergebnisse in dieser Beziehung, soweit sie sich bereits übersehen lassen, wurde auf die morphologischen Merkmale eingegangen, die in den

Alpen und anderwärts als Beweise ehemaliger Eisbedeckung gelten. Diese Merkmale treten im oberen Baksantalgebiet zurück oder fehlen. Typische Taltröge in dem Sinn, daß in den Seitentälern steile Trogwände durch Flächen erheblich geringerer Neigung (Trogschulter) von den Gipfelsteilwänden getrennt werden, und Trogschlüsse sind nicht vorhanden; ebenso fehlen dem Oberlauf des Haupttals Längsleisten und -terrassen. Kare sind verhältnismäßig selten. Schliffgrenzen eiszeitlicher Gletscher konnten nur ganz ausnahmsweise und nirgends scharf und deutlich nachgewiesen werden, trotzdem alle Täler bis in die heutigen Firnfelder begangen wurden und das Gestein nach alpinen Erfahrungen ein der Erhaltung dieser Kerben günstiges ist. Die Stufenmündungen der Seitentäler zeigen keine Abhängigkeit vom Einzugsgebiet der alten Gletscherzuflüsse, so daß eine gewisse Gesetzmäßigkeit, wie sie für die Alpen behauptet ist, erkennbar wäre. Gerade die Komponenten mit erheblichstem Einzugsgebiet: Irik, Adyrsu, Kirtik-Sultran münden in hohen Stufen. Das Gebiet besitzt nur einen See, der als Felsbecken zu erweisen ist. Der Grund des fast gänzlichen Zurücktretens der alpinen Merkmale ehemals vereister Distrikte im Baksangebiet vermutet Vortragender im Vulkanismus, der während der Eiszeit aller Wahrscheinlichkeit nach noch wirksam war, sowie in den orographischen Verhältnissen der Nordabdachung des Gebirges.

Zahlreiche Lichtbilder von Talformen in den Alpen und dem zentralen Kaukasus unterstützten die vergleichenden Ausführungen über die morphologische Wirksamkeit der diluvialen Eiszeit in beiden Gebirgen. Andere Bilder, die teilweise durch Reisebegleiter des Vortragenden aufgenommen waren, gaben eine Vorstellung von der gewaltigen Eisbedeckung des Gebirges zwischen Elbrus (5629 Meter) und Koschtantau (5145 Meter), sowie von der Bevölkerung (Bergtataren und Suanchen), ihrer Tracht und ihren Wohnstätten.

357. Sitzung. 2. Januar 1913.

Vorsitzender: Senator Westphal.

Der Vorsitzende begrüßt zunächst die Versammlung mit den besten Wünschen zum Jahreswechsel und hebt im Anschluß daran hervor, daß das neue Jahr für Hamburg eine auf kulturellem Gebiet wichtige Entscheidung bringen werde. Der Frage nach der Gründung einer Universität werde die Geographische Gesellschaft um so lebhafteres Interesse widmen, als die von ihr gepflegten Zweige der Wissenschaft mehr als bei den alten Universitäten eine hervorragende Stellung einnehmen sollen.

Alsdann teilt der Vorsitzende mit, daß der X. Internationale Geographen-Kongreß, welcher des italienisch-türkischen Krieges wegen verschoben worden sei, nunmehr in den Tagen vom 27. März bis 3. April 1913 in Rom statthaben soll. Dem derzeitigen Beschlusse der Gesellschaft gemäß werde Prof. Schlee die Hamburger Geographische Gesellschaft auf dem Kongresse zu vertreten haben.

Darauf legt der Vorsitzende zwei neue Veröffentlichungen von Mitgliedern vor, die von diesen der Bibliothek als Geschenk überwiesen worden sind: 1. Beiträge zur Geschichte der niedersächsischen Familie Roscher, herausgegeben von Senator Heinrich Roscher, als Manuskript gedruckt. Sie umfassen einmal den eigenartigen Lebenslauf des am 27. August 1836 in Ottensen geborenen und am 20. März 1860 am Nyassasee in Ostafrika ermordeten Dr. Albrecht Roscher aus der Feder seines Bruders, des Senators a. D. Heinrich Roscher, sowie eine im Manuskript jüngst aufgefundene, aus dem Jahre 1865 datierende kritische Abhandlung Albrecht Roschers über die Erforschung des Nigerstromes. 2. Lebenserinnerungen von Kapitän Paul Friedrich August Hegemann, Frühling 1843 bis September 1911. Diese Selbstbiographie ruft lebhafte Erinnerungen an die zweite deutsche Nordpolfahrt der Schiffe Germania und Hansa unter dem Kommando Koldeweys 1869—70 wach. Hegemann nahm als Führer des Begleitschiffs Hansa an dieser denkwürdigen Nordpolfahrt teil. Infolge falsch verstandener Signale wurde die Hansa vor der Ostküste Grönlands im Nebel von dem Kommandoschiff Germania getrennt und bald darauf in einem großen Eisfelde eingeschlossen. Nachdem sie durch Eispressungen zum Sinken gebracht worden war, mußte die Besatzung unter den größten Entbehrungen 200 Tage auf einer Eisscholle zubringen, trieb immer weiter südwärts und rettete sich schließlich in Booten an die Ostküste Grönlands, von wo sie im September 1870 nach Deutschland zurückkehrte. Von 1875—1901 war Kapitän Hegemann Beamter der Deutschen Seewarte; seitdem lebt er im wohlverdienten Ruhestande und ist ein treuer Besucher der Sitzungen der Gesellschaft geblieben. Dann wird ein Antrag des Vorstandes genehmigt, Dr. Rudolf Lütgens, der zur Zeit mit wirtschaftsgeographischen Studien auf Haiti beschäftigt ist, zur Beendigung seiner Untersuchungen 500 Mark zu bewilligen.

Es erhält dann Prof. Dr. Schlee das Wort zu einem Vortrag über den Schweizer Jura (siehe diese Mitteilungen Seite 77). Seit 100 Jahren hat dieses merkwürdige Kettengebirge das Interesse der Geologen und Geographen erregt und ist von einer großen Anzahl, insbesondere schweizerischer und französischer Forscher studiert worden. Abgesehen von den Alpen hat kein anderes Gebirge einen so gewichtigen Einfluß gehabt auf die wechselnden Anschauungen über den Bau und die Entstehung der Faltengebirge. Aber während die Erforschung der Alpen je länger je mehr gezeigt hat, daß wir es hier mit einem ungeheuer kompliziert gebauten Gebirge zu tun haben, in dem die Stücke der Erdkruste in einer früher ungeahnten und auch heute noch keineswegs geklärten Weise übereiandergeschoben und durcheinandergeknetet sind, liegt der viel einfachere Bau des Jura in seinen Grundzügen seit langem klar vor unseren Augen. So ist er das klassische Beispiel für ein Faltengebirge mit verhältnismäßig einfacher Tektonik geworden. Seit seiner Auffaltung haben aber auch Verwitterung und rinnendes Wasser schon tüchtig an der Abtragung gearbeitet und infolge der Wechsellagerung schwerer und leichter zerstörbarer Gesteine ist dabei ein recht mannigfaltiges Relief entstanden. Darum bietet der Schweizer Jura auch der Morphologie die schönsten Beispiele für die Abtragungsformen im Faltengebirge. Kein Abschnitt des in seinen einzelnen Teilen immerhin recht verschieden struierten und modellierten Gebirges ist aber so geeignet, das Interesse in geologisch-morphologischer Hinsicht zu erregen wie der Berner Jura. An der Hand von schönen Lichtbildern nach eigenen Aufnahmen führte der Redner nun seine Zuhörer von Süd nach Nord quer durch diesen Gebirgsteil hindurch, von Punkt zu Punkt geradezu in Form einer Wanderung, da auf den Bildern durchweg der zunächst zurückzulegende Weg und die folgenden Punkte für neue Ausblicke zu sehen waren. Die Zuhörer erhielten eine vortreffliche Anschauung von den langen, zwischen Talwasserscheiden auf- und absteigenden Muldentälern und von den dazwischen liegenden Bergrücken, deren Gewölbebau so großartig in den von den Bächen hindurchgesägten Klusen aufgeschlossen ist. Für manche tektonische Besonderheit konnten Beispiele vorgeführt werden, wie für das Untertauchen von Gewölben, die Auswechselung zweier Sättel, ihr Zusammenschließen zu einem, ferner für einfachen Gewölbebau in den äußeren Schichten, verbunden mit komplizierterer Faltung des Gewölbekernes, der vom Mantel durch das Schmiermittel plastischer Tone getrennt ist. Andere Bilder zeigten eine Knickzone und Überschiebung in einem Gewölbe, dann eine zusammenhängende Jurakalkmasse, die vom Gewölbe der Kette in ein weites Längstal abgerutscht ist und nun wurzellos als Kalkplatte auf dem viel jüngeren Tertiär liegt. Doch neben der Tektonik, die die Grundlage der Oberflächengestaltung abgibt, wurde den durch die Abtragung und Erosion geschaffenen Formen Beachtung geschenkt, so insbesondere den verschiedenen Abtragungsstufen der Bergrücken, die zum Teil noch ein einfaches Gewölbe im Kalk des oberen Jura besitzen, zum Teil weiter abgetragen in den weicheren Schichten ihres Innern nun Isoklinal- und Antiklinaltälchen zeigen. Neben den Formen der Flankentäler wurde besonders der berühmten Quertäler gedacht und der verschiedenen Erklärungsversuche. Es zeigte sich bei diesen Erörterungen, daß sich im Berner Jura schon auf ganz beschränktem Raume eine Fülle von Anschauungen und Anregungen hinsichtlich zahlreicher Probleme der Tektonik und Morphologie darbieten.

358. Sitzung. 6. Februar 1913.

Vorsitzender: Senator Westphal.

Der Vorsitzende teilt zunächst mit, daß der Präsident der Lübecker Geographischen Gesellschaft, Prof. Dr. Lenz, dem noch am 30. November v. J. gelegentlich der Feier des 75jährigen Bestehens des Hamburger Naturwissenschaftlichen Vereins wegen seiner Verdienste um die naturwissenschaftliche Erforschung der Ostsee das Ehrendiplom dieses Vereins persönlich überreicht werden konnte, plötzlich am 16. Januar aus dem Leben geschieden ist.

Sodann wird auf Vorschlag des Vorstandes beschlossen, das vierzigjährige Bestehen der Gesellschaft am Donnerstag, den 6. März, durch eine Festsitzung im Hamburger Hof und ein Bankett mit nachfolgendem Tanz zu feiern. In der pünktlich 6 Uhr beginnenden Festsitzung wird Herr Prof. Dr. Eberhard Fraas aus Stuttgart einen durch Lichtbilder illustrierten Vortrag „Auf den Fährten der Riesensaurier in Europa, Amerika und Afrika" halten.

Dr. Rudolf Lütgens, welcher mit Unterstützung der Hamburger Geographischen Gesellschaft eine Studienreise nach Haiti unternommen hat, berichtet aus Gonaïves unterm 20. Dez. v. J. an den Vorstand wie folgt:

„Mein Aufenthalt im Norden Haitis ist jetzt beendet und damit auch die Arbeiten daselbst, so daß ich in der Lage bin, über die bisherigen Arbeiten kurz zu berichten.

Die Verdunstungsmessungen auf der Fahrt nach Haiti konnten bis St. Thomas befriedigend durchgeführt werden. Allerdings ist ein Segler zweifellos besser für derartige Untersuchungen geeignet, aber mit der nötigen Vorsicht lassen sich auch auf Dampfern Ergebnisse erzielen. Jedoch nur, wenn das Schiff nicht zu leicht beladen ist. Nachdem in St. Thomas ein größerer Teil der Ladung gelöscht war, störten wieder die Erschütterungen durch die Maschine, und nach einem weiteren Hafen mußte mit den Untersuchungen Schluß gemacht werden.

Über die Ergebnisse im einzelnen ist der Seewarte ein Bericht gesandt, der inzwischen wohl im Druck vorliegt.

Die Arbeiten werden auf der Heimreise fortgesetzt. Ich plane von Haiti nicht direkt nach New York zu fahren, sondern einen Abstecher nach Panama zu machen. Für das ganze Karibische Meer liegen, wie die neue „Geographie des Atlantischen Ozeans" zeigt, noch keine Wasserfarbenbestimmungen vor. Es ist also Gelegenheit, eine kleine Ergänzung zu liefern.

In Haiti habe ich den November im wesentlichen zur Orientierung und zum Besuch der Hauptplätze benutzt, auch die Kultur der Ebenen und Mittelgebirge kennen gelernt.

Dann forderte mich der bekannte Erforscher Haitis, Ingenieur Gentil Tippenhauer[1]) auf, mit ihm die Minengebiete des Nordens bei Gonaïves und anschließend wenn möglich die bisher wissenschaftlich gänzlich unbekannte Nordwesthalbinsel zu durchreisen.

Nordöstlich von Gonaïves finden sich alle Anzeichen von reichen Kupfer- und Eisenvorkommnissen im Mémé-Bassintal und bei Terre neuve. In den letzten Jahren und besonders in den letzten Monaten sind größere Aufschließungsarbeiten geleistet, und wir konnten mit großer Sicherheit feststellen, daß die Mineralisationen in dem metamorphisierten Kalk sehr reich sind. Da die Maultierentfernung der

[1]) Ein vormaliger Schüler des Hamburgischen Realgymnasiums des Johanneum.

Fundorte vom Hafen nur 3—4 Stunden ist, so kann mit der Rentabilität des Kupferabbaus gerechnet werden, besonders, da mit Küstenseglern das Kupfererz leicht und billig nach Kuba zur Schmelze befördert werden kann. Dagegen deckt das hochwertige Eisenerz (Magneteisenstein in sehr großen Mengen) ohne Bahnanlagen wohl leider nicht die Kosten. An den Minenkonzessionen sind bisher fast nur Deutsche in Port au Prince beteiligt, jedoch haben sie sich zur Aufnahme weiterer Arbeiten an die Nordamerikaner wenden müssen, und es war z. Z. ein amerikanischer Minensachverständiger in der Gegend tätig.

Von Terre neuve ausgehend, unternahmen Tippenhauer und ich dann die Reise durch die Nordwesthalbinsel. Das ganze südliche und westliche Küstengebiet der Halbinsel und ein breiter Streifen gegen Terre neuve—Gonaïves ist fast steril: Halbwüste mit Kakteen und Dornakazien. Oft findet sich viele Stunden kein Wasserloch, und die Besiedlung ist deshalb äußerst spärlich. Das Gebiet liegt im Regenschatten.

Im allgemeinen hörte man in Haiti überall und auch Tippenhauer war der Meinung, daß der übrige Teil mit Ausnahme der Nordküste ähnlich sei. Um so größer war unsere Überraschung, als wir bei Bombardopolis ein ca. 500 m über dem Meer befindliches Hochplateau fanden, das äußerst fruchtbar und auch gut besiedelt war. Besonders zeichnete sich die Gegend auch durch sehr reiche Mahagonibestände aus, die die reichen Wälder bei Hinche u. s. w. im inneren Teil Haitis in den Schatten stellen.

In Bombardopolis hatte sich bis in die 60iger Jahre eine deutsch-schweizerische Kolonie aus dem 18. Jahrhundert erhalten. Namen wie Frey, Haun, Raunegg unter den Negern deuten noch darauf hin, auch waren einzelne Überlieferungen bei älteren Leuten erhalten. Das Klima ist für Weiße auf dem Plateau sehr zuträglich; die Abkühlung nachts ging bis auf 15°. Regen fällt nicht sehr viel, doch erfolgt nachts sehr starke Taubildung, die einen Ersatz bietet.

Das zweite Ergebnis der Reise ist die Feststellung und Untersuchung eines alten großen Vulkans in der Südwestecke (Plattformvulkan). Er ist, z. T. unterseeisch, von der zweiten Hälfte der Tertiärzeit bis zum Beginn des Quartärs tätig gewesen. Aschen- und Lavalagen wechseln mit Korallenkalken und metamorphisierten Kalken. Am Schlusse war er wieder unter Wasser, denn es siedelten sich abermals Korallen auf ihm an. In jüngster geologischer Zeit erfolgten dann überall in Nord-Haiti noch jetzt dauernde sehr große Hebungen, so daß die jungen Korallenkalke 570 m hoch liegen. Die eine Hälfte des Vulkans ist ganz erhalten, die andere liegt in der Tiefe. Der Kraterdurchmesser beträgt mehrere Kilometer.

Wir besuchten dann noch Môle St. Nicolas, einer der besten natürlichen Häfen Westindiens, der nach Eröffnung des Panamakanals zweifellos eine größere Rolle spielen wird, da er an der kürzesten Linie New York—Panama liegt. Zur Zeit ist er bedeutungslos und verschifft nur ein wenig Blauholz. Die Franzosen und auch die

Engländer während der Okkupation im 18. Jahrhundert hatten die ganze Bucht sehr stark befestigt. Doch ist jetzt alles verfallen, genau so wie die große Wasserleitung und die Verbindungsstraße nach dem Inneren, die vor 100 Jahren bestand.

Auf einem anderen Wege ging es dann quer über das Gebirge zurück, so daß eine doppelte topographische und geologische Routenaufnahme vorliegt, die in ihren Einzelheiten noch viel Interessantes bietet. Das letzte Stück Anse Rouge—Gonaïves mußten wir leider auf dem Wasser zurücklegen, da unsere Tiere völlig erschöpft waren.

Ich will jetzt von Port au Prince in die Montagne de la Selle, um auch das Hochgebirge kennen zu lernen. Dann besuche ich noch einige Orte der Südküste, um Ende Januar nach Jamaica zu fahren".

Der Vorsitzende berührt alsdann mit wenigen Worten die durch die Tagesblätter bereits bekannt gewordene frühzeitige Rückkehr der Deutschen Antarktischen Expedition nach Buenos Aires.

Herr Arved von Schultz aus Gießen hält darauf auf Grund mehrjähriger Forschungen in Zentralasien einen Vortrag über seine Reisen im Pamir. Unter dem 73. Längengrade findet im Pamir die bedeutendste Scharung der einzelnen nach Süden konvexen Bogenstücke des eurasiatischen Faltengürtels statt. Der Hindukusch knüpft sich an den Himalaya, wobei beider Endglieder nach Norden aufgebogen werden. Gleichaltrige, fast äquatorial streichende, von Norden, vom Tien-schan herabkommende Gebirgswellen stauchen sich an dieser Aufbiegung, ein über 4000 Meter hohes Hochland, den zentralen Pamir bildend, während sie im Westen frei werden und sich allmählich in den iranischen Ländern und in den Wüsten Turans verlieren. Die steile, 5—6000 Meter hohe Wand des Hindukusch fängt die feuchten Monsunwinde aus dem Süden auf; die im Sommer vom innerasiatischen Minimum angezogenen, aus dem Westen wehenden Winde trocknen aus, und dieses niederschlagsarme, kontinentale Klima bewirkt eine schnelle Verwitterung und Abtragung der Berge des zentralen Pamir. Wohl entwickeln sich hier Flüsse, aber sie sind zu schwach, um den Schutt aus den Tälern hinauszuschaffen. Er bleibt liegen, füllt die Depressionen des Landes aus und schafft weite öde Täler und hochflächenähnliche Mulden, die jeglichen Baumwuchses bar, nur von dürftigen Kräutern und Gräsern bestanden, den nomadisierenden mongolischen Kirgisen spärliche Existenzmittel bieten. Es sind nur einige Tausend Menschen, die hier auf einem Flächenraum von fast 50000 Quadratkilometern, in durchschnittlich 4000 m Seehöhe, mit ihren Schaf- und Ziegenherden umherziehen.

Die kleinen, unsicher in ihren Betten fließenden, in ständigem Konflikt mit dem Wanderschutt sich befindenden Flüsse dringen zwischen die fingerförmig nach Westen ausstrahlenden Ketten ein und werden, je weiter sie in den klimatisch günstigen Teilen des westlichen Pamir fließen, immer kräftiger. Die Niederschlagsmenge nimmt zu; Schnee und Eis auf den Kämmen der Bergketten speisen reichlich die Flüsse und geben ihnen Kraft, sich tief in ihre Betten einzuschneiden. Der Schutt bleibt nicht mehr liegen, er wird fortgeführt. Eine echt alpine Landschaft entsteht. Reichere Vegetation, die es in den nunmehr nur noch 2000 bis 2500 m hohen Tälern zur Entwicklung oft undurchdringlicher Gestrüppwälder kommen läßt, hindert den Nomaden, einzudringen, fördert aber die Kultur der hier ansässigen arischen Bevölkerung. Auch im äußersten Osten des Pamir gelingt es, dank der mächtigen Gletscherentwicklung der über 6000 m aufragenden Ketten, den Quellenflüssen des Tarim tiefere Täler auszugraben und ebenfalls einer ansässigen arischen Bevölkerung. den in Zentral-Asien am weitesten vorgeschobenen Ariern Ackerbau zu ermöglichen.

Es ist die günstige Anordnung der nach Iran und Turan ausstrahlenden Ketten, die den westlichen Pamirprovinzen zu einer großen ethnographischen Bedeutung verholfen hat. In dem kriegerischen Gewoge West-Asiens sind sie ein Zufluchtsort arischer Völker gewesen und die unwirtliche Natur der rauheren Hochtäler hat sie vor neuen Kultureinflüssen und vor Vermischung (mit fremden Blute) gut bewahrt — es hat sich in den Tadschik des westlichen Pamir ein Volk erhalten, dessen Kulturelemente uns Aufschluß über vergangene Kulturzustände Westasiens geben können. Politisch gehört heute das etwa 100000 Quadratkilometer große Gebiet des Pamir vorwiegend zu Rußland. Am Nordfuß des Hindukusch schiebt Afghanistan sich in einer schmalen, kaum 25 Kilometer breiten Zone zwischen die indischen und russischen Besitzungen. Der östliche Pamir gehört bereits zu China.

Die zahlreichen vom Vortragenden gezeigten schönen Lichtbilder gaben eine gute Anschauung von der höchst interessanten Oberflächengestaltung dieser Gebirgslandschaften, sowie von den Eingeborenen und ihren kulturellen und wirtschaftlichen Verhältnissen.

359. Sitzung. 6. März 1913

(Vierzigjähriges Stiftungsfest).

Die Sitzung findet im Hotel Hamburger Hof statt.

Vorsitzender: Senator Westphal.

Der Vorsitzende eröffnet die Festsitzung mit folgender Ansprache:

Meine geehrten Damen und Herren!

Sie haben sich in großer Zahl eingefunden, um den Abschluß des vierten Jahrzehnts der Hamburger Geographischen Gesellschaft zu feiern. Ihnen sei Dank dafür und besonders Dank den lieben Gästen, die von auswärts gekommen sind, um den heutigen Abend mit uns zu begehen. Dank auch den auswärtigen Ehrenmitgliedern und korrespondierenden Mitgliedern, die uns Glückwünsche gesandt haben.

Am 5. März 1908 feierten wir das 35jährige Stiftungsfest unserer Gesellschaft unter dem Präsidium von Herrn Bürgermeister Moenckeberg, der in völliger Frische und mit der ihm eigenen Freudigkeit an der Stelle stand, die einzunehmen ich heute die Ehre habe. Niemand von uns konnte ahnen, daß schon nach wenigen Wochen unser verehrter Präsident uns sollte entrissen werden. Wir haben ihn, der seit dem 2. Juni 1892 unser Präsident war und in nicht weniger als 152 Sitzungen den Vorsitz geführt hat, tief betrauert mit allen denjenigen, die dem hochbegabten, für alles Schöne und Hohe begeisterten Mann nahe treten durften.

Als sein Nachfolger hat vom 1. Oktober 1908 bis 4. März 1909 Herr Senator Roscher den Vorsitz geführt, dem wir dankbar sind, daß er unserer Gesellschaft auch jetzt noch durch häufiges Erscheinen in unseren Sitzungen ungeschwächtes Interesse beweist. Moenckeberg ist nicht der Einzige, dessen Hinscheiden wir im letzten Jahrfünft zu betrauern hatten. Wir entbehren aus dem damaligen Vorstande heute unter uns Kapt. Koldewey (gest. 1908) und Professor Gottsche (gest. 1909); ferner Geh. Rat Neumayer, Adolph Woermann und Cesar Godeffroy als frühere Vorstandsmitglieder, G. H. Blohm, Franz Hernsheim, Gustav W. Tietgens, Senator Traun, die unserem Beirat angehörten, und unsere Ehrenmitglieder Prof. Theobald Fischer (Marburg) und Prof. Richard Andree (München). Sehr schmerzlich betroffen hat uns auch der frühe Tod unseres Mitgliedes und treuen Freundes des Grafen Goetzen. Wenn so viele bedeutende Männer uns entwichen sind, so haben wir dafür die Genugtuung, daß es an Nachwuchs nicht fehlt. Unsere Mitgliederzahl ist von 650 auf 750 gestiegen und manche arbeiten fleißig auf dem Gebiete, das wir pflegen: Friederichsen, Lütgens, Michow, Obst, Passarge, Schlee, Schott, um nur einige zu nennen.

Vier neue Bände Mitteilungen sind seit dem letzten Stiftungsfest von unserem unermüdlichen hochverdienten Generalsekretär Herrn Dr. Friederichsen herausgegeben worden, im ganzen jetzt 26 Bände mit vorwiegend Original-Abhandlungen.

Unsere Gesellschaft hat es sich eifrigst angelegen sein lassen, der geographischen Wissenschaft weiter dienlich zu sein. In den hinter uns liegenden fünf Jahren sind die folgenden Reisenden und Expeditionen von uns mit Barmitteln unterstützt worden:

Unser Mitglied Dr. Rudolf Lütgens für eine Reise nach Südamerika und für eine zweite noch nicht abgeschlossene nach Haiti. Hauptzweck der beiden Unternehmungen waren Verdunstungsmessungen auf dem Atlantischen Ozean, daneben aber wurden wichtige Landreisen, vorwiegend zur Verfolgung wirtschaftsgeographischer Studien, gemacht, und über die gegenwärtigen Forschungen in Haiti werden wir sicherlich noch interessante Berichte von dem Reisenden erhalten.

Auch der Meeresforschung gewidmet war der Zuschuß, den wir unserem Mitgliede Herrn Prof. Schott für die Herausgabe seiner Geographie des Atlantischen Ozeans gewährt haben.

Zu der Südpolar-Expedition des Oberleutnant Filchner haben wir unser Scherflein beigesteuert und gemeisam mit der Hamburgischen Wissenschaftlichen Stiftung und anderen haben wir uns für die Expedition Seiner Hoheit des Herzogs Adolf Friedrich zu Mecklenburg nach dem Französischen Kongo, dem Tschad-See, Süd-Kamerun, Fernando Po, Annobon und Mangbettu und bis zum Nil interessiert. Reiche Sammlungen sind Hamburg aus dieser Expedition zugeflossen.

Endlich haben wir allein die Expedition unseres Mitgliedes Dr. Erich Obst finanziert, der von Dezember 1910 bis April 1912 von uns in die Steppenländer Deutsch-Ostafrikas entsandt und speziell mit der Erforschung des südlichen Ostafrikanischen Grabengebietes, soweit es noch unbekannt oder wenig bekannt war, beauftragt wurde. Der Bericht, den Herr Dr. Obst uns am 3. Oktober 1912 abstattete, ist Ihnen noch in lebhafter Erinnerung. Es besteht jetzt schon die Sicherheit, daß die Ergebnisse der Reise und im besonderen die von Herrn Dr. Obst angelegten, den hiesigen Museen zum Eigentum und zur Bearbeitung überwiesenen Sammlungen den aufgewendeten Kosten, der Mühe und den Entbehrungen, die der Reisende auf sich nehmen mußte, entsprechen werden. Wir empfinden Genugtuung, daß wir uns durch diese Geschenke an die hiesigen Museen für den Staatsbeitrag, den wir bekommen, wiederum revanchieren können.

Was im allgemeinen die geographischen Ereignisse des letzten Jahrfünfts betrifft, so spielen darin die Reisen nach den Polen unserer Erde eine besonders große Rolle. Es ist daran zu erinnern, daß Peary 1909 den Nordpol erreichte, Shackleton im gleichen Jahre bis auf 88° 23′ südlicher Breite kam, daß Roald Amundsen im Dezember 1911 die norwegische Flagge am Südpol hißte, daß Scott 1912 den Südpol bezwang, zu unserer großen Betrübnis aber seinen kühnen Wagemut nebst seinen Begleitern mit dem Tode bezahlen mußte. Lorbeergekrönt starben sie auf dem Rückwege; ein erschütternd tragisches Schicksal.

Von weiteren Expeditionen in die Antarktis erwähne ich noch die schon vorher genannte von Dr. Filchner, der nach nur teilweisem Erfolge zur Umkehr gezwungen wurde, nachdem als neue Küste das Prinzregent-Luitpold-Land entdeckt war, wahrscheinlich die Fortsetzung des 1904 von dem Schotten Bruce gefundenen Coats-Landes. Ich erwähne ferner die zweite Expedition des Dr. Charcot und dessen Entdeckung des Bouvet-Landes, die Australische Expedition Mawsons 1912 nach dem auf 3000 Kilometer verfolgten Küstenstrich zwischen Cap Adare und Termination-Land. Wie würde Neumayer sich freuen über diese Fortschritte in der Kenntnis der Antarktis!

Im nördlichen Polarmeere vollführte Kapitän Mikkelsen 1910 bis 1912 eine bemerkenswerte und erfolgreiche Schlittenreise längs der Ostküste Grönlands zwecks Auffindung von Spuren der verunglückten Mylius Erichsen'schen Expedition. Es gelang, deren Tagebücher zu retten.

Die Deutsch-Schweizerische Grönland-Expedition von Dr. de Quervain (Zürich) und Dr. Stollberg (Straßburg) studierte 1909 die Windzirkulation in den oberen und unteren Luftschichten, nahm photometrische und hydrographische Vermessungen des Eisrandes vor und vollführte 1912 eine höchst beachtenswerte 50tägige Durchquerung Grönlands von West nach Ost. Wir konnten die Herren in einer unserer Sitzungen hier begrüßen.

Im Jahre 1910 unternahmen S. K. H. Prinz Heinrich von Preußen, Graf Zeppelin und die Professoren Hergesell und von Drygalski eine interessante Rekognoszierungsfahrt nach Spitzbergen, um die Möglichkeit der Erreichung des Nordpols auf dem Luftwege zu erkunden.

Zum Schluß darf ich nicht die Vor-Expedition von Schröder-Strantz nach Spitzbergen unerwähnt lassen, deren Schicksal uns zur Zeit noch mit banger Sorge erfüllt.

Neben diesen zahlreichen Reisen in die Eisregionen unseres Planeten haben die Forscher auch in anderen Gegenden nicht müßig gelegen. Es teilten sich in diese Arbeiten das Carnegie-Institut mit manchen Einzelforschern.

Von deutschen Unternehmungen ist außer der Obst'schen Reise die 1908/1910 ausgeführte Südsee-Expedition der Hamburgischen Wissenschaftlichen Stiftung unter Führung der Professoren Fülleborn und Kraemer, mit ihren zahlreichen ethnographischen Erwerbungen besonders wichtig und für Hamburg ruhmreich gewesen. Der erste Band ihrer wissenschaftlichen Ergebnisse, der den Kaiserin-Augusta-Fluß in Neu-Guinea behandelt, läßt erkennen, welche Bereicherung die Wissenschaft von diesem Unternehmen noch erwarten darf.

Die Expedition des Herzogs Adolf Friedrich mit ihren reichen Ergebnissen auf allen Gebieten ist erwähnenswert un. die des Herrn Leo Frobenius, welch letztere unter anderem eine Aufsehen erregende Sammlung von Terrakotten ergab, an die sich kühne und höchst neuartige Vermutungen über alte Kulturen in Afrika, anscheinend mit einer gewissen Berechtigung, knüpfen.

Das deutsche Vermessungsschiff Planet erlotete im Philippinen-Graben östlich von Mindanao die größte bisher ermittelte Meerestiefe mit 9788 Metern. Und last not least drang 1912 unser hochgeschätztes Ehrenmitglied, Geh. Rat Prof. Dr. Hans Meyer, zum fünften Male in Deutsch-Ostafrika ein. Auf neuen Wegen durchzog er die Landschaften Ruanda und Urandi und fügte seinen alten neue Lorbeeren hinzu.

In der politischen Geographie haben sich besonders in den letzten zwei bis drei Jahren große Veränderungen vollzogen. Ich erinnere an Chinas plötzlichen Übergang von absoluter Monarchie zur Republik, an die Angliederung des Kongostaates an Belgien, an die Übernahme des Protektorats über Marokko durch Frankreich und die damit in Verbindung stehenden Grenzveränderungen zwischen Kamerun und dem Französischen Kongo. Italien annektierte Tripolitanien, auf Kreta wurde die griechische Flagge gehißt. Welche Veränderungen sich als Folge des jetzigen Balkankrieges auf der Balkanhalbinsel vollziehen werden, ist zurzeit noch nicht zu übersehen. Lassen Sie mich die Hoffnung aussprechen, daß sich dort die neue Gestaltung der Dinge bald friedlich vollziehen werde, damit die wissenschaftlichen Arbeiten auf allen Gebieten geistigen Lebens ruhig fortschreiten können zu immer größerer Förderung der Kultur unseres Erdballs.

Und da ich nun von der Vergangenheit auf die Zukunft gekommen bin, so lassen Sie mich schließen mit der wichtigen Angelegenheit, die Hamburgs Bevölkerung und namentlich unsere wissenschaftlichen Kreise jetzt so intensiv bewegt, seitdem der Plan der Gründung einer hamburgischen Universität vom Senate der Bürgerschaft vorgelegt ist. Dem heißen Sehnen vieler unserer besten und bedeutendsten Mitbürger aus den letzten Jahrzehnten scheint nunmehr die Erfüllung zu winken.

Hamburg rüstet sich, seinen alten Ruhm als kultureller Mittelpunkt Niedersachsens festzuhalten nicht nur, sondern ihn zu mehren und für alle Zeit sicher zu stellen. Es ist hier nicht der Platz, auf das Für und Wider einzugehen, aber selbst Kaufmann muß ich entgegen einer vielfach verbreiteten Meinung feststellen, daß dem hamburgischen Kaufmann seit Jahrzehnten neben der Förderung der materiellen Interessen unserer Vaterstadt die Pflege von Kunst und Wissenschaft immer am Herzen gelegen hat. Wenn Hamburg sich im 19. Jahrhundert in dieser Hinsicht weniger betätigen konnte, so lag das an den Schicksalsschlägen, die es nacheinander ertragen: Handelskrisis, die napoleonischen Kriege, Belagerungen, der Brand von 1842, die politischen Wirren von 1848 bis 1856 und endlich 1857 wieder eine Krisis. Jetzt liegen die Sachen aber ganz anders dank dem großen Aufschwung, den Hamburg in den letzten Jahrzehnten genommen hat. Meines Erachtens kann es für unseren Kaufmannsstaat keinen schöneren Ehrentitel geben, als der Schöpfer einer Hochschule zu werden, die, fußend auf deutscher gründlicher Forschung und Wissenschaft, den Blick von Lehrern und Lernenden hinauslenkt auf das Getriebe des großen Weltverkehrs.

Nicht mehr allein im einsamen Zimmer des Gelehrten wächst heutzutage das Maß menschlicher Erkenntnis. Es heißt: Hinaus ins Leben und Lernen vom Leben. Keine Furcht, daß wir die der wirtschaftlichen Entwicklung notwendigen Mittel vergeuden. Hamburg hat noch immer die zur Wahrung seiner Welthandelsstellung erforderlichen Mittel aufgebracht. Ein Geschlecht, das engherzig von großen Kulturaufgaben fernbleibt, kann auch nicht in wirtschaftlichen Dingen groß denken und handeln.

Möge die hamburgische Universität entstehen, blühen und gedeihen, auch auf uns befruchtend wirken, auf daß unsere Hamburgische Geographische Gesellschaft einem glänzenden Dezennium entgegengehe.

Darauf bestieg Bürgermeister O'Swald das Rednerpult und richtete folgende Worte an die Festversammlung:

Der Geographischen Gesellschaft überbringe ich zur Feier ihres vierzigjährigen Bestehens namens der Abteilung Hamburg der Deutschen Kolonialgesellschaft aufrichtige Glückwünsche. Die Beziehungen, welche unsere Abteilung seit ihrer Gründung im Jahre 1896 zur Geographischen Gesellschaft unterhalten hat, sind zu unserer großen Freude stets sehr innige und freundliche gewesen. Dieses schöne Verhältnis ist wiederholt auch nach außen zum Ausdruck gelangt, insbesondere durch gemeinschaftliche Veranstaltungen von Vortragsabenden bei besonderen Gelegenheiten. Für unsere Mitgliederkreise haben diese Versammlungen immer einen besonders eindrucksvollen Verlauf genommen. Ich erinnere hier nur an den Festabend im Februar vorigen Jahres, als in der Laeiszschen Musikhalle Sr. Hoheit, der Herzog Adolf Friedrich zu Mecklenburg, der jetzige Gouverneur von Togo, auf Einladung unserer beiden Vereinigungen und der Wissenschaftlichen Stiftung über seine Inner-Afrika-Expedition Bericht erstattete. Die Deutsche Kolonial-Gesellschaft weiß der Geographischen Gesellschaft für ihre der wissenschaftlichen Erschließung der Erde gewidmeten Tätigkeit tiefempfundenen Dank. Als am 17. März 1898 die Geographische Gesellschaft auf das erste Vierteljahr ihres Bestehens zurückblickte, hat der Präsident der Deutschen Kolonialgesellschaft, Se. Hoheit Herzog Johann Albrecht zu Mecklenburg, diesen Dank in folgende treffende Worte gekleidet: „In ihrer regen und erfolgreichen Arbeit hat die Geographische Gesellschaft von jeher auch die deutschen kolonialen Bestrebungen vertreten und damit gleiche Zwecke gefördert, welche von der Deutschen Kolonialgesellschaft angestrebt werden. Ich darf daher die Hoffnung aussprechen, die Geographische Gesellschaft möge wie bisher, so auch künftig, mit der Deutschen Kolonialgesellschaft Hand in Hand gehen, um unsere gemeinsamen, der Wohlfahrt und Größe des Vaterlandes dienenden Ziele fördern zu helfen.“ Meine geehrten Damen und Herren! Die in diesen Worten liegende Gesinnung der Dankbarkeit und Anerkennung gegenüber der Geographischen Gesellschaft kann sich die Abteilung Hamburg der Deutschen Kolonialgesellschaft in ganz besonderem Maße zu eigen machen. Ein Rückblick auf die Tätigkeit der Geographischen Gesellschaft ergibt, daß sie von Beginn ihres Bestehens an, also lange vor der Gründung unserer Abteilung, durch ihre hervorragenden Leistungen auf dem Gebiet der wissenschaftlichen Erdkunde auch den kolonialen vaterländischen Interessen die Wege geebnet hat. Wie anders wären sonst die epochemachenden Forschungsreisenden unseres berühmten Landsmannes Dr. Heinrich Barth oder eines Stanley in Afrika zu beurteilen, wo gerade in unserer Zeit die großen Probleme des kolonialpolitischen und kolonialwirtschaftlichen Einflusses auf weite Gebiete dieses ehemals dunklen Erdteils erstehen! Diese verdienstvolle Tätigkeit der Geographischen Gesellschaft ist gerade unserer Abteilung zugute gekommen. Nicht allein, daß sich viele ihrer Mitglieder in sachkundiger Erkenntnis unserer Ziele auch der Abteilung Hamburg als Mitglieder anschlossen — der Zusammenhang unserer in Hamburg verhältnismäßig spät gegründeten Abteilung der Kolonialgesellschaft mit der Geographischen Gesellschaft war noch ein tieferer. Es zeigt sich auch hier die so oft beobachtete Wechselwirkung zwischen Wissenschaft und Praxis. Stellte es sich die Geographische Gesellschaft mit so schönen Erfolgen zu ihrer hauptsächlichsten Aufgabe, ihre Mitglieder an der wissenschaftlichen Forschung zu beteiligen, mit um so mehr Aussicht auf Erfolg konnte dann auch die Kolonialgesellschaft ihre Wirksamkeit hier aufnehmen mit dem Ziele, die nationale deutsche Arbeit der praktischen Kolonisation zuzuwenden und die Erkenntnis von der Notwendigkeit derselben in immer weitere Kreise zu tragen. Der

Vorstand der Abteilung Hamburg hebt daher auch bei dem gegenwärtigen Anlaß mit ganz besonderer Freude hervor, wie großen Wert er auf dieses innige Zusammenwirken legt und weiter legen wird; er wünscht der Geographischen Gesellschaft aufrichtig auch für die Zukunft die gleichen Erfolge ihrer Tätigkeit, wie sie in den wissenschaftlichen Kreisen allseitig Anerkennung gefunden haben.

Nach den Dankesworten des Vorsitzenden überbrachte sodann der Vorsitzende der Gesellschaft für Erdkunde in Leipzig, der Geheime Hofrat Prof. Dr. Hans Meyer, die besten Glückwünsche der Schwestergesellschaft, indem er zugleich dem Generalsekretär unserer Gesellschaft, Dr. L. Friederichsen, der im Jahre 1873 die Anregung zur Gründung der Hamburgischen Geographischen Gesellschaft gegeben und seitdem das Ehrenamt des Generalsekretärs bekleidet — ein im wissenschaftlichen Vereinsleben wohl einzig dastehendes Ereignis — mit herzlichen Worten der Anerkennung für seine hohen Verdienste um die Förderung der Geographischen Wissenschaft das Diplom als Ehrenmitglied der Leipziger Gesellschaft für Erdkunde überreichte.

Dem Dank des Herrn Dr. Friederichsen für diese Auszeichnung fügte der Vorsitzende hinzu, daß sie auch eine Ehrung der Geographischen Gesellschaft bedeute und er daher auch namens derselben zu danken nicht unterlassen könne.

Den Festvortrag des Abends hielt

Prof. Dr. Eberhard Fraas aus Stuttgart über das Thema: „Auf den Fährten der Riesensaurier in Europa, Amerika und Afrika."

Der Redner geht zunächst kurz auf die Verschiedenheit der Forschungsgebiete der Geographie und der Geologie ein, von welchen sich die erstere mehr die Erforschung der Erde in horizontaler, die letztere in vertikaler Richtung zur Aufgabe gestellt hat. Die Erforschung der Schichten führt uns zurück in ferne Urzeiten, in welchen nicht nur das oberflächliche Bild der Erde ein von dem heutigen gänzlich verschiedenes war, sondern in denen auch die ganze Lebewelt einen anderen Charakter trug. So finden wir in dem Mittelalter der Erde (Mesozoikum) an Stelle der heutigen Säugetierwelt andere, weniger hoch organisierte Tiere, die wir zu den Reptilien oder Sauriern stellen. Diese waren damals nicht nur die Beherrscher des Landes, sondern auch des Wassers und der Luft. Weitaus die interessanteste Gruppe unter den Landsauriern ist die der Schreckenssaurier oder Dinosaurier, denn sie zeichnen sich nicht nur durch große Mannigfaltigkeit der Körperform, sondern besonders auch durch die gewaltigen Größenverhältnisse aus, die einzelne Arten erreichten. Ebenso wie unter den heutigen Säugetieren können wir auch unter den Schreckenssauriern Fleischfresser und Pflanzenfresser, in gewissem Sinne auch Dickhäuter unterscheiden.

Die ersten Spuren in Gestalt von sechs bis zehn Meter langen, sehr gewandten, fleischfressenden Arten finden sich in den Keuperablagerungen von Schwaben und neuerdings in großer Menge in nächster Nähe von Halberstadt. Der Redner schildert die Schwierigkeiten, welche sich beim Heben der überaus zerbrechlichen und in festes Gestein eingebetteten Knochen ergeben. In den nächsten Epochen der Erde, welche als Jura- und Kreideformation bezeichnet werden, erreichten die Schreckenssaurier geradezu unheimliche Größen, welche von keinem der heutigen Landtiere mehr übertroffen werden. Diese Riesenformen sind nicht mehr die gewandten Läufer und Springer wie im Keuper, sondern es waren plumpe, schwerfällige Tiere mit mächtigem, auf starken Füßen ruhendem Körper, langem Halse und einem kleinen Kopfe. Sie zogen offenbar auch nicht mehr als Fleischfresser auf Raub aus, sondern begnügten sich mit Pflanzennahrung und niederen Tieren, wie Schnecken, Muscheln, Krebsen und Fischen. Wohl wurden auch in England einzelne Knochen von diesen Riesen gefunden, aber ihre Heimat ist in Nordamerika, wo man in den weiten Prärien von Wyoming geradezu erstaunlich große Anhäufungen der versteinerten Knochen gefunden hat und von wo auch die erste Kunde über diese Riesentiere zu uns gekommen ist. Der Redner hat selbst in Begleitung mit amerikanischen Kollegen diese Fundstätten besucht und schildert uns die reizvollen Ritte durch die endlosen Prärien und den Genuß des Forschers, an solchen Ausgrabungen teilnehmen zu können. Zu diesen amerikanischen Fundplätzen tritt nun in ebenbürtiger Weise ein von dem Redner selbst entdeckter und zuerst ausgebeuteter Platz am Berge Tendaguru im Süden von Deutsch-Ostafrika. Im Jahre 1907 hatte E. Fraas Gelegenheit, diese Gegenden zu besuchen und mit dem eigentlichen Entdecker derselben, einem bayerischen Bergingenieur, die erste wissenschaftliche Ausgrabung zu machen. Sie ergab so glänzende Resultate, daß sofort nach Bekanntwerden derselben die Museumsverwaltung in Berlin sich entschloß, eine Expedition in größerem Maßstab auszurüsten. Seit 3 Jahren werden nun ununterbrochen Ausgrabungen in dem anscheinend unerschöpflichen Gebiete gemacht. Tausende und Abertausende von Knochen, Schädeln und Zähnen sind aus Afrika nach Berlin gewandert und warten dort der Ausarbeitung und Aufstellung im Museum für Naturkunde. Noch werden Jahre vorübergehen, bis die Bearbeitung zum Abschlusse gekommen ist, aber schon jetzt zeugen einzelne riesenhafte Knochen davon, daß wir in Ostafrika die größten bis jetzt auf der Erde bekannten Schreckenssaurier aufgefunden haben. Armknochen von über 2 Meter Länge, Halswirbel von über einem Meter Länge lassen auf Tiere von gegen 35 Meter Länge schließen, während die größten, bis jetzt aus Amerika bekannten Formen nur 25—30 Meter erreichten. Aber nicht nur die erstaunliche Größe ist es, welche die Tiere interessant macht, sondern auch der ganze Aufbau des Skelettes und die Vergleichung mit anderen Lebewesen. In dieser Hinsicht sind sogar die kleinen Formen interessanter als die, man möchte sagen, stumpfsinnigen, ins Riesenhafte ausgewachsenen Endglieder, denn diese vermitteln den Übergang zu den hochspezialisierten Arten der Kreideformation, in welcher wir die Überreste von bald hochbeinigen, bald gedrungenen, oder auch mächtig gepanzerten Formen wie den Iguanodon, den Stegosaurus und den gehörnten Triceratops vorfinden, deren Rekonstruktion in Hagenbecks Tierpark allgemeines Erstaunen erregen.

Zum Schluß führt der Redner eine Reihe besonders interessanter Schreckenssaurier im Lichtbild vor und ließ zugleich seine Zuhörerschaft wenigstens im Bilde teilnehmen an den Schwierigkeiten der Ausgrabungen in Schwaben, Wyoming und am Tendaguru.

An die Sitzung schloß sich ein Festbankett an. Nachdem Senator Westphal auf Kaiser und Reich, und Direktor Prof. Dr. Wegehaupt auf Senat und Bürgerschaft ein Hoch ausgebracht hatten, gedachte Senator Dr. v. Melle des Geburtstagskindes, hob die großen, langjährigen Verdienste der Gesellschaft um das geistige Leben Hamburgs hervor und wünschte ihr ein weiteres glückliches Gedeihen. Dr. L. Friederichsen erwiderte, indem er zugleich die auswärtigen Gäste begrüßte und insbesondere mit freundlichem Danke des Festredners gedachte. Nachdem Prof. Fraas mit launigen Worten erwidert und zahlreiche Glückwunsch-Telegramme verlesen waren, schlossen sich dem noch eine Reihe anderer mit großer Heiterkeit aufgenommener Tischreden an. Nach dem Festmahle hielt ein Tanz die zirka 300 zählenden Festteilnehmer noch lange in den schönen Räumen des Hotel Hamburger Hof zusammen.

360. Sitzung. 3. April 1913.

Vorsitzender: Dr. W. Oehrens.

In Verhinderung des Herrn Senator Strandes erstattet Herr Dr. Friederichsen den Kassenbericht für 1912 (siehe am Schlusse dieser Sitzungsberichte). Die Gesellschaft zählte Ende 1912 775 Mitglieder.

Auf unwidersprochenen Antrag eines Mitgliedes wird der bisherige Vorstand und Beirat (siehe S. 230) per Akklamation für die beiden Jahre 1913 und 1914 wiedergewählt und Herr Prof. Dr. G. Gürich neu in den Beirat berufen.

Herr Oberlehrer Dr. Maximilian Lewels hält einen Vortrag über „Das Emirat und die Stadt Buchara" auf Grund eigener Studien an Ort und Stelle und unter Vorführung zahlreicher instruktiver Lichtbilder.

Das Emirat Buchara, ein Vasallenstaat Rußlands, liegt in Westturkestan östlich vom mittleren und oberen Amudarja. Das Emirat ist gut 200000 qkm groß und zählt vielleicht zwei Millionen Einwohner. Die geringe Bevölkerungsdichte erklärt sich aus der vorherrschend wüstenhaften Natur des Landes. Buchara liegt innerhalb des asiatischen Trockengürtels. Das Klima des Landes, das in der Breite von Süditalien liegt, ist extrem kontinental mit kalten, wenn auch kurzen Wintern und drückend heißen, aber trockenen Sommern. Die Niederschläge fallen im Spätherbste und im Frühjahr. Die beste Reisezeit ist der milde, früchtereiche Herbst.

Das Emirat wird von der mittelasiatischen Bahn durchzogen, die von Krasnowodsk am Kaspischen Meere durch das Land der Turkmenen und das bucharische Gebiet nach Taschkent führt und durch die Orenburger Linie mit der sibirischen Bahn verbunden ist. Die Bahn betritt das bucharische Gebiet bei Tschardschuj, überschreitet den Amudarja und erreicht dreißig Kilometer weiter östlich die große Oase des Serafschans, des wichtigsten Flusses im bucharischen Tieflande. Die Bahn berührt nacheinander Karakül, die Heimat der „Persianer"-Lammfelle, Kagan, von wo eine Zweigbahn zur Hauptstadt des Emirates führt, und Kermine, die zweite Residenz des Emirs.

Die westliche und südliche Grenze des Emirates bildet im allgemeinen der Amudarja. Sein Oberlauf durchfließt in meist engem Bette das bucharisch-afghanische Gebirgsland. Im Tieflande ist der Fluß für flachgehende Fahrzeuge schiffbar; doch bilden die zahlreichen Sandbänke und die unregelmäßige Wasserführung des Stromes ernstliche Hindernisse für die Schiffahrt. Merkwürdig und noch rätselhaft ist die ungemein starke west-östliche Verlegung des Bettes des Amudarja.

Das bucharische Tiefland ist größtenteils wüstenhaft. Brauchbare Weidesteppen finden sich nur in der Nähe des Amudarja und an den Außenwänden der Oasen. Im übrigen herrscht die Wüste und die Wüstensteppe vor. Dünenwüste und Lehmwüste, spärlich bewachsene Salzsteppe und Sandsteppe wechseln mit einander ab. An den Ufern des unteren Amudarja finden sich ausgedehnte Dickichte von Pappeln, Weiden, wilden Oliven, Tamarisken, Stechdorn, Kamelkraut und Erianthusgras. Von größeren Tieren trifft man vereinzelt den Tiger, in Mengen dagegen Eber, Wölfe, Antilopen und mannigfache Wasservögel.

Das Kulturland, fruchtbarster Lößboden, nimmt nur ein Zehntel des bucharischen Gebietes ein. Reis, Weizen, Gerste, Sorghum, Luzerne und viele andere Feld- und Gartenpflanzen gedeihen vorzüglich. Der Ertrag an Obst, namentlich an Melonen und Trauben, ist geradezu fabelhaft. Die Baumwollenstaude hat sich vortrefflich eingebürgert, die Seidenzucht steht in Blüte. Der ganze Anbau beruht auf künstlicher Bewässerung. Die Bucharen sind unübertroffene Meister in der Errichtung und Ausnutzung von Bewässerungsanlagen. Die Oasen sind infolge der Ergiebigkeit des Bodens und der Genügsamkeit der Bewohner erstaunlich dicht bevölkert. Buchara führt nach Rußland vornehmlich Baumwolle, Früchte und Felle von Schafen und Ziegen aus; es erhält von Rußland Textilwaren, Geräte und Instrumente, Zucker und Tee.

Das Gebirgsland nimmt mehr als die Hälfte des bucharischen Gebietes ein. Es wird von zahlreichen Flüssen durchströmt, die namentlich dem Amudarja zustreben; der größte dieser Nebenflüsse ist der Vaks. Das Gebirgsland erreicht in den Hissarbergen und im westlichen Pamir Höhen von 6, ja 7000 Metern. Gletschererfüllte Mulden, schneebedeckte Hochgipfel, geröllerfüllte Täler, weite Hochwüsten und lößreiche Talbecken wechseln mit einander ab.

Die Bevölkerung des Landes ist weniger bunt als sie auf den ersten Blick zu sein scheint. Russen, Perser, Afghanen, Inder sind nicht zahlreicher als Ausländer in Deutschland. Turkmen und Kirgisen nomadisieren an den Grenzen. Im Hochgebirge wohnen die Ackerbau treibenden Galtschas, fast unvermischte Nachkommen einer uralten iranischen Bevölkerung von Buchara. In der Hauptstadt des Emirates bilden die Juden, ein schöner Menschenschlag, eine rassenstolze, aber verachtete und entrechtete Kolonie. Den Hauptteil der Bevölkerung bilden die im wesentlichen iranischen Tadschiken und die teils persisch, teils türkisch sprechenden Sarten. Die Sarten sind durch Vermischung der Tadschiken mit den erobernden Usbeken entstanden. Sie stehen bei aller äußeren Würde und Religiosität auf der tiefsten Stufe der Sittlichkeit. Die Sarten tragen glänzende, weiche Schaftstiefel, bunte Käppchen, weiße oder bunte Turbane und weite, schlafrockähnliche, ungeheuer bunte Obergewänder, Chalate genannt. Die Sarten sind recht genügsam. Reis, Brot und Früchte genügen den meisten. Beliebte Fleischgerichte sind Schaschlyk, kleine Stücke von Schaffleisch und Schaf-Fett, sowie der Ploff, der aus Reis, Schaffleisch und -fett, Rüben, Rosinen und Zucker bereitet wird. Scheußlich — der ganz fremdartigen Intervalle wegen — ist der sartische Gesang. Die Frau ist bei den Sarten wie überall im islamitischen Oriente von der Außenwelt abgeschlossen. Die Frau steht bei den Sarten in geringem Ansehen. Es gibt zahlreiche sartische Sprichwörter, die für die Frauen wenig schmeichelhaft sind.

Das Haupt des Staates ist der Emir. Der Emir oder sein Stellvertreter, der Kuschbegi, regiert nur in der Hauptstadt selbst und den umliegenden Dörfern. In den übrigen größeren Orten herrschen fast unbeschränkt seine Gouverneure, die Beks, die dem Emir nur einen jährlichen Tribut zahlen. Die Beks sind in ihrem Gebiete die obersten Richter; nur Todesurteile bedürfen der Bestätigung des Emirs. Die Rechtspflege gründet sich auf den Koran. Das alte barbarische Strafrecht der Bucharen ist durch den russischen Einfluß gemildert worden; doch ist es noch hart genug: Wer Alkohol genießt, erhält 75 Stockschläge; Diebstahl zur Gebetszeit kann mit dem Tode bestraft werden; den zum Tode Verurteilten wird mit einem gewöhnlichen Messer auf öffentlichem Markte die Kehle durchschnitten. Die fürchterlichen alten Gefängnisse — zehn Meter tiefe Gruben, die mit einem Deckel geschlossen wurden — scheinen nicht mehr benutzt zu werden. Das Gefängnis in der Hauptstadt ist für orientalische Verhältnisse ganz behaglich.

Die Bucharen sind äußerlich sehr eifrige Mohammedaner, fanatisch sind aber nur die Mitglieder der religiösen Orden und die meisten Mullas, die Angehörigen der bucharischen Geistlichkeit.

Das Unterrichtswesen steht in Buchara auf einer gewissen Höhe, wenn auch der Unterrichtsstoff entsetzlich veraltet und die Unterrichtsmethode, die im islamitischen Oriente allgemein übliche Brüll- und Silbenstechmethode ist. Mektebs, Volksschulen, in denen Lesen und Religion gelehrt wird, gibt es in allen bucharischen Dörfern; die

Medressen, die Hochschulen, deren Kursus Schreiben, Mathematik Philosophie, Theologie, Naturwissenschaft, Literatur und Sprachwissenschaft umfaßt, befinden sich alle in der Hauptstadt.

Die bucharischen Städte sind fast alle nach dem gleichen Plan gebaut. Den Kern der Stadt bildet der Basar mit seinen engen, winkligen, vielfach überdachten Straßen. Um den Basar herum liegt das Wohnungsviertel, in dem auch die Ark, die Zwingburg des Beherrschers, liegt. Dann folgt die dicke und hohe Lehmmauer. Außerhalb der Mauer liegen Kirchhöfe, Gärten und Felder. Die Straßen außerhalb des Basars sind ungeheuer einförmig, da sie fast ganz von kahlen, grauen Lehmmauern eingefaßt werden. Die Häuser liegen alle auf den inneren Höfen. Die Straßen der Städte bestehen wie die Häuser meist aus Lehm; sie sind im Sommer entsetzlich staubig, in der Regenzeit unglaublich schlammig und schmutzig. Gereinigt werden die Straßen nie.

Die Hauptstadt Buchara, die gegen 80 000 Einwohner zählt, erreicht man von Kagan aus in einer halben Stunde. Das Basartreiben, namentlich an den Markttagen, ist unbeschreiblich; dennoch ist der Basar von Buchara bei weitem nicht so groß wie der von Konstantinopel oder der von Täbris. Einen eigenen Reiz bekommt das Basartreiben in Buchara durch die prachtvoll bunten Kleider der Marktbesucher. Eigenartig sind auch die Teebuden, in denen ungezuckerter, grüner Tee getrunken wird.

Von öffentlichen Gebäuden sind die Medressen, die Moscheen und schließlich die Emirburg zu erwähnen, vor der sich der budenbedeckte Registan. der größte freie Platz von Buchara, befindet. Die berühmteste Hochschule ist die Medresse Mir Arab. Die bucharischen Moscheen stehen hinter den großen Samarkander Moscheen weit zurück, da sie ihren Fayencebelag fast ganz verloren haben. Die bedeutendsten Moscheen sind die Kaljanmoschee und die Moschee Divanbegi. Das große Freitagsgebet, das vor diesen Moscheen abgehalten wird, bietet ein Schauspiel von überwältigender Großartigkeit.

Einen besonderen Schmuck der Stadt Buchara bilden die zahlreichen, fast quadratischen Teiche, Ha=us genannt. Leider sieht das Wasser dieser Teiche meist recht übel aus, da aller Unrat der Stadt in die Teiche hineingeschwemmt wird. Trotzdem wird das Wasser unbedenklich zu allen Verrichtungen benutzt und ebenso unbedenklich getrunken. Durch das Wasser der Teiche und Kanäle wird die bucharische Wurmkrankheit, der Fadenwurm, beständig verbreitet. Er liegt zusammengeringelt unter der Haut des Kranken und ruft an der betreffenden Stelle ein schmerzhaftes, eiterndes Geschwür hervor. Die bucharischen Barbiere sind Meister in der Kunst, den Fadenwurm herauszuziehen.

Wenn das Wasser der Teiche auch recht ekelhaft ist, so sind die Teiche selbst doch eine Zierde der Stadt. Namentlich der große Teich Labi-Ha=us bei der Moschee Divan Begi ist in seiner Art unvergleichlich. Mit seinen ehrwürdigen Ulmen, mit den Buden der Barbiere, Garköche, Bäcker, Fruchthändler und Teewirte, mit den ringsumlaufenden Wassertreppen, auf denen das Volk im Sommer sitzt und schwatzt, mit den Erzählern, den Zauberkünstlern und den predigenden Mullas, mit all dem Zauber des Orientes, den der Fremde hier gewahrt, bietet der Teich ein Bild aus Tausend und einer Nacht, wie es im weiten Oriente kaum ein zweites geben dürfte.

361. Sitzung, 8. Mai 1913.

Vorsitzender: Senator Westphal.

Herr Prof. Schlee, der als Abgeordneter der Hamburgischen Geographischen Gesellschaft dem in den Tagen vom 27. März bis 3. April stattgehabten X. Internationalen Geographen-Kongreß in Rom beigewohnt hat, berichtet zunächst über den Verlauf des Kongresses. Daran schließt er unter Vorführung von Lichtbildern einige Mitteilungen über einen vor dem Kongreß ausgeführten dreitägigen Besuch des Vesuvs. Bei und nach dem letzten großen Ausbruch 1906 ist das Atrio del Cavallo, das zwischen dem jungen Vesuvkegel und dem alten Ringwall des Monte Somma liegende Tal, hoch mit Lapilli und Aschen und mit vom Vesuvkegel herunterfahrenden Schuttströmen überschüttet worden. Ein Vergleich von photographischen Aufnahmen, die der Vortragende 1904 und jetzt 1913 gemacht hat, zeigt aufs klarste, daß im mittleren Teil des Atrio sein Boden jetzt 40 bis 50 Meter höher liegt als vor dem Ausbruch.

Dann hält Herr Dr. W. Brennecke, der an der Deutschen Antarktischen Expedition 1911 bis 1912 als Ozeanograph teilgenommen hat, einen von Lichtbildern begleiteten Vortrag über den Reiseverlauf und die ozeanographischen Arbeiten der Expedition.

Zunächst schildert der Vortragende die Beziehungen Hamburgs zur Deutschen Antarktischen Expedition, die mannigfache Förderung aus Hamburgs Kreisen erfahren hat, und skizziert kurz die Aufgaben, die für eine Expedition im Südpolargebiet liegen, indem er hierbei in erster Linie auf die ozeanographischen Probleme hinweist. Das Expeditionsschiff Deutschland hat sich in jeder Beziehung bewährt. Hervorzuheben sind seine Seetüchtigkeit, seine praktische Einrichtung und die vorzügliche Isolierung des Schiffes, das selbst bei — 30 Grad mit Leichtigkeit warm zu halten war. Der Fahrt in das Eismeer ging eine viermonatliche Forschungsfahrt im Atlantischen Ozean voraus, die der Untersuchung der biologischen und physikalisch-chemischen Verhältnisse der Tiefsee galt. Professor Lohmann, der die Expedition bis Buenos-Aires als Biologe begleitete, hat auf dieser Fahrt wertvolle Untersuchungen über die Bevölkerungsdichte des Meeres in den verschiedenen klimatischen Zonen und in den verschiedenen Tiefenschichten nach zum Teil neuen Methoden ausgeführt. Seine Arbeiten gingen Hand in Hand mit den physikalisch-chemischen Untersuchungen (Temperatur, Salzgehalt und Gasgehalt) in den einzelnen Tiefenschichten, die der Redner als Ozeanograph ausführte. Von den Ergebnissen dieser Vorexpedition, die namentlich die zentralen Teile des Nordatlantischen Ozeans berücksichtigte und hier wesentlich den Verlauf der Mittelatlantischen Schwelle klärte, verdient ein Versuch zur Messung der Tiefenströme des Ozeans besondere Erwähnung. Es gelang ein Lot auf 3000 Meter Tiefe an einer dünnen Stahldrahtlitze zu verankern und so einen festen Punkt zu schaffen, von dem aus man die Richtung und Geschwindigkeit der Tiefenströmungen messen konnte.

Die Ankunft in Süd-Georgien erfolgte am 21. Oktober 1911. Von dort aus wurde zunächst eine Fahrt nach den Süd-Sandwich-Inseln unternommen, bei der das Schiff schwere Stürme abzureiten hatte; die Landung auf den Inseln wurde durch die hohe See verhindert. Von viel Erfolg begleitet waren die Forschungen auf der stark vergletscherten Insel Süd-Georgien. Hier wurde eine wertvolle Versteinerung entdeckt, ferner neue Gesteinsarten aufgefunden und mannigfache Beiträge zur Küstenkunde Süd-Georgiens gesammelt. Am 11. Dezember 1911 erfolgte der Aufbruch nach Süden. Das Ziel war zunächst, die südliche Begrenzung der Weddell-See zu erkunden. Nach sechswöchentlichem Kampfe mit dem Eis, von 57° S bis 74° S, gelang es, dank dem nautischen Geschick des Kapitäns R. Vahsel, südlicher als alle Vorgänger vorzudringen und in 76° 40′ S eine neue Küste zu erkunden, die bis 77° 45′ S verfolgt wurde. Einen Monat lang ist die Expedition hier in der Vahsel-Bucht gewesen, hat hier ein Stationshaus gebaut, das später abtrieb, und hatte gerade mit systematischen Untersuchungen begonnen, als das Schiff in eine gefährliche Lage geriet, so daß nichts anderes übrig blieb, als die Bucht zu verlassen.

Auf der Fahrt nordwärts gefror plötzlich die Oberfläche der See, so daß das Schiff festkam und nun 9 Monate lang eingeschlossen vom Eis in der Weddell-See trieb. Diese lange Trift, in der das Schiff nicht weniger als 1500 Seemeilen zurücklegte, hat in vieler Hinsicht sehr interessante und wichtige wissenschaftliche Ergebnisse gezeitigt, u. a. hinsichtlich der Beziehungen zwischen Windrichtung und Triftbewegung. Der Vortragende schilderte an der Hand von schönen Lichtbildern die Eispressungen, die in der Umgebung des Schiffes stattfanden, und legte die Ergebnisse seiner während der Trift ausgeführten Arbeiten vor. Diese betrafen neben den regelmäßig ausgeführten Lotungen, die das Relief der Tiefsee hier enthüllten, die physikalisch-chemischen Verhältnisse in den Tiefenschichten und ihre aperiodischen Veränderungen. Die Untersuchungen dürften wesentlich zur Klärung der Frage nach der Bildung des Bodenwassers, das aus den polaren Gebieten äquatorwärts geschoben wird, beitragen. Auch die übrigen wissenschaftlichen Teilnehmer der Expedition führten, unterstützt durch Kapitän und Offiziere des Schiffes, ein reichhaltiges wissenschaftliches Programm durch. Namentlich sind die aerologischen Forschungen Dr. Barkows zu erwähnen, der mehrere Hundert Drachen- und Pilot-Ballon-Aufstiege durchführte.

Ende November kam das Schiff aus der Scholle frei und erreichte unter Führung von Kapitän Lorenzen Mitte Dezember 1912 Süd-Georgien. Einen herben Verlust hatte die Expedition zu beklagen, da am 8. August 1912 der erprobte Kapitän R. Vahsel an einem Herzleiden verschied. Seiner Erfahrung hatte die Expedition viel zu verdanken und sein Andenken wird von den Teilnehmern stets in hohen Ehren gehalten werden.

Kassa-Bilanz 1912.

Einnahmen:			
Saldo am 1. Januar 1912		M. 27.11	
Staatssubvention für 1912		„ 5 000.—	
Rückprämie der Gothaer Feuer-Versicherungsbank		„ 36.80	
Zinsen auf M. 11 000 Hamburger Staatsrente à $3^1/_2$ % p. a.		„ 385.—	
Bankzinsen		„ 31.36	
Extraeingänge für die Expedition des Dr. Lütgens nach Haiti		„ 1 000.—	
Mitgliederbeiträge:			
755 Mitglieder à M. 12.—	M. 9 060.—		
12 „ „ „ 6.—	„ 72.—	„ 9 132.—	
Uebergangsrechnung		„ 696.73	
			M. 16 309.—

Ausgaben:			
I. Drucksachen etc.			
Mitteilungen Bd. XXVI.			
Honorare	M. 785.—		
Autotypien, Photographien, Karten	„ 840.70		
Druckkosten und Umschläge	„ 1 653.43		
Verpacken und Versandspesen	„ 292.70	M. 3 571.83	
II. Für die Monatssitzungen (Honorare für Vorträge)	M. 1 360.—		
Miete für Sitzungssaal und Lichtbilder-Apparat	„ 698.—		
Sonstige Ausgaben für die Vorträge	„ 583.66	M. 2 641.66	
III. Für die Bibliothek:			
Neuangeschaffte Bücher	M. 172.75		
Abonnements auf Zeitschriften	„ 213.10		
Buchbinder-Arbeiten	„ 212.45	„ 598.30	
IV. Verwaltung		„ 4 077.48	
V. Extraordinaria:			
Beihilfe zu dem Werke „Geographie des Atlantischen Ozeans“ von Prof. G. Schott	M. 1 000.—		
Beitrag für die Expedition des Dr. Lütgens	„ 1 000.—		
Reisespesen, Ehrungen etc.	„ 655.02		
Für die Expedition des Dr. E. Obst, 2. (Rest-) Zahlung	„ 2 614.71		
Rückzahlung des Darlehns aus 1911	„ 150.—	„ 5 419.73	
			M. 16 309.—

Vermögensbestand ult. 1912.

9 Stück $3^1/_2$ % Hambg. Staatsrente M. 11 000 ad M. 88.85 mit Zinsschein $^1/_2$ 13 ff.	M. 9 773.50	
Stückzinsen 5 Monate	„ 160.42	
	M. 9 933.92	
Übergangsrechnung	„ 696.73	
		M. 9 237.19

Vorstand

(gewählt am 3. April für 1913/14).

Präsident: Senator **Otto E. Westphal.**
Vice-Präsident: Dr. med. **W. Oehrens.**
Erster Sekretär: Dr. **L. Friederichsen.**
Zweiter Sekretär: Prof. Dr. **P. Schlee.**
Kassierer: Senator **Justus Strandes.**
Prof. Dr. **S. Passarge.**
Dr. **Joh. Ad. Repsold.**

Beirat

(gewählt am 3. April für 1913/14).

Dr. **Max Albrecht.**
Prof. Dr. **G. Gürich.**
Dr. phil. **H. Michow.**
Prof. Dr. **G. Schott.**
Edmund J. A. Siemers.
Kommerzienrat **Herm. Stoltz.**
Geh. Regierungsrat Dr. **Fr. Stuhlmann.**
Prof. Dr. **G. Thilenius.**
Prof. Dr. **W. Wegehaupt.**
J. Witt.

Inhaber der Kirchenpauer-Medaille.

a. Goldene Medaille.

Bürgermeister Dr. **G. Kirchenpauer** (Hamburg), gestorben 3. März 1887.
Dr. med. **G. Adolf Fischer** (Barmen), gestorben 11. Nov. 1886.
Wirkl. Geheimer Rat Prof. Dr. **G. von Neumayer,** Excellenz (Neustadt a. d. Haardt), gestorben 25. Mai 1909.
Dr. phil. **L. Friederichsen** (Hamburg), seit 6. März 1898.
Dr. phil. **Sven von Hedin** (Stockholm), seit 12. Februar 1903.

b. Silberne Medaille.

Geh. Regierungsrat Dr. **Franz Stuhlmann** (Hamburg), seit 7. März 1895.
Prof. Dr. **Wilhelm Sievers** (Giessen), seit 6. März 1898.
Prof. Dr. **Fr. Fülleborn** (Hamburg), seit 5. März 1908.

Mitglieder-Verzeichnis am 1. Januar 1913.

I. Ehrenmitglieder.

Amundsen, Roald, Kapitän, Kristiania . . . . seit 5. März 1908.
Drygalski, Erich von, Prof. Dr., München . . . . „ 5. „ 1908.
Hellmann, Gustav, Geh. Regierungsrat Prof. Dr., Berlin . . . „ 5. „ 1908.
Meyer, Hans, Geheimer Hofrat Prof. Dr., Leipzig . . . . . „ 11. April 1901.
Nansen, Fridtjof, Prof. Dr. phil., Kristiana . . . . „ 3. Dez. 1896.
Palander, L., Marineminister, Stockholm . . . . „ 5. Juni 1880.
von Payer, Jul., Dr. phil., Wien . . . . „ 4. März 1875.
Penck, A., Geh. Regierungsrat Prof. Dr., Berlin . . . . . . „ 5. „ 1908.
Schweinfurth, G., Prof. Dr. phil., Kairo . . . . „ 4. Febr. 1875.
Supan, Alexander, Geh. Regierungsrat Prof. Dr. phil., Breslau . „ 6. März 1898.
Wagner, Hermann, Geh. Regierungsrat Prof. Dr. phil., Göttingen „ 6. „ 1898.
von Wilczek, Hans, Graf, Exz. K. K. Wirkl. Geheimrat, Wien . „ 4. „ 1875.

II. Korrespondierende Mitglieder.

Basedow, Herbert, Dr., Adelaide . . . . seit 3. März 1910.
Cora, Guido, Prof., Rom . . . . „ 6. Dez. 1894.
Debes, E., Prof. Dr., Leipzig . . . . „ 1. Mai 1886.
Friederichsen, Max, Prof. Dr., Greifswald . . . . „ 5. März 1908.
von Hesse-Wartegg, Ernst, Geh. Hofrat, Tribschen-Luzern . . „ 4. Dez. 1879.
Keller, Rich., Paris . . . . „ 6. Nov. 1887.
Philippson, Alfred, Prof. Dr., Bonn . . . . „ 5. März 1908.
Sapper, Karl, Prof. Dr., Straßburg i. Els. . . . . „ 5. „ 1908.
Wegener, Georg, Prof. Dr., Berlin . . . . „ 5. „ 1908.

III. Ordentliche Mitglieder.

Abegg, Fr.
Abt, Leopold.
Adam, Jul., Dr. med.
Adler, Gustav.
Adler, Richard Paul.
Ahlburg, Schulrat Dr.
Albrecht, Ernst, Dr. phil.
Albrecht, Max, Dr. phil.
Alsberg, A., Dr. med., Oberarzt.
Aly, G. J., Pastor.
Aly, Paul, Dr. med.
Amsinck, M. G.
Andersen, C., Schiffsreeder.
Apel, Gustav.
Arndt, Oskar.
Arning, E., Dr. med.

Aufschläger, C. A. M., Dr.
Augustin, Karl.
Aust, Albert.

Bachrach, Friedrich.
Ballin, Alb., Dr. ing., h. c., Generaldirektor d. Hamburg-Amerika-Linie.
Bargebuhr, Arnold, Dr. med.
Barkow, F., Dr. med.
Bartels, Ed., Dr. jur., Amtsrichter.
Bartels, Walter.
Barthmann, Rob.
Bauer, Max.
Becker, C. H., Prof. Dr.
Becker, Wilh., Dr.
Beckmann, John.
Behm, C., Kontreadmiral, Direktor der Seewarte.
Behn, Ernst, Dr.
Behrend, Paul, Dr. phil.
Beith, M.
Bendixen, Fr., Dr., Bankdirektor.
Benecke, Otto, Dr. med.
Beneke, Hermann.
Bennholdt-Thomsen, C. G.
Benzian, R., Dr.
Berendt, Max, Ingenieur.
Berghaus, Herm.
Bergl, Louis.
Berkemeyer, A.
Berkemeyer, Oswald.
Bertram, P., Dr.
Berlin, Axel.
Beselin, Otto, Dr. med.
Beselin, Richard V.
Beukemann, Wilh., Dr. phil., Direktor d. Stat. Bur. d. Steuer-Deputation.
Bichel, C. E., Dr. ing.
Bieber, Arthur, Dr.
Bieber, Franz Voguell.
Bieber, Theodor.
Biermann, Carl.
Bierschenk, Wilh.
Bing, Max.
Binzer, A. Freiherr von, Major, Altona.
Birgfeld, C. F. W.
Birtner, F. W.
Bitter, Wilhelm, Dr. jur.
Blohm, G., Dr. jur.
Blohm, Hermann, Dr. ing. h. c.
Bluhm, Eduard.
Blum, Adolf.
Böcker, Georg.
Böcker, Walter.
Bödiker, Carl, Kommerzienrat.
Boerner, A., Prof. Dr. phil., Oberlehrer.
Boerner. H.
Bötzow, F. G. C., Oberregierungsrat Dr., Ständiger Hülfsarbeiter des Senats.
Bohne, Albert, Dr. med.
Bolau, Heinr., Dr. phil.
Boldemann, Franz.
Boldemann, Hermann.
Bollenhagen, Emil.
Bolte, Friedrich, Prof. Dr., Direktor der Navigationsschule.
Boltz, Bernhard H.
Booth, Oskar.
Bose, C. von.
Botsch, Ernst.
Botsch, G. L.
Brach, Rud., Direktor Dr.
Bramslöw, F. C., Direktor.
Brandt, Dr. med., Belzig.
Brauss, Hermann.
Brennecke, W. Dr. phil.
Brettschneider, H. P. E.
Breyer, Joh. Eduard.
Breymann, Wm. H.
Brock, Gustav.
Broemel, Hugo.
Brons, Claas W.
Brückmann, Alb.
Brügmann, Otto.
Brütt, H.
Brütt, M. D., Schulrat, Prof. Dr.
Brunckhorst, Alexander.
Brunn, M. von, Professor Dr.
Budde, Claus.
Bultmann, Louis.
Bunzel, Carl.
Burmeister, Eduard.
Byhan, A., Dr. phil.

Calmon, Alfred.
Claßen, Max.

Cohen, Alfred.
Cohen, Arthur.
Cohn, Carl.
Cohn, Max L.
Cohn, Richard.
Colpe, Julius.
Conradi, Joh. N. V.
Cords, Julius.
Cordts, Cäsar H.
Crasemann, Alfred.
Crasemann, Hans.
Crasemann, Max, Dr. jur.
Crasemann, Rudolf.

Danielsen, B. Dr. jur.
Dannenberg, Herm.
Darapsky, L., Dr. phil.
Daues, W., Oberlehrer.
Dehn, Otto, Dr. jur.
Delfs, A.
Dellschaft, Hermann.
Deneke, Th., Prof. Dr. med., Direktor.
Dethleffsen, Joh.
Deurer, W., Konsul.
Diederichsen, Gustav.
Diercke, Paul.
Diersche, M., Prof. Dr.
Dietrich, Julius.
Döbler, E. W.
Döhner, F. A.
Dörmer, L., Oberlehrer Dr.
Donner, K. Th., Dr. jur.
Dorn, P.
Drews, Curt, Major z. D., Lübeck.
Droege, Ad., Regierungsrat, Dr.
Droege, Ludwig.
Dreyer, Eduard.
Duhn, C. Chr. von, Dr. jur.
Duncker, Arth., Direktor.
Duncker, H. A,, Konsul.
Duncker, W. F.
Dunker, Franz.
Dykes, Geo.

Ebers, Karl.
Eberstein, H. von, Hauptmann.
Ebert, Oskar H.
Eckmann, Hugo.
Eichenberg, Paul.
Eichholz, Gustav.
Eichler, Wilh.
Eidenbenz, W., Apotheker.
Eiffe, Adolf H.
Eiffe, F. F.
Elkan, Herbert C.
Ender, Max.
Engel, Jul., Dr. Landgerichtspräsident.
Engelbrecht, Adolph.
Erbe, Max.
Ewald, Oskar von.

Falkenstein, Gustav.
Fellmer, Eduard.
Fick, Wilh.
Findlay, Alfred.
Fischer, Reinhard.
Flemming, Paul, Dr. iur.
Fontheim, Iwan.
Fooken, G. F.
Förster, K., Oberlehrer, Dr.
Foppes, Alfred, Ingenieur.
Fränckel, Siegfried.
Frege, Arthur.
Frers, Aug., Dr.
Frese, Emil.
Freudenthal, Max.
Freygang, Reinhold.
Friedburg, Martin E.
Friederichsen, Ludw., Dr. phil.
Friederichsen, Richard, Verlagsbuchhändler.
Friedländer, Max.
Friedmann, Franz.
Friedrichs, H., Postdirektor.
Fritz, Rud.
Froede, Otto.
Fülleborn, Fr., Prof. Dr. med.

Gabe, Joh.
Gätjens, J. C. Otto.
Galles, Gerrit.
Garrels, Johann Heinrich.
Gartmann, Franz.
Gentzen, Kurt, Dr.
Gerson, Georg.
Gestefeld, Oberst.
Gevenich, Hubert.

Gibsone, Thom., Regierungsrat.
Giemsa, G.
Girard Pierre, Generalkonsul der franz. Republik.
Gisbert, F. J. de, Ingenieur.
Göpner, Carl, Direktor.
Goerlich, Rud.
Göttsche, Albert.
Goldschmidt, Edm.
Goldschmidt, Otto.
Goldschmidt, Max.
Goldstein, Michael.
Goos, Max, Dr. phil., Oberlehrer.
Gorden, Felix, Dr. Landrichter.
Gossler, J. H.
Gossler, John von Berenberg-.
Gossler, Rudolf G.
Goverts, Ernst F., Dr. jur., Landgerichtsdirektor.
Grabner, A., Dr., phil., Oberlehrer.
Grallert, Emil, Konsul.
Grandefeld, K., Dr. phil.
Grau, Ottmar.
Griesing, Ed., Oberlehrer.
Grossmann, L., Prof. Dr.
Grote, C. G.
Grünig, Oberst z. D.
Gruner, C. G. W.
Gruner, Siegfried.
Gültzow, Albert.
Gürich, G., Prof., Dr.
Güssefeld, Georg Wilh.
Güssefeld, Otto, Dr. phil.
Gulda, F.
Gumprecht, Arnold.

Hagen, K., Prof. Dr.
Hagenbeck, Carl, Kommerzienrat.
Hagenbeck, Heinr.
Hagenbeck, Lorenz.
Hahn, Heinr. J. E.
Hahn, R., Dr. med.
Halben, Herm., Dr.
Haller-Hallertein, Ulrich, Freiherr von.
Hallgarten, Albert N., Generalkonsul.
Hallier, Eduard, Dr. jur.
Hammer, Dr., Oberlehrer, Altona.
Hane, Walter, Direktor.
Hans, W., Dr.
Hansen, Julius.
Hansing, Heinr.
Hansing, L. F.
Hansing, Otto H.
Hanssen, Alphons B.
Hansson Elof.
Harder, Herm. J.
Harke, L. F. C., Dr. jur., Landrichter.
Harling, Gustav.
Hartmeyer, Hans, Dr.
Hartmeyer, Herm., Dr.
Hass, Heinrich.
Hasselmann, Carl.
Hastedt, Paul.
Hauer, Albert.
Hausamann, Oscar, Dr.
Hauthal, R., Prof. Dr., Hildesheim.
Hegemann, F., Kapitän.
Heidke, Paul, Dr. phil.
Heidmann, R. W., Senator.
Heinemann, C. F. K., Lehrer.
Heinemann, Hermann.
Heinichen, Oberlandesgerichtsrat.
Heintze, Gustav H.
Heintze, W., Bankdirektor.
Held, H. A.
Heller, Isidore.
Hendel, J., Dr.
Hennings, Paul, Dr. med., Reinbeck.
Hering, Cuno.
Hermsen, Diedrich.
Hermsen, Theodor.
Hernsheim, Ed., Konsul.
Herrmann, E., Prof. Dr.
Herrmann, Paul, Dr.
Herrmann, P., Julius.
Hertz, G., Dr. jur., Senator.
Hertz, Richard.
Hertz, Rudolf, Dr. jur.
Herz, Albert, Dr. med.
Hesse, Alfred P.
Hesse, F. W. H.
Hesse, G. jr.
Hesse, Max.
Hesslein, Siegm., Dr.
Heye, F. C. Th., Geh. Kommerzienrat.
Heymann, Jul.

Heyne, Fritz.
Hinrichsen, Max, Landgerichtsdirektor, Dr.
Hirsekorn, W., Rechtsanwalt.
Höffler, Paul, Apotheker.
Höhnke, Friedr., Bergedorf.
Hofmann, von, Leutenant, Wandsbek.
Hoffmann jr., Georg.
Holm H. J.
Holthusen, Gottfried, Senator.
Holtzapfel, Richard, Dr.
Hoppe, Edm., Prof. Dr.
Hoppe, Hugo.
Horn, Erich, Dr.
Hübbe, J. J., Direktor.
Hübbe, P. G.
Hündersen, A.
Hüttenheim, Paul Rob,

Iselstöger, Georg, Sekretär des k. k. Österr.-Ungar. Generalkonsulats.
Jacobi, Alban.
Jacobi, C., Direktor.
Jacobs, Cornelius.
Jacobsen, Max, Direktor.
Jacobsen, Aug.
Jantzen, C. F. W.
Jensen, Emil.
Jösting, Wilh.
Johns, H. E.
Jonassohn, Otto.
Jordan, Julius.
Jowien, W. E. F.
Jürgens, R., Garteningenienr.
Juhl, Ernst.
Ivens, Hans, Dr. ph.

Kaehne, K., Regierungsrat Dr.
Kaemmerer, A., Dr. jur.
Kaftal, Seweryn.
Kallmes, Siegfried.
Kannengiesser, E., Oberlandesgerichtsrat.
Kanzki, Geh. Postrat.
Kanzow, Rudolf.
Kein, Woldemar, Realschullehrer.
Kiesselbach, W., Dr. jur., Rechtsanwalt.
Kleinwort, Georg.
Klinge, Fritz.
Klingender, Generalmajor a.D., Gr.Flottbek.
Knobligk, Geh. Justizrat, Altona.
Knöhr, Oskar.
Knoth, M., Dr. med.
Koch, Max, Oberlehrer Dr., Altona.
Koch, Richard V.
Koch, Sophus.
Kochen, Albrecht.
Kochen, Max.
Köbcke, Carl.
Kölisch, Erich.
Königsberger, J.
Köppen, B., Baumeister.
Korn, K., Bankdirektor.
Kraepelin, Carl, Prof. Dr. phil.. Direktor des Naturhist. Museums.
Kraft, Ernst.
Kraft, Philipp, Dr. phil., Oberlehrer.
Krauss, Alfred.
Krauss, J., Dr.
Kretschmer, Heinr.
Krille, F., Zahnarzt.
Kröger, Herm.
Kröhnke, B.
Krönig, Daniel, Oberregierungsrat, Dr. jur.
Krönig, Wilh.
Krüger, Edgar, Dr.
Krüls, Hugo, Dr.
Kück, Roberto, Dr., Rechtsanwalt.
Kümmell, Herm., Geh. Sanitätsrat, Prof. Dr. med.
Künne, G., Pastor Dr.
Kugelmann, Ferd.
Kunkel, Christian, Dr. med.

Lachmann, Ed.
Lachmann, Julius, Fabrikbesitzer.
Latschinow, Adrian von, K. Russischer Vizekonsul.
Lau, Hans.
Lau, Hugo.
Lavy, Charles.
Lazarus, Rudolf.
Leesemann, Karl W.
Leichhardt, Paul.
Leisewitz, Wilhelm.
Lenz, Emil, Dr. med.
Leppien, August.
Levy, Rudolf.

Levy, W.
Lewels, Oberlehrer, Dr.
Lichtwark, Prof. Dr. phil., Direktor der Kunsthalle.
Liebermann, Ernst.
Liebermann, Franz.
Liebrecht, Dr.
Linde, R., Prof. Dr., Oberlehrer.
Lindener, Arthur, Groß-Flottbeck.
Lippert, Ludwig, Dr.
Lipschütz, G.
Lohmann, H., Prof. Dr.
Löhmann, Aug., Altona.
Löhmann, R., Oberlandesgerichts-Präsident.
Löwenadler, Otto.
Loewenstein, Ernst, Dr. jur., Amtsrichter.
Loewenstein, Simon.
Loewenthal, Richard.
Lohr, G., Dr. med.
Lubcke, August.
Lubcke, Aug. Chr. A., Ottensen.
Lübbert, Hans O., Fischereidirektor.
Lütgens, Rud., Dr., Oberlehrer.
Lüttge, Werner, Dr.
Lutteroth, G. E. Ascan.
Luttropp, E.

Maack, Elert.
Maegli, J., Konsul.
Magnus, Walter.
Mandel, B.
March, M.
Marcus, G.
Markiel, J., Dr. med.
Marschall, Hermann.
Marx, Jakob.
Massow, W. von, Berlin-Hallensee.
Maurer, A., Kapitän.
Mayr-Bertheau, Jul.
Mayer, Martin, Dr. med.
Melle, Werner von, Dr. jur., Senator.
Mengers, Adolf.
Merck, Ernest.
du Mesnil de Rochemont, Th., Dr. med., Altona.
Meurer, Kontreadmiral z. D., Altona.
Mey, A. Dr.
Meyer, Ernst A., Baumeister.
Meyer, Franz Bernh.
Meyer, H. C. Eduard, Konsul.
Meyer, Herm., Dr. phil.
Meyer, Moritz, Dr. med.
Meyer, Siegmund. Dr. med.
Meyerhof, Moritz.
Michaelsen, W., Prof. Dr.
Michahelles, Alfred, Senator.
Michow, Heinrich, Dr. phil., Schulvorsteher.
Miehe, Otto G.
Mönckeberg, Rudolf, Dr. iur.
Mohr, Carl.
Moll, Eduard G.
Moller, U. Ph., Dr. iur., Präses der Vormundschaftsbehörde.
Möller, J. F.
Möller, Martin.
Moritz, Walter.
Müller, Adolf, Diplom-Ingenieur.
Müller, Clemens.
Müller, Eduard.
Müller, Eduard, Dr.
Müller, Ernst.
Müller, Gustav.
Müller, Joh.. Dr., Oberlehrer.
v. Müller, Major, Wandsbek.
Münchmeyer, Herm.
Münzel, Prof. Dr., Direktor der Stadtbibliothek.
Mugdan, D., Generalkonsul.
Mutzenbecher, H. F. M.

Nagel, Carl.
Nathusius, Anton.
Neckelmann, Carlos.
Neubauer, A.
Neumann, Direktor, Dr.
Newman, Henry P.
Niebour, Th., Dr. Navigationsschul-Direktor a. D.
Nielsen, H.
Niemann, Friedrich, Hauptmann a. D.
Niemeyer, C. F.
Niemeyer, E.
Niemeyer, Gotthardt.
Nocht, B., Prof. Dr. med., Obermedizinalrat.
Nölting, P. H.
Nordheim, Edmund.

Nordheim, Louis.
Nordheim, Robert.

Oberländer, Carl.
Obst, E., Dr. phil., Marburg a. d. Lahn.
Oehrens, W., Dr. med.
Oettinger, Ernst.
Ohlendorff, Hans, Freiherr von.
Ohlendorff, Heinr., Freiherr von.
Ollerich Adolf.
Ollerich, H.
Olshausen, A., Dr. med.
Opitz, Paul, Kapitän.
Opper, Paul, Dr. med., Marinestabsarzt a. D.
O'Swald, William, Bürgermeister.
Otten, Georg.
Ottens, F.
Otto, Dr. med., Physikus.

Palmer, Otto, Dr. med.
Passarge, S., Prof. Dr., Wandsbek.
Patow, Otto.
Patow, Walter.
Pauly, C. August.
Perlewitz, P., Dr. ph.
Persiehl, Hermann Otto.
Peter, Eduard.
Peters, Otto.
Peters, W. L. Dr.
Petersen, Joh., Dr. phil., Direktor des Waisenhauses.
Petersen, Rudolf, Bankdirektor.
Petzet, Theodor, Oberapotheker.
Pfeffer, Georg, Prof. Dr. phil.
Pfeiffer, E., Prof. Dr. med., Physikus.
Philip, Ivan.
Philippi, M. A.
Philippi, W. A.
Pieper, Gustav R., Seminarlehrer.
Pinckernelle, A. E.
Plambeck, Landrichter Dr.
Plate, Georg A.
v. Plato, Hauptmann.
Poelchau, Harald, Dr. iur.
Pohl, Freiherr von.
Polack, Oscar.
Polano, Hermann, Dr.
Polis, A., Kapitän.
Pontoppidan, Hendrik.
Poppenhusen, Fr. Ad.
Porten, von der, Dr. med.
Post, N., K. K. Oest.-Ungar. Generalkonsul.
Predöhl, Max, Dr. iur., Bürgermeister.
Prehm, Adolf L. W.
Prencke, Theodor.
Prochownik, L., Dr. med.
Puls, Ernst, Dr. phil.

Rapp, Gottfried, Dr. iur., Landrichter.
Rathgen, C., Prof. Dr.
Rathjens, Carl, Dr. phil.
Rauers, Paul.
Raydt, Th.
Reche, Otto, Dr.
Redlich, C., Pastor.
Refardt, J. F. C., Senator.
Reimers, Otto.
Reinecke, Aug.
Remé, G. A., Dr. iur.
Repsold, Johann Adolf, Dr. phil.
Repsold, Oskar.
Repsold, Robert, Wandsbek.
Rettberg, P., Dr.
Retzlaff, Max, Direktor.
Reuss, H., Pastor.
Richter, Bruno.
Richthofen, Heinr., Freiherr von,
Riedemann, W. A., Kommerzienrat.
Rigler, Fr., Dr. phil.
Ringel, Tom., Dr. med.
Robertson, H.
Robinow, Hermann.
Robinow, Paul M.
Robinow, Walter S.
Roeloffs, H. A., Syndikus a. D.
Roeper, Conrad E.
Röltgen, E., Dr., Rechtsanwalt.
Röpke, H.
Roosen, Eduard.
Roscher, H., Senator a. D.
Rosenbeng, Felix.
Ross, Claus.
Rudorff, G. O. A. F., Oberlandesgerichtsrat.
Rüder, Walter, Oberarzt Dr. med.
Ruperti, Oskar.
Rupprecht, Georg, Dr.

Sachse, Paul.
Sanders, Herm.
Sanders, Ludwig.
Sanne, Louis.
Sass, Karl H.
Schaps, Georg, Dr. iur., Oberlandesgerichtsrat.
Scharpff, Th., Dr. med.
Schauche, Herm., Generalkonsul Dr.
Schede, Kurt.
Schede, Max.
Scheidemantel, E., Kgl. Forstmeister, Winsen a. d. Luhe.
Schinckel, Max.
Schläger, Max, Staatsanwalt Dr.
Schlee, P., Prof. Dr., Oberlehrer.
Schlinck, Julius, Dr.
Schlubach, Heinr. Adolf, Generalkonsul.
Schlubach, Roderich.
Schlüter, Adolf J.
Schmid, Henry.
Schmidt, Franz, Architekt.
Schmitz, H., Dr. iur., Oberregierungsrat.
Schnars-Alquist, Prof., Kunstmaler.
Schnee, R., Prof. Dr.
Schneider, G., Altona.
Schön, Alex., Dr. iur., Präsident der Bürgerschaft.
Schönfeld, Gustav.
Schorr, Rich., Prof. Dr., Direk. d. Sternwarte, Bergedorf.
Schott, Gerhard, Prof. Dr., Abteilungs-Vorstand der Deutschen Seewarte.
Schrader, O. von, Dr.
Schramm, Ernst W.
Schramm, Max, Dr. iur., Senator.
Schröder, C. Aug., Dr. iur., Bürgermeister.
Schröder, Franz.
Schröder, Heinr., Dr., Landrichter.
Schröder, Martin H.
Schück, A., Kapitän.
Schües, Herm.
Schütt, Richard, Prof. Dr. phil.
Schultze, Adolf, Dr. iur., Landgerichtsdirektor.
Schultze, Edgar, Pastor.
Schulz, Bruno, Dr.
Schulz, Richard.
Schwabe, Wilh.
Schwarz, Leopold, Dr. iur., Oberlandesgerichtsrat.
Segalla, Julius, Dr. iur., Rechtsanwalt.
Semler, Johannes, Dr. iur., M. d. R.
Seyffarth, H., Pastor Dr.
Sibeth, Paul.
Sieben, F. C., Blankenese.
Siebert, Otto.
Siemers, Alfred, Dr.
Siemers, Edmund J. A.
Siemers, Kurt, Dr. iur.
Sieveking, W., Dr. med.
Sievers, Max, Dr. phil.
Sievers, W., Prof. Dr. phil., Giessen.
Sieverts, R. C.
Simon, George.
Sohst, Heinr. A.
Stahmer, Friedr. Julius.
Stahmer, Fred. W. Th.
Stauch, Carl.
Steffens, Franz S.
Steffens, Max.
Steffens, O., Dr. phil.
Steidtmann, P. O.
Steinhaus, O., Dr. phil.
Steinworth, R., Oberlehrer.
Stephan, E., Oberlehrer.
Sternenfels, Bernhard Freiherr von.
Sthamer, Richard, Dr.
Stock, C. V.
Stoltenberg-Lerche, Axel, Dr. med.
Stoltz, Hermann, Kommerzienrat.
Stooß, Paul, Altona.
Storch, John, Dr. med.
Strack, Adolf L., Senator.
Strack, Ernst L., Dr. med.
Strack, Hermann L.
Strandes, Justus, Senator.
Stratmann, W. Th.
Strebel, Hermann, Dr. phil.
Stucken, Fr.
Stück, Emil, Prof. Dr., Abteilungs-Vorstand der Deutschen Seewarte.
Stuebe, L. M. Chr.
Stümpel, Herm.
Stürken, Alfred.
Stuhlmann, Fr., Geh. Regierungsrat Dr.
Sydow, Kurt von, Bankdirektor.

Tams, E., Dr.
Techentin, Ernest, Sekretär.
Temme, Heinr.
Terfloth, Albert.
Thiel, Max, Direktor.
Thiemer, Otto.
Thilenius, Prof. Dr., Direktor des Museums für Völkerkunde.
Thomsen, Carlo.
Thorade, H., Oberlehrer Dr.
Tietgens, G. Alfred.
Tietgens, H. A.
Tietgens, Herm.
Tillmann, Ludwig.
Tödten, H., Dr. med.
Tölken, Ludwig.
Todtmann, Richard E.
Tollens, L. F.
Treplin, A. O., Rechtsanwalt.
Trommel, A.
Trübenbach, Otto.
Trummer, P. H., Wandsbek.

Ulex, H., Dr. phil.
Ullmann, Martin, Dr. phil.
Ullner, Karl.
Ulmer, E., Dr., Oberlehrer.
Umlauf, Karl, Prof. Dr., Bergedorf.
Umlauff, H.

Vathje, Herm.
Venzmer, B., Prof. Dr., Oberlehrer.
Versmann, Arnold.
Viereck, Henry Ludwig.
Voelcker, Paul A. E.
Vogemann, H.
Voigtländer, Felix, Prof. Dr.
Vorwerk, Adolf.
Vorwerk, Friedrich.
Voss, Aug., Dr. Rechtsanwalt.
Voss, Ernst, Marine-Ingenieur.
Vosseler, Jul., Prof. Dr., Direktor des Zoologischen Gartens.

Wagner, Hermann, Prof. Dr. phil., Realschul-Direktor a. D.
Walsöe, C. L.
Warburg, Max M.
Weber, Eduard.
Weber, H. U., Oberlehrer Dr.
Weber, J. Henry.
Wedeles, Heinrich.
Wegehaupt, W., Prof. Dr., Gymnasial-Direktor a. D.
Wegener, Caesar.
Weil, Isidoro.
Weil, Sigismundo.
Wentzel, A. E.
Wentzel, W. J., Dr. iur.
Wentzler, Adolf.
Werner, Max.
Westendarp, Max, Kommerzienrat.
Westphal, Heinr. A.
Westphal, Otto E., Senator.
Westphalen, Th. L.
Wiedewaldt, Geh. Regierungsrat.
Wieler, Gustav.
Wiener, Ferd.
Wiengreen, Friedr. J., Dr.
Wilhelmi, Heinr., Pastor.
Wilhelmi, Robert, Bergedorf.
Windmüller, P. S., Dr. med.
Winter, Ph.
Witt, J.
Woegens, S., Kapitän, Altona.
Wölber, Francis, Konsul.
Wohlert, Johannes.
Wohlfahrth, Friedrich, Oberlehrer.
Wolfers, Eduard.
Wolff, Herm.
Wolffson, Albert, Dr. iur., Rechtsanwalt.
Wolffson, Otto, Dr. iur., Rechtsanwalt.
Wolter, Carl.
Wriedt, E. A., Altona.
Wulf, Heinrich.
Wysogorsky, Dr. phil.

Zacharias, A. N., Dr. iur., Oberlandesgerichtsrat.
Zander, Albert.
Zarniko, Dr. med.
Ziegenbein, F. H.

In dem Zeitraum vom 1. Januar 1912 bis 1. Januar 1913 hat die Gesellschaft folgende Mitglieder durch den Tod verloren:

1. Andree, R., Prof. Dr., München.
2. Findlay, George.
3. Godeffroy, J. C.
4. Hammacher, Albert.
5. Hertz, Adolf Jakob.
6. Jantzen, Kapitän zur See z. D.
7. Krumbein, G.
8. Kück, Alberto.
9. Martens, G. H.
10. Pulvermann, A.
11. Sudeck, J. L.

Mitgliederbestand am 1. Januar 1913.

Ehrenmitglieder	12
Korrespondierende Mitglieder	9
Ordentliche Mitglieder	754
Gesamtsumme	**775**

Verbreitung und Verteilung der Lebensformen der Tierwelt in Deutsch-Ostafrika

auf Grundlage der Vegetationskarte von A. Engler in „Meyer, H.: Deutsches Kolonialreich Band I“ von Dr. Leo Waibel.

Mitt. d. Geogr. Ges. in Hamburg XXVII, Tafel 1

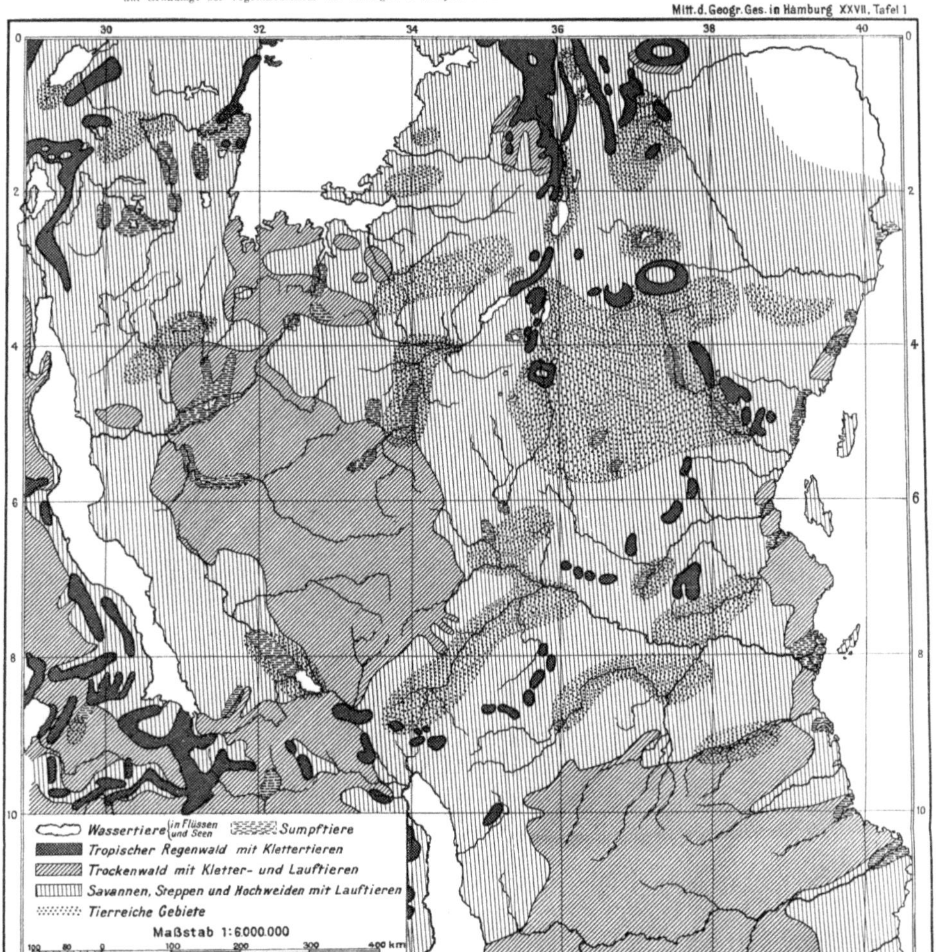

Hamburg: L. Friederichsen & C°. 1913.

Phot. v. P. Schlee.

Abb. 1. Aaretal und Montoz-Weißensteinkette von Büren gesehen.

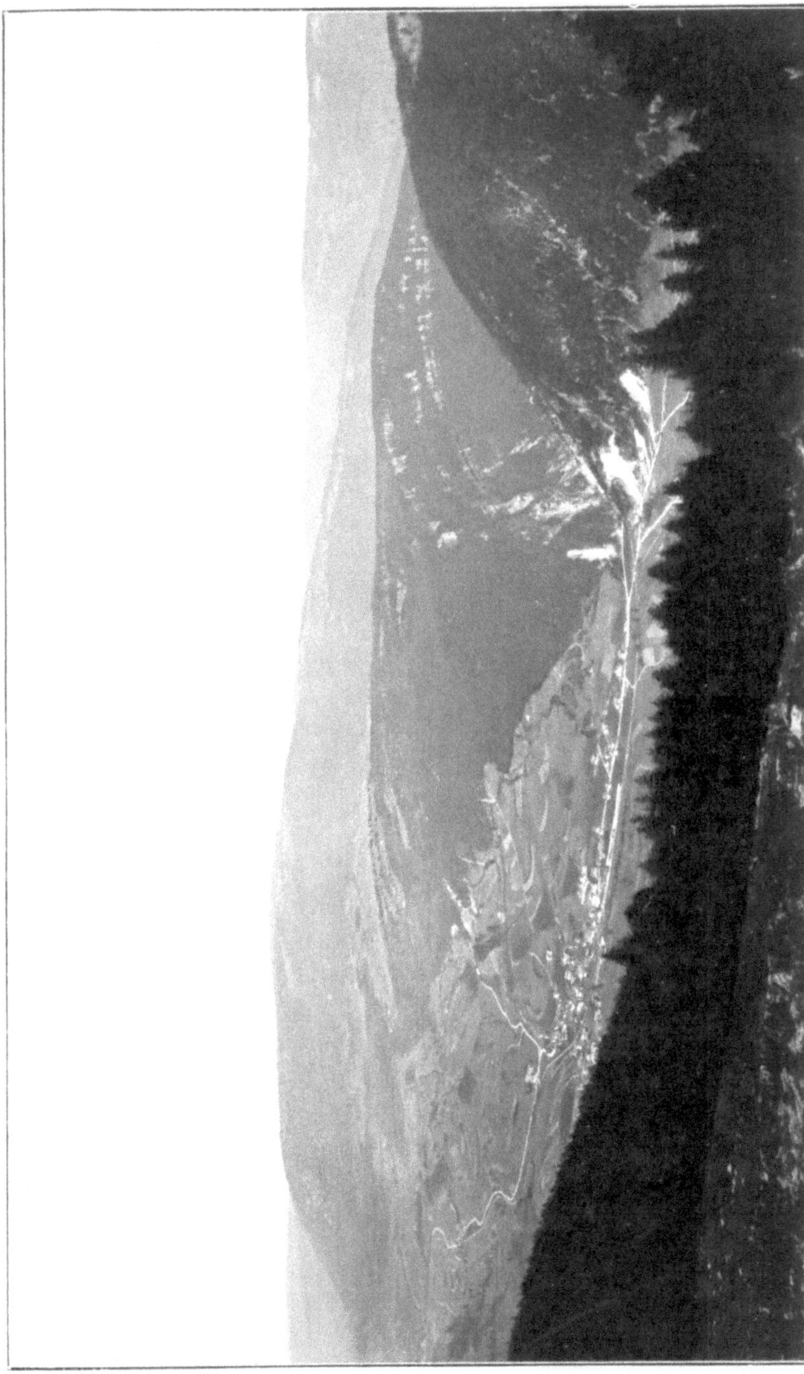

Phot. v. P. Schlee.

Abb. 2. Tal von Tavannes und Klus von Court von le Buement gesehen.

Phot. v. P. Schlee.

Abb. 3. Längstal von Tavannes gegen die Talwasserscheide von Binz gesehen.

Phot. v. P. Schlee.

Abb. 4. Blick von der Talwasserscheide von Binz gegen Osten.

Phot. v. P. Schlee.

Abb. 5. Südeingang der Klus von Court.

Phot. v. P. Schlee.

Abb. 6. Nordausgang der Klus von Court.

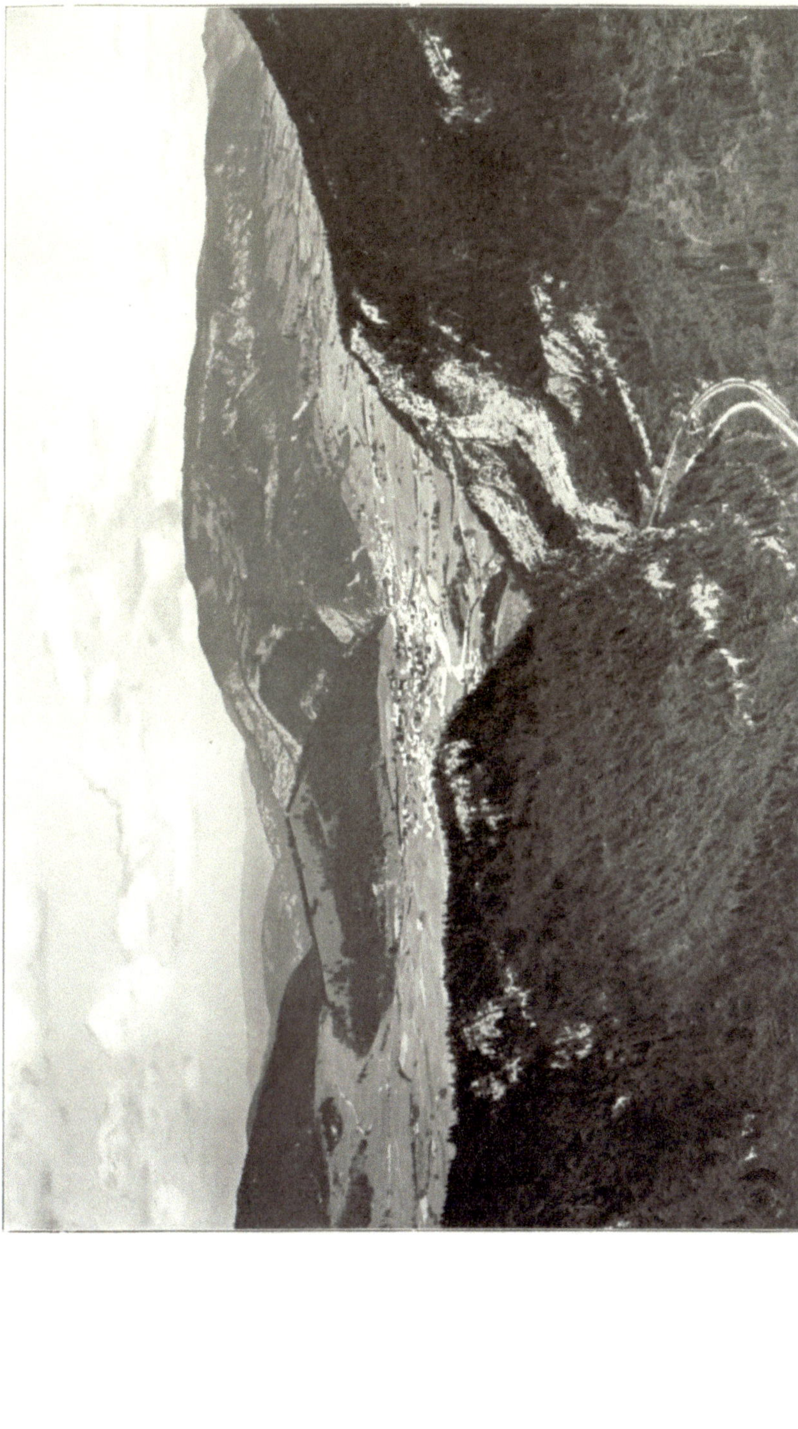

Phot. v. P. Schlee.

Abb. 7. Längstal und Klus von Münster von Höhe 1037 über der Klus von Court gesehen.

Phot. v. P. Schlee.

Abb. 8. Südeingang der Klus von Münster.

Phot. v. P. Schlee.

Abb. 9. Blick von Höhe 831 auf das Gewölbe der Klus von Münster und auf den Raimeux.

Phot. v. P. Schlee.

Abb. 10. Rückblick von Höhe 966 über die Klus von Münster auf die Klus von Court.

Phot. v. P. Schlee.

Abb. 11. Blick von Höhe 966 in die Klus von Münster und die Synklinale der Combe du Pont.

Phot. v. P. Schlee.

Abb. 12. Combe du Pont und ausgeräumte Antiklinale des Münsterberges.
(Der Standpunkt ist etwas südlicher als bei Abb. 11.)

Phot. v. P. Schlee.

Abb. 13. Synklinale der Combe du Pont, aus dem Birstal gegen Osten gesehen.

Phot. v. P. Schlee.

Abb. 14. Rückblick vom Münsterberg auf die Combe du Pont und das Gewölbe der Klus von Münster.

Phot. v. P. Schlee.

Abb. 15. Raimeux vom Münsterberg (Roche es Corbets, 966 m) gesehen.

Phot. v. P. Schlee.

Abb. 16. Nördlichstes Doggergewölbe des Raimeux.

Phot. v. P. Schlee.

Abb. 17. Rückblick vom Malm-Nordschenkel des Raimeux auf die ausgeräumte Antiklinale des Münsterberges.

Phot. v. P. Schlee.

Abb. 18. Blick vom Raimeux gegen Nordwesten auf die Velleratkette und das Becken von Delsberg.

Phot. v. P. Schlee.

Abb. 19. Velleratkette, vom Gehöft Mont dessous gegen Osten gesehen.

Phot. v. P. Schlee.

Abb. 20. Gewölbe von Choindez in der Velleratkette, vom Oxford unter Höhe 1033 gesehen.

Phot. v. P. Schlee.

Abb. 21. Wandverwitterung im Kalk (Rauracien) an Höhe 1033 der Velleratkette.

Phot. v. P. Schlee.

Abb. 22. Große Nische im Kalk an Höhe 1033
(oben links auf Abb. 21).

Phot. v. P. Schlee.

Abb. 23. Blick von Vellerat auf das Gewölbe von Choindez und (rechts) die Synklinale zwischen Velleratkette und Raimeux.

Phot. v. P. Schlee.

Abb. 24. Blick vom Gewölbe von Choindez gegen Westen auf die Velleratkette.

Phot. v. P. Schlee.

Abb. 25. Delsberger Becken und Nordhang der Velleratkette.

Phot. v. P. Schlee.

Abb. 26. Becken von Delsberg mit dem wurzellosen Malmkalk des Mont Chaibeux.

Phot. v. P. Schlee.

Abb. 27. Flankental von le Coulon auf der Südseite des Münsterberges.

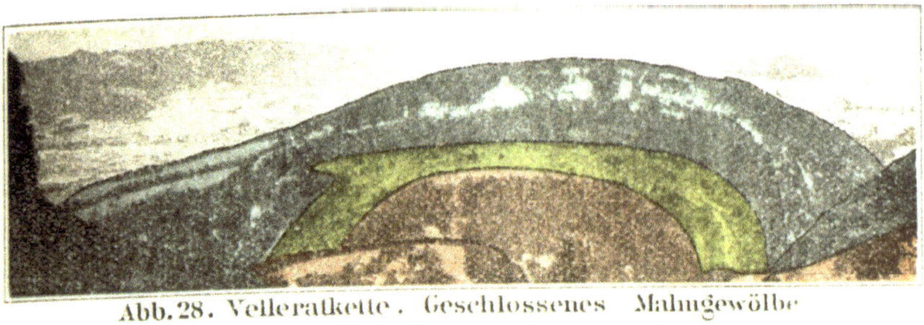

Abb. 28. Velleratkette. Geschlossenes Malmgewölbe von Choindez. *(Vgl. Abb. 20 u. 23.)*

Abb. 29. Velleratkette. Zerstörtes Malmgewölbe, geschlossenes Doggergewölbe, zwei Oxford-Isoklinaltälchen. *(Vgl. Abb. 24.)*

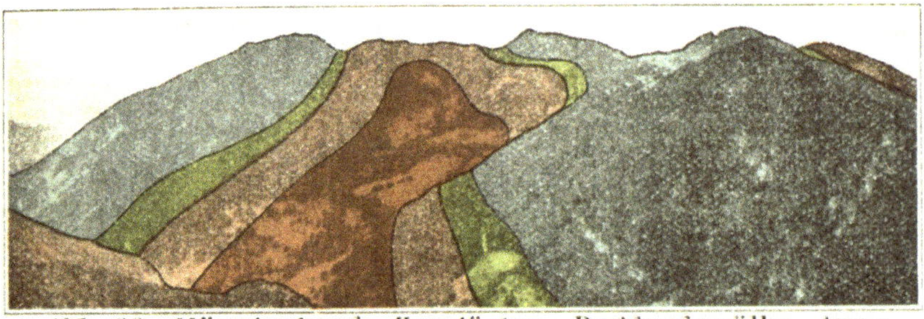

Abb. 30. Münsterberg. Zerstörtes Doggergewölbe, Ausräumung des Lias. Antiklinaltal. *(Vgl. Abb. 17.)*

Abb. 31. Raimeux. *(Vgl. Abb. 15.)*

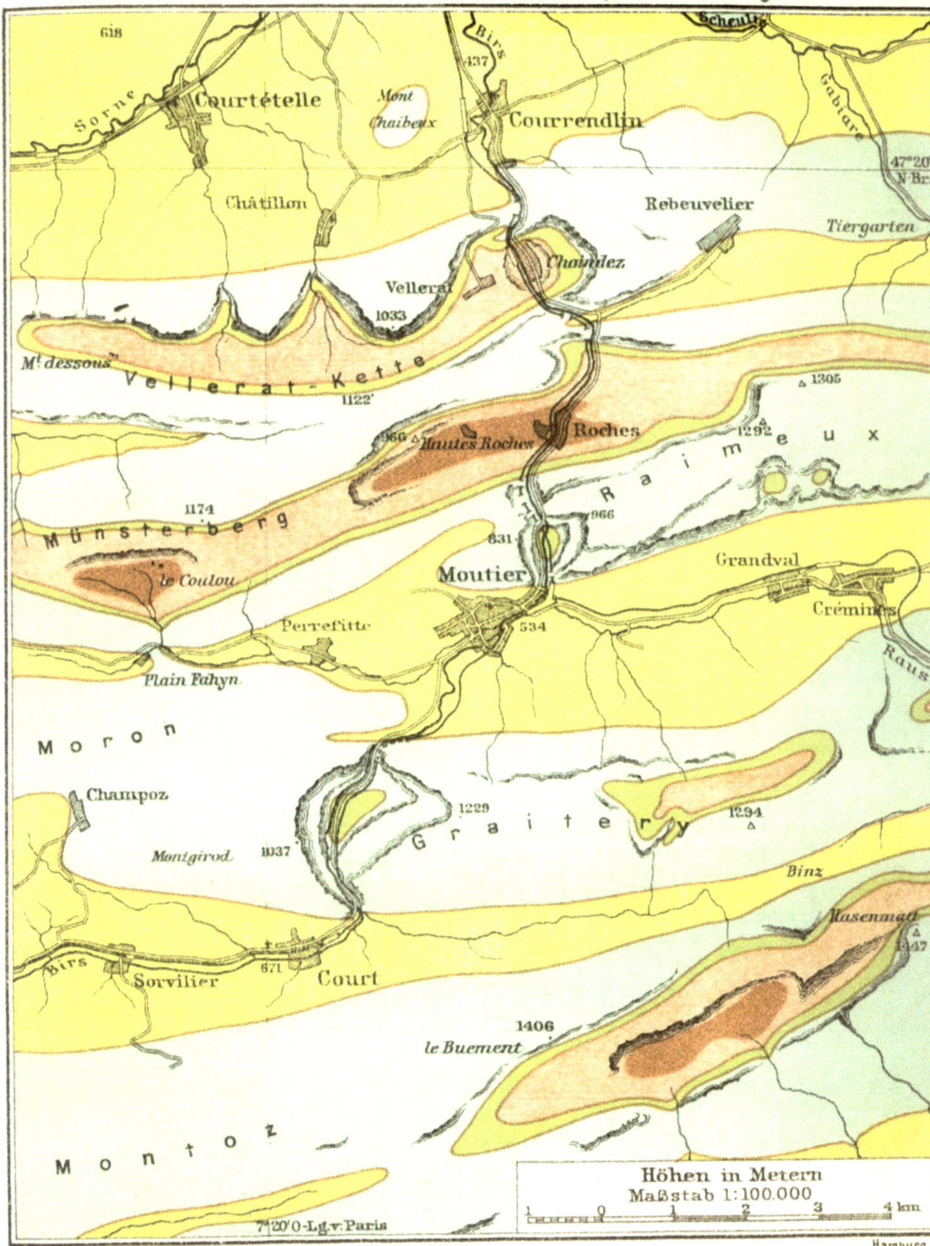

L. Friederichsen & Co. Hamburg.

Geologische Karte des Berner Jura (nach Rollier)

- Tertiär
- Oberer u. mittlerer Malm (meist Kalk) } Oberer Jura, Malm
- Mergel des unteren Malm (Oxford, in der Montoz-Kette Oxford und Argovien) } Oberer Jura, Malm
- Mittlerer Jura, Dogger
- Unterer Jura, Lias (nebst etwas Keuper bei Roches)

Die Bedeckung mit Quartär ist fortgelassen.

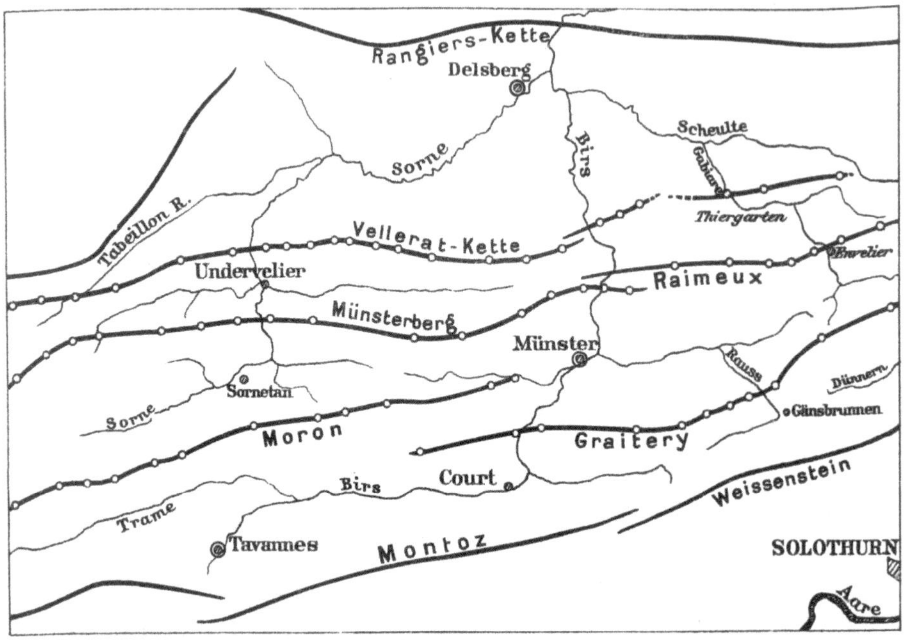

Flussgebiet der oberen Birs im Berner Jura

1:250 000.

Die Kreise auf den Ketten geben die Punkte an, an denen die Höhenlage der Doggeroberkante bestimmt ist.

(vergl. untenstehende Profile.)

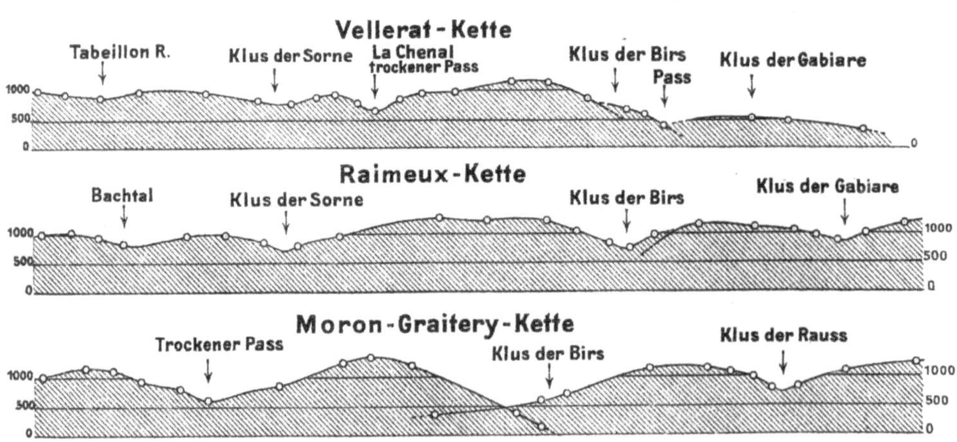

Höhenlage der Oberkante des Doggers im Längsprofil der Antiklinalen

Längenmaßstab 1:250000. Höhenmaßstab 1:125000.

(demnach zweifache Überhöhung)

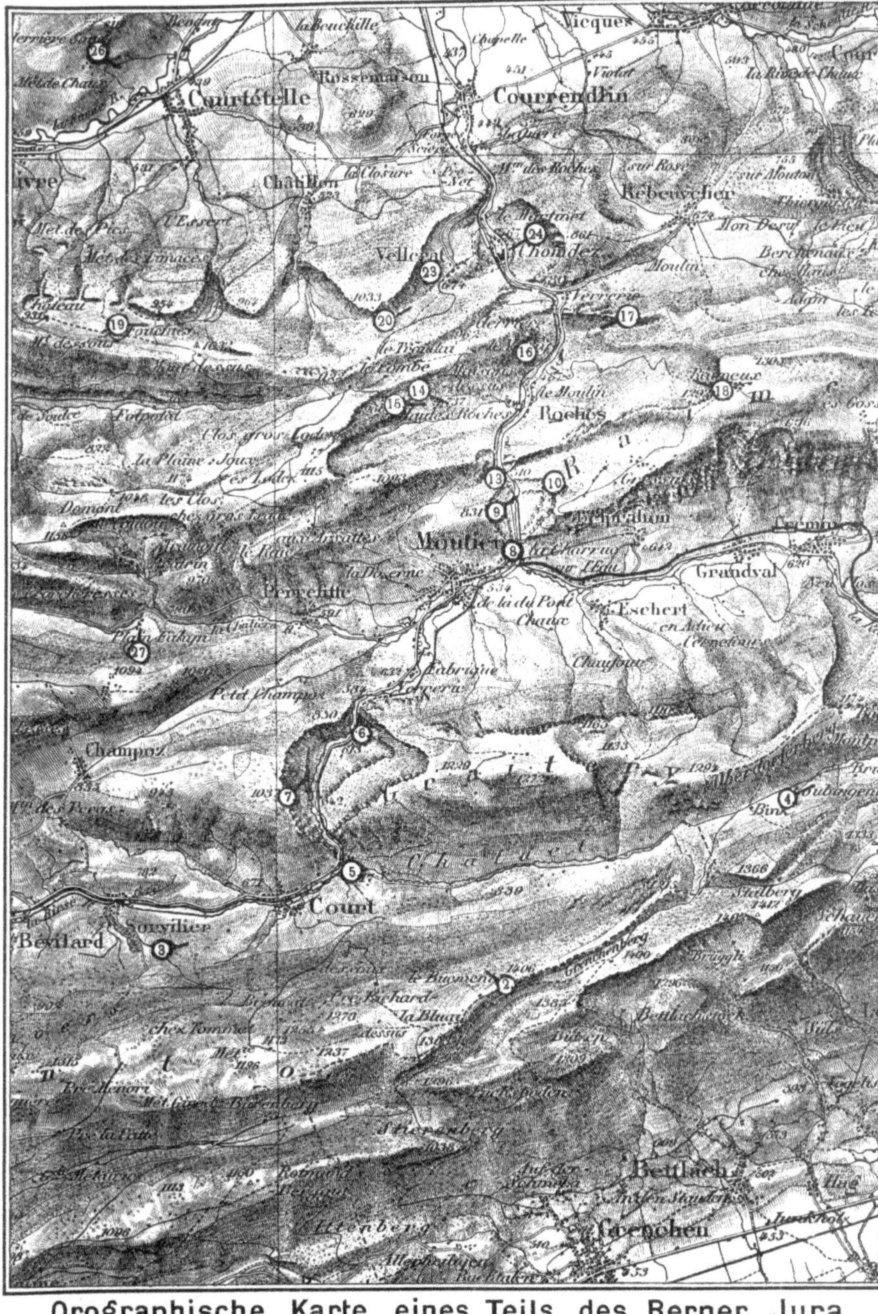

Orographische Karte eines Teils des Berner Jura

1 : 100 000

(Photographisch hergestellter Ausschnitt der Dufour-Karte)

Die mit Zahlen versehenen Kreise geben die Standpunkte bei den Aufnahmen an und weisen auf die Nummern der Abbildungen hin.

Phot. v. E. Obst.

Abb. 32. Das Mukondówa-Tal in West-Irangi.

Phot. v. E. Obst.

Abb. 33. Der Haubi-See in Ost-Irangi.

Phot. v. E. Obst.

Abb. 34. Charakteristisches Landschaftsbild aus Ost-Irangi.

Phot. v. E. Obst.

Abb. 35. Wairangi-Temben am Fuße der Massai-Bruchstufe.

Phot. v. E. Obst.

Abb. 36. Wafiomi-Temben am Rande der Massai-Steppe.

Phot. v. E. Obst.

Abb. 37. Das Inselberg-Massiv des Oldonjo Ssambu in der Massai-Steppe.

Phot. v. E. Obst.

Abb. 38. Der Ufiomi-Vulkan vom Ufer des Bassoda-Sees aus gesehen.

Phot. v. E. Obst.

Abb. 39. Blick von halber Höhe des Ufiomi-Vulkans auf den stark zertalten Nordabschnitt der Massai-Bruchstufe.

Phot. v. E. Obst.

Abb. 40. Der Gurui-Vulkan von Süden her gesehen.

Phot. v. E. Obst.

Abb. 41. Die Turu-Bruchstufe südlich der Straße Ssingidda—Kondoa Irangi.

Phot. v. E. Obst.

Abb. 42. Typisches Landschaftsbild aus Burungi.

Phot. v. E. Obst.

Abb. 43. Der National-Tanz der Waburungi.

Phot. v. E. Obst.

Abb. 44. Typisches Landschaftsbild aus dem nördlichen Ussandaui.

Phot. v. E. Obst.

Abb. 45. Typisches Landschaftsbild aus dem südlichen Ussandaui.

Phot. v. E. Obst.

Abb. 46. Wassandaui-Männer mit der altertümlichen Hahnenfeder-Bekleidung.

Phot. v. E. Obst.

Abb. 47. Altertümliche Hüttenform der Wassandaui.

Phot. v. E. Obst.

Abb. 48. Das Fastebenen-Reststück zwischen Kilimatinde- und Turu-Bruchstufe mit der Militärstation Kilimatinde, dem Anfangs- und Endpunkt der Expedition.

Phot. v. E. Obst.

Abb. 49. Die Kilimatinde-Bruchstufe und die Ugogo-Fastebene

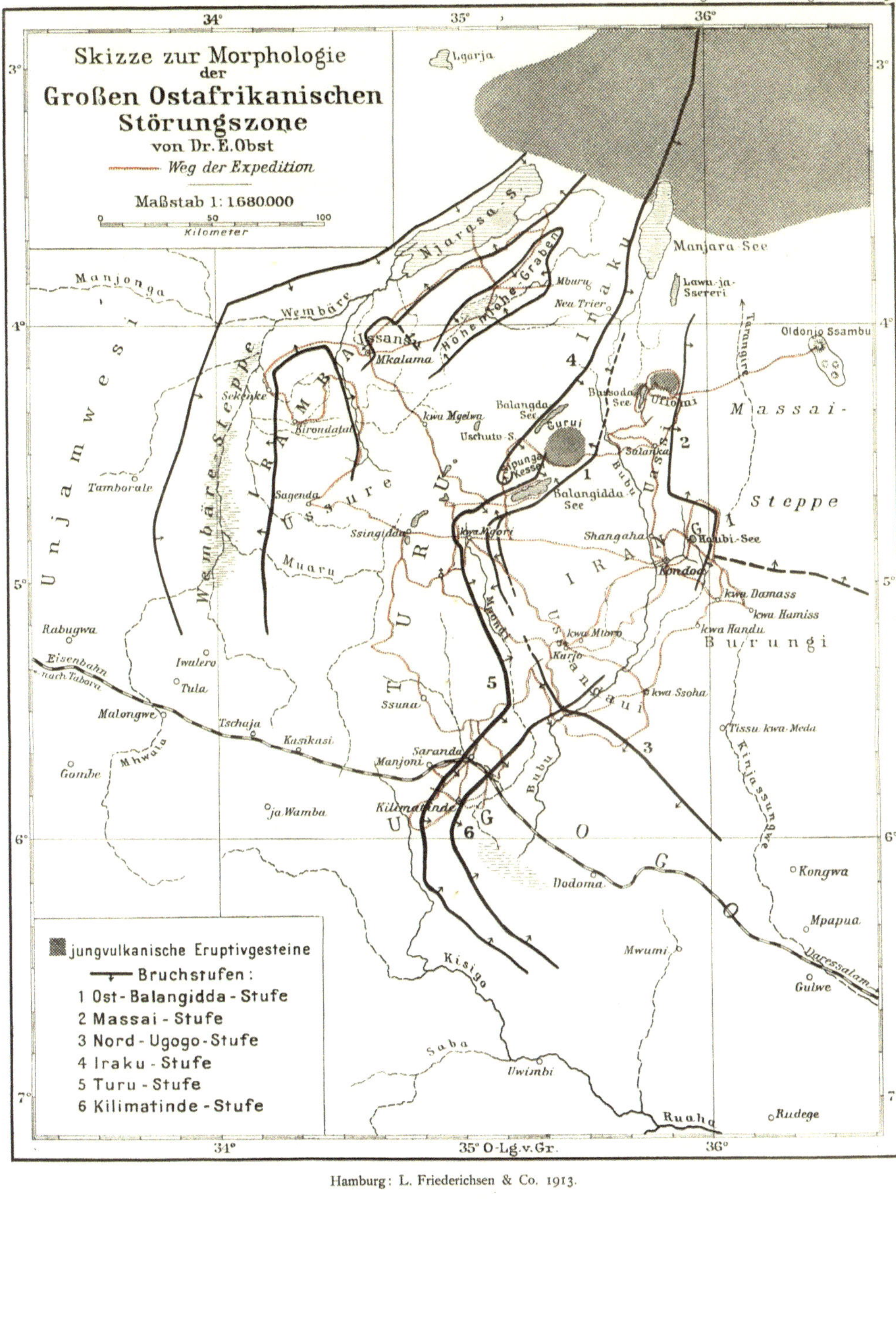

Hamburg: L. Friederichsen & Co. 1913.

Bei Fragen zur Produktsicherheit wenden Sie sich bitte an:
If you have any questions regarding product safety,
please contact:

Walter de Gruyter GmbH
Genthiner Straße 13
10785 Berlin
productsafety@degruyterbrill.com